策略校準

Alignment
Using the Balanced Scorecard to Create Corporate Synergies

應用平衡計分卡創造組織最佳綜效

Robert S. Kaplan & David P. Norton ◎ 著

高子梅、何霖 ◎ 譯

Alignment: Using the Balanced Scorecard to Create Corporate Synergies
by Robert S. Kaplan and David P. Norton

Copyright © 2006 by Harvard Business School Publishing Corporation
Published by arrangement with Harvard Business School Press
through Bardon-Chinese Media Agency
Complex Chinese translation copyright © 2013 by Faces Publications,
A Division of Cité Publishing Ltd.
All rights reserved.

企畫叢書　FP2130X

策略校準
應用平衡計分卡創造組織最佳綜效

作　　　者　Robert S. Kaplan&David P. Norton
譯　　　者　高子梅、何霖
編 輯 總 監　劉麗眞
主　　編　陳逸瑛
編　　輯　賴昱廷
發 行 人　涂玉雲
出　　版　臉譜出版　城邦文化事業股份有限公司
　　　　　台北市民生東路二段141號5樓
　　　　　電話／886-2-2500-7696　　傳眞／886-2-2500-1952
發　　行　英屬蓋曼群島商家庭傳媒股份有限公司城邦分公司
　　　　　台北市中山區民生東路141號11樓
　　　　　客服服務專線：02-25007718；25007719
　　　　　24小時傳眞專線：02-25001990；25001991
　　　　　服務時間：週一至週五上午09:30-12:00；下午13:30-17:00
　　　　　劃撥帳號：19863813 戶名：書虫股份有限公司
　　　　　讀者服務信箱：service@readingclub.com.tw
　　　　　城邦網址：http://www.cite.com.tw
香港發行所　城邦（香港）出版集團有限公司
　　　　　香港灣仔駱克道193號東超商業中心1樓
　　　　　電話：852-2508-6231或2508-6217　傳眞：852-2578-9337
　　　　　電子信箱：citehk@hknet.com
馬新發行所　城邦（馬、新）出版集團Cité（M）Sdn. Bhd.（458372U）
　　　　　41, Jalan Radin Anum, Bandar Baru Sri Petaling,
　　　　　57000 Kuala Lumpur, Malaysia.
　　　　　電話：603-9057-8822　　傳眞：603-9057-6622
　　　　　電子信箱：cite@cite.com.my
二 版 一 刷　2013年08月

版權所有　翻印必究（Printed in Taiwan）
ISBN 978-986-235-274-8
定價480元
（本書如有缺頁、破損、倒裝，請寄回更換）

謝辭

　　本書是一本和總公司層級策略有關的衍生著作，這一點我們會在第二章大致說明。

　　我們非常感激包括亞弗列德‧錢德勒（Alfred Chandler）、麥可‧波特（Michael Porter）、辛西亞‧蒙哥馬利（Cynthia Montgomery）、大衛‧克林斯（David Collis）、約瑟夫‧包爾（Joseph Bower）、麥可‧古爾德（Michael Goold）、安德魯‧坎貝爾（Andrew Campbell）、馬卡斯‧亞歷山大（Marcus Alexander）、蓋瑞‧哈默爾（Garey Hamel）、普哈拉（C.K. Prahalad）以及馬基德斯（Constantinos Markides）等在內的策略學者們，在各種研究和著作上的不斷創新，使我們得以見識總公司層級策略的威力。希望我們已經忠實記錄了他們對這個世界的貢獻，也希望我們有清楚補充如何設計一套衡量辦法和管理系統去傳達和管理企業衍生價值所帶來的種種好處。

　　此外，我們也從三十幾家企業的身上學到許多經驗。這些組織的創新不斷刺激我們去做更多的思

考，豐富擴大了我們的視野。尤其要感謝以下幾位
人士的貢獻：

- 亞克提瓦控股公司（Aktiva）的柯德霖（Andreja Kodrin）
- 東京三菱銀行（Bank of Tokyo-Mitsubishi）的雄彥南雲（Takehiko Nagumo）及伸之平野（Nobuyuki Hirano）
- 美國佳能公司（Canon, USA）的比薩克（Charles Biczak）
- 公民學校（Citizen Schools）的舒瓦茲（Eric Schwarz）
- 杜邦公司（Dupont）的奈勒（Craig Naylor）
- 第一共和金融公司（First Commonwealth Financial Corporation）的瑞特諾（Angela Ritenour）及湯姆奇克（Jerry Thomchick）
- 漢多曼公司（Handleman Company）的史卓曼（Stephen Strome）、亞伯里奇（Mark Albrecht）、

寇克（Rozanne Kokko）及卓維克（Gina Drewek）
- 希爾頓飯店（Hilton）的哈可斯坦（Dieter Huckestein）及葛西（Dennis Koci）
- IBM公司的霍夫（Ted Hoff）及倫巴特（Lynda Lambert）
- 英格索公司（Ingersoll-Rand）的亨科（Herb Henkel）及萊斯（Don Rice）
- KeyCorp公司的梅爾（Henry Meyer）及塞洛尼（Michele Seyranian）
- 洛克希德馬丁公司（Lockheed Martin）的珊蒂雅哥（Pamela Santiago）
- 馬里歐渡假俱樂部（Marriott）的伯尼斯（Roy Barnes）
- MDS保健生命科學公司的羅傑斯（John Rogers）和哈利斯（Bob Harris）
- 媒體通用公司（Media General）的布萊恩（Stewart Bryan）和麥唐納（Bill McDonnell）
- 新利潤公司（New Profit Inc.）的雀希（Vanessa

Kirsch）

- 加拿大皇家騎警（RCMP）的沙卡迪利（Giuliano Zacardeli）及克拉克（Keith Clark）
- Unibanco銀行的奧泰希利（Marcelo Orticelli）
- 美國陸軍的策略整備系統小組（Strategic Readiness Stystem Team）

　　我們也誠摯感激「平衡計分卡團隊」（Balanced Scorecard Collaborative）裡才智出眾的專家們，是他們陪著客戶在各種優良的管理實務辦法中探索極限，他們是我們知識的泉源。

　　我們尤其要向以下幾位專家致上謝意，感謝他們對本書的貢獻：擅長財務組織整合的迪辛格拉（Arun Dhingra）、對資訊技術組織整合頗具貢獻的古德（Robert Gold）、帶領人力資本整合作業的法蘭格斯（Cassandra Frangos）、率先研究董事會管轄權的奈吉（Mike Nagel）、對最佳實務管理專案有深入研究的羅素（Randy Russell），以及主持平衡計分卡

名人堂計畫的何威（Rob Howie）。

　　此外，我們也要謝謝弗替尼（Steve Fortini）為我們準備這麼多複雜的圖表。更要感謝我們的助理拉皮亞納（Rose LaPiana）和包特（David Porter）以及哈佛商學院出版社（HBSP）的員工們，包括催生這四本平衡計分卡著作的編輯漢波奇（Hollis Heimbouch）和執行編輯沃林（Jen Waring）。

目次　Content

第 1 章　整合：經濟價值的來源

「整合」事關緊要／企業衍生價值／企業價值主張／整合的順序／將整合當成一種流程來管理／個案研究：運動人公司／總結

序

　　《策略校準》（*Alignment*）是我們共同合作的第四本書。我們的第一篇論文：〈平衡計分卡：帶動績效成長的量度〉（*The Balanced Scorecard: Measures That Drive Performance*）及第一本書：《平衡計分卡》（*Balanced Scorecard: Translating Strategy into Action*），則是在介紹一種全新的組織績效衡量辦法。那本書中針對平衡計分卡四個構面的量度選擇方式提供眾多諮詢與案例，並清楚勾勒出這套有利策略管理的新興系統，而早期採用這種概念的企業也都用過這套系統。

　　後來另一篇論文〈以平衡計分卡作為策略性管理系統〉（*Using the Balanced Scorecard as a Strategic Management System*）以及我們的第二本書：《策略核心組織》（*The Strategy-Focused Organization*），則旨在說明企業要如何以計分卡作為整個龐大系統的中心，並利用它來管理策略執行。

　　第二本書中除了針對第一本書所介紹的策略管理系統進行更詳細的說明之外，也針對整合組織的

衡量辦法及策略管理系統提出五點重要原則：

（1）透過管理階層的領導力展開變革。

（2）將策略轉化為作業術語。

（3）配合策略，整合組織。

（4）激勵員工，使策略融入每個人的工作中。

（5）統籌管理，使策略成為持續不斷的流程

　　至於我們的第三本書《策略地圖》（*Strategy Maps*）和第三篇論文〈你的策略有問題嗎？那就畫個地圖吧！〉（*Having Trouble with Your Strategy? Then Map It.*），旨在闡述上面的第二個原則——如何將策略轉化為具體目標和量度？該書中提出一套以特定目標代表策略的大致架構，這些目標貫穿平衡計分卡的四個構面，彼此之間互有因果關聯。這套架構可以配合顧客價值主張及顧客和股東的目標，進行流程、員工，和技術的整合。

　　至於各位眼前的這本書則是延伸第三個原則：

配合策略，整合組織所有單位。大部分企業都是在同一張企業大傘下經營各種不同單位，以便適時發揮規模經濟的力量。但要得到這些優勢，總公司（以下的「總公司」一詞或者也包括了單一公司的營運總部）本身需要一套工具來說明如何在共同架構裡運作眾多單位，而且能保證創造出來的價值絕對高過於各單位在不受中央指揮和干預的情況下，各自獨立運作所加總出來的價值。

畢竟總公司拿走的可能還多過於給它們的，因為光是總公司主管的薪水和福利就是一筆很大的支出。再加上決策若被總公司耽擱，或者總公司對營運和後援單位的回報作業太過吹毛求疵，都可能產生一些看不見的額外成本。要想靠價值創造來彌補總公司所帶來的成本，勢必得整合這些分權化的單位，創造新的價值來源，我們稱此為「企業衍生價值」（enterprise-derived value）。

本書旨在說明企業策略地圖和平衡計分卡的角色，它們可以釐清總公司的優先要務，然後再向各

事業單位和後援單位清楚傳達，並告知董事會、主要顧客、供應商及聯盟夥伴。總公司會檢查旗下單位所發展的策略地圖和平衡計分卡，確定他們有否落實企業的優先要務，以及用何種方法落實。換言之，企業策略地圖和平衡計分卡等於為總公司主管提供一套管理架構，從此實現以前無法達成的綜效價值。

　　企業除了整合組織單位之外（這是本書的首要重點），也應該配合策略整合員工及管理流程系統。為了圓滿收尾，我們會在本書最後一章初步探索這兩個整合過程。

〈導讀推薦一〉

運用BSC達成組織綜效

政治大學會計系教授 吳安妮

　　平衡計分卡之發展者柯普朗及諾頓繼《平衡計分卡》、《策略核心組織》及《策略地圖》三本書之後，又寫了此第四本新書——Alignment。本書主要在解決當企業擁有多個事業單位、多個功能服務單位、及面臨著多種外部夥伴等複雜關係時，如何解決「綜效」之課題。一般而言，當組織面臨著千變萬化的環境，要讓組織中之各成員皆能隨著環境之改變而改變，是件不易之事，因而有人會認為從事「組織結構改變」是最佳的解決之道，唯組織結構改變所付出的代價甚高，且不易成功，因為雖然組織結構改變，但在組織中的人沒有相同的使命、願景、策略及目標時，是不易形成「異體同心」的氣氛。有時看起來雖然各專精的事業及功能單位表現都不錯，但是就公司整體而言，並未能獲致好績效，此往往因組織中的各單位缺乏共同溝通的議題，各單位之目標可能是衝突的，亦即組織缺乏了「綜效」，結果不僅浪費資源且失去機先，本書的重點即在探討如何運用平衡計分卡獲致組織之綜效及

效益。

　　台灣已有不少企業推動平衡計分卡（BSC），有些企業認為BSC之效益不彰，當然原因不少，唯其中最重要的主因之一為組織未能從BSC中獲致綜效，雖然總公司及各單位皆有「策略地圖」，但這些策略地圖間沒有相關性，沒有整合性，此種未整合之BSC，那能產生「綜效」呢？既然本書在解決組織之綜效，唯綜效之種類包括組織內、及組織外此二大方面，其內容如下頁圖1所示。

　　茲將本書之精髓說明如下：

　　一、清楚地說明綜效之內容：

　　作者於書中的第一章清楚地說明組織價值之來源包括「顧客引申之價值」及「企業引申之價值」此二方面。

　　又就企業「策略」而言，與價值創造有關之策略也包括「顧客之價值主張」及「企業之價值主張」此二方面，其公式如下所示：

圖1　綜效之種類圖

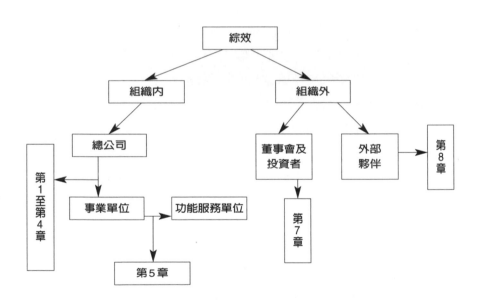

價值創造之策略＝顧客之價值主張＋企業之價值主張

　　吾人若以平衡計分卡之觀念來說明此二方面之
內容，其中顧客之價值主張及引申之價值之內容，

如圖2所示：

圖2　顧客價值主張及顧客引申之價值圖

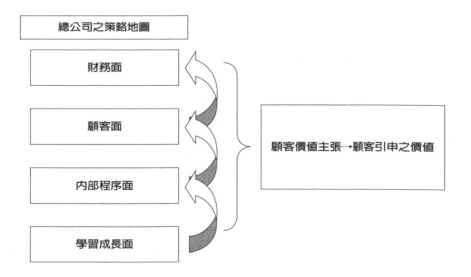

　　這兩位作者前三本書，尤其是《策略地圖》所談的內容，皆為總公司或各單位本身之BSC，其價值之創造，主要來自於顧客引申之價值，因而只要掌握好「顧客之價值主張」，則單位之財務績效即可獲得保證。

　　又企業引申之價值，就與組織之「綜效」有關，其內容如圖3所示。

　　吾人由圖3中可看出，當各SBU皆能跟隨著總公司各層面之策略性議題運轉時，則易產生財務面、顧客面、內部程序構面、及學習成長構面等之綜效。

　　本書的第一至第四章主要詳談企業引申之價值中各項綜效的具體內容，非常值得吾人參考及運用。

　　二、明確說明財務、顧客、內部程序及學習成長之綜效內容：

　　書中說明總公司與各SBU之間的綜效方向，可

圖3　企業引申之價值圖

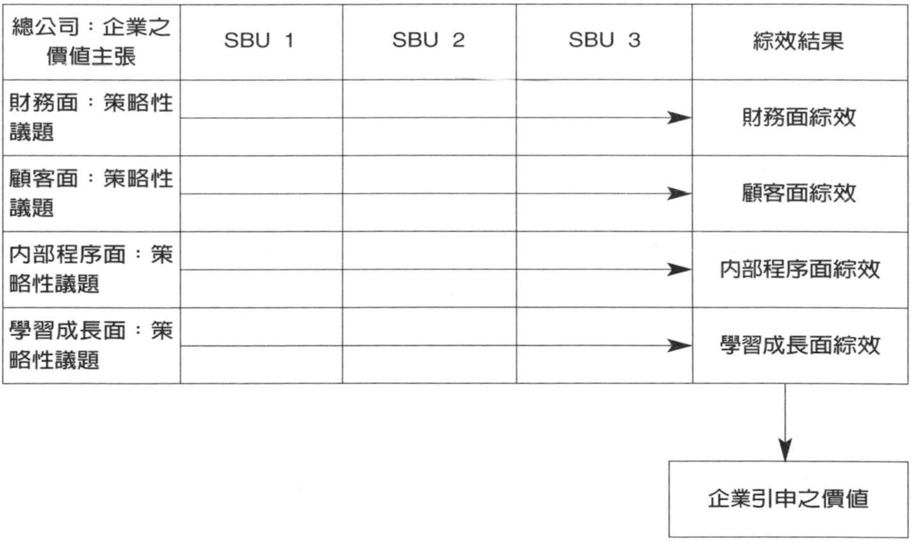

總公司：企業之價值主張	SBU 1	SBU 2	SBU 3	綜效結果
財務面：策略性議題				財務面綜效
顧客面：策略性議題				顧客面綜效
內部程序面：策略性議題				內部程序面綜效
學習成長面：策略性議題				學習成長面綜效

企業引申之價值

以包括四大層面，作者根據實務個案經驗，非常明確地定義出這四大綜效之具體內容，其有關之重點，如圖4所示。

　　吾人由圖4中，可以清楚地了解，當總公司在

明確的「策略性議題」下，即可引導各SBU往正確
的方向聚焦，因而達到組織中四大構面之綜效。

　　三、支援功能及部門之alignment：

　　作者在第五章中談及支援功能及部門之角色，
書中特別強調HR、IT及Finance部門之角色及功
能，有關其他支援及服務部門也可參考運用。本書
有關支援功能及部門之alignment的內容，比《策略
核心組織》一書中所談的四大步驟更為具體及明
確，且實用性更高。有關達成支援部門之alignment
的程序，如圖5之說明。

　　吾人由圖5中可以清楚的看出支援部門之角色
及功能，尤其在支援服務部門之策略地圖中之內部
程序構面，作者已明確地發展出三大主要內容：策
略性能力、策略性技術、及行動氣候之形成等內
容，其中有關策略性技術則包括五大重要工作，非
常值得支援部門了解自己該做的事情為何？總之，
此內容值得服務部門運用參考。

圖4　財務面、顧客面、內部程序面及學習成長面之綜效內容圖

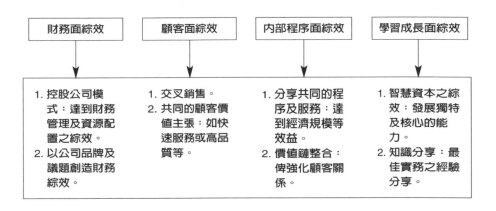

財務面綜效	顧客面綜效	內部程序面綜效	學習成長面綜效
1. 控股公司模式：達到財務管理及資源配置之綜效。 2. 以公司品牌及議題創造財務綜效。	1. 交叉銷售。 2. 共同的顧客價值主張：如快速服務或高品質等。	1. 分享共同的程序及服務：達到經濟規模等效益。 2. 價值鏈整合：俾強化顧客關係。	1. 智慧資本之綜效：發展獨特及核心的能力。 2. 知識分享：最佳實務之經驗分享。

四、明定與董事會、投資者及分析師間之alignment：

自從美國恩隆案之後，不少人開始注意到董事會的角色及功能，本書已非常明確地說明董事會與總公司，及管理部門間之關係，透過平衡計分卡可以非常明確地了解各自的角色及功能。又透過BSC可以將公司的策略性功能、目標，及指標等告知投

圖5　支援部門之alignment的程序圖

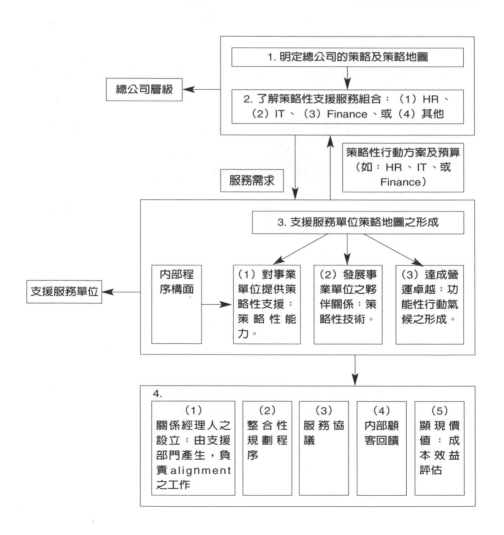

資者及分析師，讓投資者及分析師更能明確地了解公司之策略主軸，俾為投資之參考。

五、明定與其他外部夥伴間之alignment：
書中所觸及之外部夥伴包括五大部分，其重點內容，如圖6所示。

六、明確說明管理alignment之程序：
作者認為alignment並非一次的事件，而是經過長期及持續性的管理，方能克竟其功。作者認為管理alignment是有一定的程序，其整合的內容共有八大步驟，如圖7所示。吾人由圖7中可知，管理alignment之第一步驟為總公司之策略及策略地圖之形成，而最後步驟為事業層級之服務部門反應給總公司層級之服務部門有關各項服務之優先順序之決定。

七、提供全面性策略alignment之具體內容：

圖6　外部夥伴之 alignment 圖

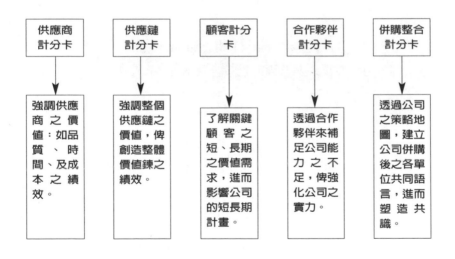

供應商計分卡	供應鏈計分卡	顧客計分卡	合作夥伴計分卡	併購整合計分卡
強調供應商之價值：如品質、時間、及成本之績效。	強調整個供應鏈之價值，俾創造整體價值鍊之績效。	了解關鍵顧客之短、長期之價值需求，進而影響公司的短長期計畫。	透過合作夥伴來補足公司能力之不足，俾強化公司之實力。	透過公司之策略地圖，建立公司併購後之各單位共同語言，進而塑造共識。

　　作者在本書中非常有創意地提供了全面性策略 alignment 之具體內容，讓我們非常明確地檢視在從事 BSC 之 alignment 時，是缺乏了那些內容？又此全面性之策略 alignment 可以讓我們了解爲何公司在執行 BSC 時未有績效產生？有關全面性之策略 align-

圖7　管理之alignment程序圖

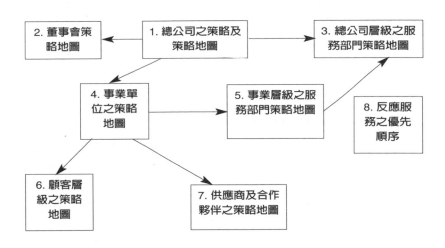

ment的解構內容，如圖8所示。

　　吾人由圖8中可清楚地了解當一個公司的align-ment要有效益，則應檢視是否具有：

（1）策略適合度：四大構面間是否具有alignment。

（2）組織之alignment：不同組織間是否具有alignment。

（3）人力資本之 alignment：員工之目標、訓練、及
　　　獎酬有無與「策略」alignment。

（4）規劃及控制系統之 alignment：規劃、營運及控
　　　制系統有無與「策略」alignment。

　　在此擬重提的是，本書之最大特色為將組織內
及組織外有關的所有 alignment 皆完全點出來，當公
司擁有不少單位，且與很多外在之組織皆有頻繁的
關聯時，為達全面聚焦之效果，在推動 BSC 時得注
意「alignment」及「綜效」之達成。本書之出版正
可帶給台灣已推動或正在推動 BSC 之公司提供一大
省思，是否有那些「alignment」並未真正的執行及
落實，因而影響了 BSC 之實施效益。

圖8　全面性策略alignment內容圖

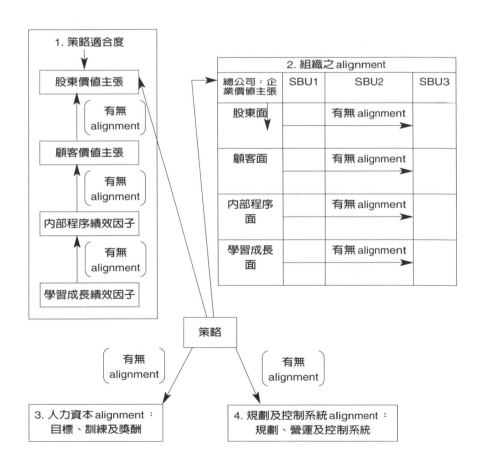

〈導讀推薦二〉

競爭中的綜效管理利器

東風裕隆汽車有限公司總經理 吳新發

　　「平衡計分卡」此項跨世紀的策略管理及績效衡量工具，從一九九二年開始被提出，經過十幾年企業實務的測試與驗證，不論在策略的擬定、執行及績效的管控架構上更是完整。就個人所知，世界知名的企業如美孚石油、UPS及希爾頓旅館集團等公司，皆陸續導入此套管理工具。在策略地圖的導引下，不僅策略得以聚焦，更能確實的貫徹執行，企業整體之綜效亦可有效的發揮，進而提升經營績效。

　　平衡計分卡之所以廣受全世界企業採用與推崇，最主要的精髓在於透過系統化的四大構面：財務、顧客、流程及學習，將策略以因果串接的方式緊密的與願景連結，使其更聚焦、方向更清楚，再透過「關鍵績效指標」（key performance indicator；KPI）嚴謹的目標管控機制，使行動方案得以確實的展開與落實執行，並讓每一位員工不僅努力的方向與公司一致，更能清楚了解自己在公司策略發展的藍圖下，所應扮演的關鍵角色。

　　因此，對經營者而言，當企業逐漸發展，經營
範疇逐步擴大，將會使管理更加的複雜化。為有效
落實企業策略、整合各事業體間的資源並產生綜
效，確實是需要一套完整的策略發展與執行工具。
而平衡計分卡的第四本書《策略校準》就是一套教
導我們如何整合及產生綜效的管理工具，亦即從企
業本身擴展至其他事業體、支援單位、策略夥伴
時，以策略一致化的方式，有效的整合及運用資
源，創造「綜效」。以書中所提的運動人公司
（Sport-Man Inc.）為例，在其總公司的策略整合
下，所擴大的產品／服務範疇，可透過已建構的通
路及採購平台、現有顧客群、共同的支援單位，以
『Pull』的管理模式使策略一致，並有效整合互補之
資源，降低營運成本，創造更高的營收及獲利。書
中的案例也證實，五項能使策略成功的要素中，
「組織緊密結合」（organization alignment）是最能協
助企業創造策略執行效益。因此，若企業能善用書
中對於整合及綜效的概念，相信一定會有相當的助

益。

　　綜觀本書的內容，作者不僅將整個平衡計分卡的運作模式做了簡單的回顧，更針對主題「Alignment」的定義及它在各構面的做法做了非常清楚的敘述，並以簡單易懂的案例及圖表，闡述欲表達的各項要點，使讀者能很快的抓住核心。尤其是第九及第十章更是將主題內容做了完整的彙整，將整合的四大項管理要素，如策略的適切性、組織的整合等，及八大項管理要點，如董事會、企業、事業體等之間策略連結的關係，明白清楚地整理出來。

　　回顧裕隆日產汽車本身，我們是由裕隆及日產合資成立的一間新公司。我們的合作夥伴─日產汽車，二○○二年NRP（Nissan Revival Plan）計畫及二○○五年「180計畫」的成功，就是將平衡計分卡中策略導向及全球策略一致化的概念，融入管理中，並確實有效的將KPI的達成與績效相連結，使全體員工皆能朝共同聚焦的方向一起努力。而裕隆

日產汽車亦在 **KPMG** 的協助下，將此套管理工具導入本公司中。

　　在推動平衡計分卡的過程中，其實並非那麼的容易，尤其是對願景及中期目標的討論。整個的展開是先將策略方向聚焦，再設定各階段性的財務目標，並透過清楚的顧客價值主張，依序展開流程與學習構面的各項策略與 **KPI**，以支撐落後指標財務及顧客面目標的達成。一旦所有策略項目與 **KPI** 明確，並完成整個策略地圖之擬定後，再陸續展至部級、科級及個人，使策略能確實有效的貫徹執行，並讓管理也變得更容易且清楚。

　　這整個做法實際上是將平衡計分卡與方針管理模式相結合，一階接一階的將行動方案及目標清楚的設定，以確保策略在執行上方向一致，也讓各層級及個人能確實了解其是為何而戰，為誰而戰。加上後續定期性策略檢討及校準會議，落實了整個管理的 **PDCA**（計畫、執行、檢查、行動）循環，並不斷的改善及自我學習成長。若以組織綜效來看，

　　裕隆日產汽車所經營的兩大品牌Nissan及Infiniti，除了因本身的品牌定位而採取些許不同的策略外，整個支援架構卻是採共用的方式，如人力資源、管理工具、經銷商管理系統等。這整個觀念的運用與書中的所提的概念不謀而合。

　　至於裕隆日產的大股東──裕隆汽車也是為了考量整體綜效的發揮與擴大，成立多品牌事業體。以生產製造面來看，可負責多品牌（Nissan及GM等）的生產，使產能充分利用，提升經濟規模效益；在服務方面，如車上行動服務「TOBE系統」的開發，汽車保險、融資、租賃車、中古車等企業的設立，也是希望透過資源的整合與運用，提供集團內不同品牌消費者在整個汽車價值鏈上所有需求的全方位服務。在我們內部支援單位的整合上，則設立了八大平台，如物流、通路、服務、人力資源、資訊等，皆是以資源整合的角度擬定相關策略，藉以將綜效的效益極大化。這整個經營方向也是與本書對綜效精神的描述相呼應。

　　現今的台灣環境，各行業及各企業皆面臨相當激烈的競爭，且狀況不亞於世界其他任何一個市場。所以，企業絕對是需要一套工具來發展策略，更要一套管理手法來落實策略之執行。對於平衡計分卡策略管理工具的運用，裕隆日產汽車本身還在不斷的學習。但我相信，只要策略方向清楚及聚焦，且有效地落實執行，經營目標的達成是指日可待的。

　　我非常感謝臉譜出版社及KPMG能給予這個機會，先一步拜讀大師的巨作，並將平衡計分卡最新的管理know-how引進台灣，使台灣的企業能有另一種管理工具，幫助事業成長，並有效的提升競爭力，再創事業高峰。

〈導讀推薦三〉

「基業長青」的四部曲

安侯企業管理公司執行副總經理 曹坤榮

　　「平衡計分卡」系列叢書發展的時代背景，源自於近三十年來資訊與科技的發展，創造了資訊時代下，人類的生活模式與企業經營的競爭態勢大大不同於過往的現況，多少企業陷於「紅海」與「藍海」的深淵裡。

　　傳統企業的經營模式已不足於因應產業價值鏈的急劇改變，柯普朗與諾頓有鑑於此，他們自一九九二年提出平衡計分卡的概念至今已發表四本專業書籍，包括《平衡計分卡》、《策略核心組織》、《策略地圖》及《策略校準》。讀者應可發現，此四本專業叢書的出版間隔時間，約二到五年，且都融入知名企業推展平衡計分卡的最佳實務，故「實務與理論」的相輔相成，爲此系列專書的特色。

　　《平衡計分卡》與《策略核心組織》主要說明平衡計分卡的觀念與推動平衡計分卡的基礎組織與管理原則，企業依財務、顧客、流程與組織學習四個構面發展公司策略，並建構溝通、績效衡量、行動方案與維護機制的管理平台，進而形成以策略爲

導向的組織型態。

　　《策略地圖》係補強前兩本書對於優質策略形成的不足，其主要重點在企業透過「成本領導」、「產品領導」、「全方位客服及問題解決」及「系統鎖定」四種策略型態，連結創造價值之內部流程；透過「營運管理」、「顧客管理」、「創新管理」及「法規及社會」，以形成優質的策略地圖，這本書並提出了無形資產對策略品質與執行的重要性及策略連結公司治理的概念。

　　而《策略校準》主要訴求重點在整合及校準所有組織單位與公司的策略，透過各組織綜效的提升，以創造整體企業的價值主張。企業在全球化趨勢下，組織趨向於多元事業單位與多功能支援單位的組織型態。企業組織如何透過「平衡計分卡」與「策略地圖」的導引，清楚歸納企業價值主張及所欲達成的綜效，並且將公司策略與事業單位、支援單位、董事會、顧客、供應商等內外部組織相互校準，經由公司治理及平衡計分卡整合性的管理體

系，實現企業的整體策略與價值主張。

　　本書共計十個章節，但基本上可彙整成兩大部份，一為公司與組織間的策略校準，一為平衡計分卡的管理體系。重點摘要說明如後：

一、策略校準體系

　　（1）公司（Corporate）與事業單位（Business Units）之「策略校準」：

　　「平衡計分卡」與「策略地圖」前兩本書，作者已清楚說明，企業願景的實現，是架構在四個構面的策略上，策略的形成與落實，在此兩本書亦有架構式的重點說明。「策略校準」更進一步說明「企業價值主張與綜效」係透過「財務、顧客、流程及組織學習」構面校準各事業單位之策略予以達成。企業（Enterprise）必須立於整體組織的置高點，扮演統籌資源的角色，依財務、顧客、流程與組織學習構面，規劃企業整體的價值主張，整合運

（一）策略校準體系關聯圖

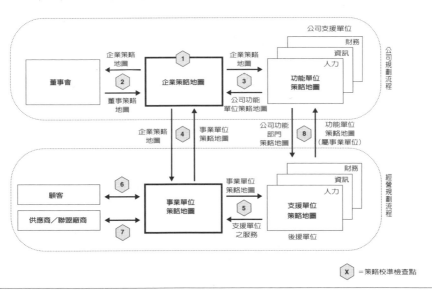

用企業之資源設定企業整體目標，協助企業各事業
單位依「策略地圖」及「平衡計分卡」架構形成各
事業單位之策略地圖與計分卡，並透過策略校準的
管理系統，聚焦溝通與監控各事業單位策略及計分

卡的達成，進而實現企業價值主張。

　　（2）公司（Corporate）與支援單位（Support Functions）之「策略校準」：

　　　　企業支援單位，如人力資源、資訊、財務、採購、法律等，通常獨立於各事業單位，架構在公司之支援服務體系內。支援單位在企業價值創造系統裡，必須做到：

- 校準公司與各事業單位策略以決定支援單位應提供之策略服務。
- 校準支援單位內部組織策略，並透過「內部服務契約」（Service-Level Agreement）以執行對營運單位之策略服務。
- 支援單位經由內部顧客回饋機制以評估其部門支援策略之績效。
- 本書對於人力資源，資訊技術及財務三個支援單位，詳實說明支援單位對於公司及事業單位的策略服務，並提出各支援單位的策略地圖與計分

卡。

（3）公司（Corporate）與董事及投資者之「策略校準」：

「策略地圖」概念性的提出平衡計分卡運用於公司治理的架構，在「策略校準」作者針對平衡計分卡如何連結公司治理有詳實的說明，並提出運用平衡計分卡之管理資訊讓董事、投資者及分析專家，了解公司策略與經營成果。其重點是：

● 公司如何運用平衡計分卡加強公司治理，並經由公司年報對投資者揭露公司策略及經營成果之相關資訊。
● 詳實說明及列舉董事會的策略地圖及計分卡與其對公司組織策略績效應負的責任
● 詳實說明及列舉公司主要執行者（如CEO）之策略地圖及計分卡以衡量其管理策略之績效。

（4）公司（Corporate）與外部夥伴（External Partners）之「策略校準」：

　　在企業產業價值體系裡，創造企業價值除了企業本身外，還包括外部策略夥伴，如：主要的客戶、供應商或聯盟廠商。

　　本書將平衡計分卡完整連結「跨功能」（Interfunctional）與「跨組織」（Interorganizational）的產業價值鏈，包括組織內部價值活動如市場、研發、採購、銷售及運籌與外部組織如原料供應商、製造廠、經銷商和零售商。運用策略地圖及平衡計分卡加強上下游組織間之策略整合，積極創造共生及雙贏的夥伴關係。作者並以寶鹼及沃爾瑪為例，列舉如何運用供應鏈計分卡連結製造廠商與客戶，以提升公司經營績效。

二、「策略校準管理體系」與「整體策略循環體系」

　　作者於「策略校準」最後兩章，為「平衡計分卡」、「策略核心組織」、「策略地圖」及「策略校

準」之整體管理系統作了完整的說明。

　　而關於策略校準管理體系的說明如下：本書參考成功導入平衡計分卡企業之運作實務，建構策略校準之管理體系，歸納八個檢查點，這個圖詳列於上述的「策略校準體系關聯圖」。這之中的檢查衡量項目包含流程（The Process）及結果（The Outcome）。評估結果可依「策略校準地圖」（Alignment Map）顯示各校準環節之強弱與績效。

　　許多導入平衡計分卡之企業為強化公司治理及執行策略，設立「策略長」以整合控管「策略校準」流程。

　　基本上企業係透過上述管理架構，依「PDCA」（PLAN ,DO, CHECK, ACT）之控管過程，持續地規劃、校準、執行及學習，以執行策略。而此循環體系基本上是由「策略形成」、「組織校準」、「人力資本校準」與「校準組織營運管理系統」所組成。

　　柯普朗及諾頓所發表《平衡計分卡》、《策略

（二）整體策略循環體系

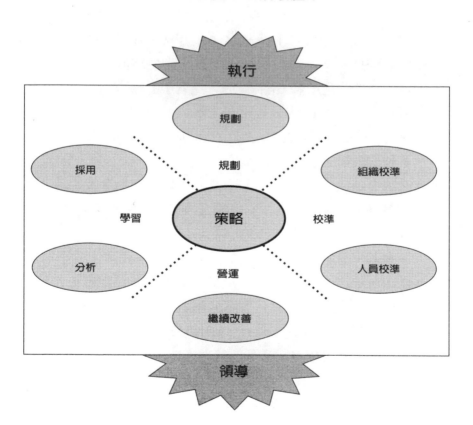

核心組織》、《策略地圖》及《策略校準》四本專業
叢書，實爲近十年來最爲企業界廣泛使用的策略管
理專書，從策略的形成到策略的控管與執行，透過
完整架構的解析及最佳實務的驗證，創造多少企業
長期的競爭優勢。KPMG給予兩位作者對企業界貢
獻的最佳註解如下：

　「平衡計分卡」＋「策略核心組織」＋「策略
地圖」＋「策略校準」＝基業長青

〈導讀推薦四〉

未來企業的中心思維

安元管理顧問公司董事總經理 于泳泓

　　本書之中心意涵，乃在推廣「藉由 Alignment 思維，創造出組織綜效」的概念！並加入了實際案例的佐證與論述。

　　一九九二年哈佛大學教授柯普朗與諾頓在《哈佛商業評論》發表了〈驅動績效衡量指標〉開始，平衡計分卡的熱潮其實從未停歇！它更在二十一世紀初被推崇為近七十五年來最具影響力的管理學說之一！之後，柯普朗與諾頓陸續推出了包括《平衡計分卡》、《策略核心組織》以及《策略地圖》等三本平衡計分卡專書，以更進一步深入推展他們在《平衡計分卡》一書中，所強調的五個影響組織策略落實的關鍵因素，這五個關鍵因素包括了：

　　（1）高階領導必須隨著環境的變動而改變領導模式：高階主管透過平衡計分卡發展出新的管理模式，同時讓資源運用在與策略相關的方案上，並對策略之執行確定權責歸屬；然後藉由與策略連結的績效衡量指標，進而落實以策略及績效導向的企業

文化，以利組織追求與策略相關的成果。

（2）轉化策略為可執行的方案：將使命願景與策略，透過策略地圖的展開與平衡計分卡的導入，將目標值與行動方案加以釐清，據以作為具體的目標與行為準則，同時也作為績效衡量的數字指標。

（3）使組織協調一致（本書的原文「Alignment」即強調此點）：不論是企業的總部、策略性事業部（SBU）、策略性支援單位，甚至在委外的趨勢下，延伸至策略合作夥伴端，企業都必須要清楚企業的策略方向是什麼，讓所有行為都能與組織策略相符合，成為策略聚焦，且目標一致，行動協調的生命共同體。

（4）鼓勵每個人將策略落實在日常工作當中：讓組織內所有成員都明瞭企業的策略是什麼？同時也要讓每一個人清楚地知道我對組織策略的貢獻是什麼？我在策略中扮演的角色是什麼？我要怎麼樣做才能幫助組織達成目標？透過領導者有效地溝通，並創造內部有效激勵的制度，讓員工每天的行

為與認知，都能夠與策略息息相關。

　　（5）確保策略成為持續性的改善流程：計分卡要能與各種管理制度加以連結，如預算制度、作業管理等等，同時它也必須是一個不斷回饋與學習的流程，策略需要透過這樣的機制不斷地修正，行動方案也需要不斷地隨實際情況而加以改善。平衡計分卡可以協助組織從董事會、總公司、事業部、營運單位到員工各階層，都能落實策略，並使治理流程協調一致，提高透明度。此外，它也提供了一個描述策略，以及將策略落實的策略管理架構與溝通平台。

　　《策略校準》為柯普朗與諾頓的第四本平衡計分卡專書，主要在詳細發展上述五因素中的第三項「使組織協調一致」的平衡計分卡重要精神。柯普朗與諾頓認為，當集團規模愈來愈大，不論是為了要追求「經濟規模」、「交叉銷售」，或「一次購足」（one-stop shopping）的目標；還是在發展核心事業

的潮流下，必須要將非核心業務委外，或者是採取
共享服務（share service）的營運模式時，爲了要讓
集團績效最大化（也或者爲了集團的財務構面最佳
化），就必須要有一種管理機制，讓所有事業單位的
整體綜效，超越每個事業單位的單純數字總和，發
揮所謂的「企業延伸價值」。

　　爲了要達到所謂集團的財務價值主張極大化，
在各個事業體間，個別事業體的營運方向，就必須
要有所調整；舉例來說，有時候爲了讓顧客及投資
人對集團整體的產品或服務有極佳的評價，就必須
要犧牲產品或服務價值鏈當中，個別企業體的單一
小利，只爲了求得整個集團的品牌價值最高，這種
居中掌握策略是否被落實在各個事業體間的關鍵便
在於「Alignment」！在此，個人也可以大膽預測在
未來的五到十年間，企業 Alignment 的程度，將會
成爲競爭力的一項重要關鍵；Alignment 程度高
者，綜效就成爲驚人的競爭力；反之，Alignment
程度低者，組織的「山頭林立」、「各自爲政」與

「內耗」，就會成為致命傷。

　　未來企業發展最重要的關鍵，就是要透過平衡計分卡所建構出的溝通平台，讓不論是企業總部、或是策略性事業單位、策略性支援單位，甚至是策略合作夥伴，都對集團的策略方向非常清楚，所有行為都能與組織策略相符，終而成為策略聚焦、且目標一致，行動協調的生命共同體，發揮出最大的綜效，即集團價值最大化，這就是本書所一直提及的 Alignment。其實早在二○○四年七月柯普朗來台演講時，就可以從其演講內容看出 Alignment 的重要，他在演講中所提及，好的策略地圖或是平衡計分卡必須有下列特點：

- 好的平衡計分卡讓組織皆能落實策略並快速取得突破性的成果；
- 好的平衡計分卡讓組織及合作夥伴與策略連結且確切配合，聚焦且協調一致；
- 好的平衡計分卡讓使命、願景及策略與每天的管

理行動連結；

- 好的平衡計分卡<u>讓使命、願景及策略與員工的日常工作加以連結</u>；
- 好的策略地圖能清楚地闡述策略的因果關係；
- 好的平衡計分卡<u>將策略地圖上的目標轉換為一組與策略相連結的衡量指標</u>；
- 好的平衡計分卡能將<u>策略地圖上的策略目標與衡量指標、目標值及行動方案串連在一起</u>；
- 好的平衡計分卡可以<u>將長期的策略及衡量指標與短期戰術規劃及預算連結</u>，形成一套完整的策略管理系統；
- 好的策略地圖可以<u>使各大流程及無形資產與策略確切配合</u>以創造企業價值；
- 好的平衡計分卡報導系統配合流程並能使各個管理會議更加聚焦；
- 好的平衡計分卡能創造內部激勵效果，創造*使員工連結至策略的管理機制*；
- 好的平衡計分卡<u>讓策略成為持續性的循環機制，</u>

可以激發策略學習的流程，是一個不斷地修正與更新的雙軌循環流程；

● 好的平衡計分卡能協助組織落實策略在各個階層間，使治理流程協調一致並提高組織透明度；

● 好的平衡計分卡可以提高董事會的有效性，使董事會著重於策略的討論，亦使董事會決策能與企業策略連結；

● 好的平衡計分卡尚需包含三部分（董事會計分卡、企業計分卡及管理階層計分卡），將可以成為公司治理系統的基石；

● 好的平衡計分卡外部報導系統將可以提升企業透明度並創造影響盈餘數倍的企業價值，將股東與董事會的利益加以連結。

　　上面十六點描述中的十二點（請參照前面標明底線的部分，其他相關的詳細內容並可參考筆者所著的《平衡計分卡完全教戰守策》一書的〈趨勢篇〉及《會計研究月刊》第二二四期），我們其實就可以

很清楚看出，平衡計分卡的成功重要關鍵，就是
Alignment！

　　雖說作者於本書序言中敘及，這本書是強化其
過去所提出的五項大原則中的第三項而已；但我的
觀察是，本書的內容重點絕非新的創舉，而是趨勢
潮流演化所致。如我們常聽說「合久必分，分久必
合」的常理一樣，在長期強調專業分工化（委外、
共享服務的組織架構）之後，現在企業又將走向整
合集權化（像是控股公司概念的大集團企業），道理
是一樣的。

　　根據筆者多年輔導實務界的經驗，例如台灣的
製造業多數為 OEM 的組織，或是想從 OEM 走到
ODM ／ OBM 的企業（想從微笑曲線中間走向兩端
發展）。像台灣目前的資訊電子產業所碰到的情形，
其實就如同一九九八年，MIT 史隆管理學院教授范
恩（Charles Fine）所提出的「分工整合之雙螺旋體
變化週期」（見下頁圖）一樣，當企業受到市場競爭
愈來愈激烈、產品複雜度愈來愈高，而組織的反應

卻是日形僵化時，就會走向生產模組化產品，成為專業分工、水平式的產業結構；而當此一型態的產業發展成熟後，供應商在市場擁有漸漸強大的主控權，專利系統的獲利高時，又因為壓力而走向整合，強調綜效；這是一種不變的管理循環。

　　另外，本書尚有極大篇幅，敘述到公司治理相關的概念（在《平衡計分卡完全教戰守策》的趨勢篇中亦已有相關描述），像是透過平衡計分卡將董事會與策略連結、運用CEO計分卡確保經理人執行策略、將整體策略與外部股東溝通以反映在股價的回報等，由上從股東、董事會、CEO、下至策略性事業部、支援單位加以連結，以落實公司治理，而從下往上則是將執行結果回饋至上層的策略，以達管理績效，而這樣的架構，也呼應了上述十六點中的第十二點「讓策略成為持續性的循環機制，可以激發策略學習的流程，是一個不斷地修正與更新的雙軌循環流程」。此一概念無非是強調平衡計分卡，不僅僅可以作為內部管理機制，同時它也是對外溝通

「分工整合之雙螺旋體變化週期」

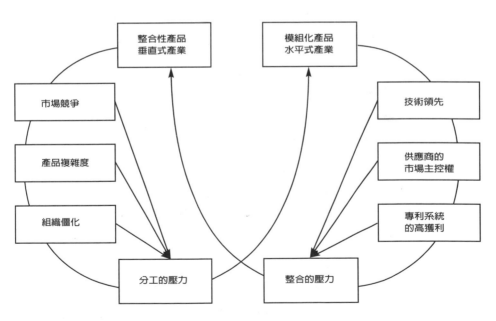

資料來源：Fine, 1998

公司治理與透明度的管理機制。

　　過去有人總誤認平衡計分卡只著重在內部管理，這乃是對平衡計分卡的錯誤認知所致！對於此一現象正好利用機會匡正視聽。事實上，在財務構面上，只要加諸「經濟附加價值」的觀念或指標，以滿足股東的最大需求爲目標，其實就可以讓財務構面的價值主張加以發揮，產生綜效。

　　此外，還有一點必須要提醒在台灣的讀者，《策略校準》一書中的個案都是非常大型的全球企業集團，相較之下，台灣企業大多數皆爲跨國、兩岸三地或中小型的企業，除了文化上的差異外，規模相對較小，這是在運用平衡計分卡時要注意的重要差異。因爲本質上，Alignment的思維必然要面對信任度的考驗、作業取捨與優先順位的衝突，在規模較小的組織，某一事業部爲集團可能捨棄了一些東西，卻有永遠取不回來的可能危險；或者是在「利潤中心」導向的本位主義（聽起來刺耳卻是事實），如果沒有很精準合理的成本分攤或轉價基準，

以整體綜效所獲得的大利，去回饋那些犧牲掉短期
小利的事業單位，那麼一昧要求綜效的排斥性會是
很高的！台灣企業這些年推動的金控公司或產業控
股公司，其Alignment所獲得的綜效參差不齊，就
是以上所說的真實反映！讀者不可不慎！

　　柯普朗與諾頓創建的平衡計分卡，自理論的提
出到實務的導入，已逾十三個年頭，其間導引無數
國內外營利組織及非營利組織，分別在財務指標及
非財務指標，從有形資產到無形資產的牽動上，有
著無與倫比的重大影響，而本書的中心意涵「藉由
Alignment思維，創造出組織綜效」，更是貫穿平衡
計分卡的「垂直」（財務構面、顧客構面、流程構
面、學習成長構面）、「水平」（跨事業部、跨產銷
人發財資的功能別）與「內外」（股東、董事會、供
應商、競爭者與顧客）的三個向度，以期做到內外
兼顧的垂直整合與水平整合，是落實與強化平衡計
分卡的中心思維！值得讀者在運用平衡計分卡時，
做宏觀性自省的座右銘！

第 **1** 章

整合：經濟價值的來源

企業必須持續尋找一加一大於二的方法。如果企業要在事業單位和後
援單位之間創造綜效，那麼整合將是一大關鍵。以策略地圖與平衡計
分卡為基礎的全新衡量辦法與管理系統，將可協助企業了解和享用組
織整合的真正好處。

　　每逢秋季與春季的週末，總會見到八人一組的賽船在波士頓和劍橋之間的查爾斯河域（Charles River）進行划船賽。儘管每艘船上都有體格強壯、求勝心切的划槳選手，但致勝關鍵卻在於划槳動作的整齊與否。

　　試想船上八名條件傑出、訓練有素的划槳手若是對於成功致勝的方法，各有各的盤算——包括每分鐘劃幾下才能達到最高船速？以目前勘查到的風向、風速、水流以及橋下的彎曲水道來看，最好走哪個方向才有機會得勝？於是他們各自設計和採用自己的方法，最後這場比賽下場必定奇慘無比。

　　若是大家以不同速度朝不同方向划槳，只會使船身原處打轉，甚至翻覆。得勝的隊伍一定是靠同步化的划槳動作致勝：每位選手都配合其他隊員，整齊劃一地用力划槳，絕對服從總舵手指揮，而舵手的責任正是調整和操控船身的行進方向。

　　許多企業就像協調性不佳的賽船一樣，雖然有出色的事業單位和訓練有素、經驗老到、企圖心旺盛的主管坐鎮其中，但行動完全未經協調，充其量，他們只能做到互不干擾的地步。

　　於是，企業整體績效等於各事業單位績效的總和減去企業總部的成本。其中最常見的情況是：各

事業單位雖然埋頭苦幹，卻在共同顧客或共同資源上產生衝突；或者是各事業單位因協調不良，而錯失了更高績效的總體成就機會。如果它們之間能有更好的合作，相信最後成果絕對不止於各事業單位的績效總和而已。

賽船上的舵手就如同企業總部。

被動的舵手只會占掉船上的寶貴空間、加重船身重量、拖累選手們的整體表現。反觀優秀的舵手不僅了解每位划槳手的優缺點，也懂得事先研判和分析外在環境與競爭對手，再決定賽船的行進方向，確保每位划槳手都能同心協力，發揮最大潛能。這些卓越的舵手有如指揮若定的企業總部，對每位划槳手都有加分效果。

「整合」事關緊要

每年「平衡計分卡團隊」都會精挑細選幾家組織進入「平衡計分卡策略執行力名人堂」（the Balanced Scorecard Hall of Fame for Strategy Execution）。這些組織都是靠平衡計分卡的績效管理系統，在策略執行層面上展現出驚人的卓越成果。

譬如隸屬於戴姆勒克萊斯勒集團（Daimler Chrysler）的美國克萊斯勒公司，雖然曾預估二○○一年將損失五十一億美元，但新到任的執行長卻利用平衡計分卡扭轉乾坤，降低成本，透過新產品的開發，完成未來成長目標。

儘管美國汽車市場持續疲弱不振，但克萊斯勒卻靠新車種成功上市和一流的生產效率在二○○四年創造出十九億美元的可觀利潤。

媒體通用公司（Media General）則是一家地區性的大眾傳播公司，旗下擁有報紙、電視、和網路，它利用計分卡整合旗下不同資產的腳步，完成新策略趨同，最後使自家公司股價在四年間飆漲百分之八十五，遙遙領先競爭對手。

橫跨零售服飾、飯店、家具、和營造等產業的韓國企業集團 E-Land 在一九九八年到二○○三年之間的營收成長一倍，達到十一億美元，同期間它的利潤也從八百萬美元攀升到一億五千萬美元。

我們研究過這些名人堂組織的管理作業，還把它們拿來和另兩組從網路調查中篩選出的平衡計分卡實施組織比較：而這裡面的 BSC 高獲益使用者（high-benefit users ； HBUs）指稱他們的卓越成果全拜平衡計分卡之賜，至於低獲益使用者（low-benefit users；LBUs）則說，雖然它們施行過平衡計分卡，但帶來的獲利有限。於是我們將這兩組公司的管理作業按五大管理流程去檢視，這五大管理流程是我們從以前就認定爲策略執行的成敗關鍵：

（1）**動員：**在主管的領導下精心策畫各種變革。
（2）**策略詮釋：**界定策略地圖、平衡計分卡、目標、和行動方案。
（3）**組織整合：**配合策略整合總公司、事業單位、後援單位、外部夥伴和董事會的行動。
（4）**激勵員工：**提供員工進修教育和雙向溝通的機會，協助他們制定目標，提供獎勵辦法，舉辦員工訓練。
（5）**統籌管理：**將策略合併到計畫、預算編列、成果提報和管理評鑑當中。

　　圖1-1比較了三組公司在策略管理作業上的卓越程度，結果發現它們之間的高下之別何在。名人堂的組織在策略管理流程的作業程度上遠勝過另外兩組公司。至於BSC高獲益使用者則在各流程的作業程度上遠勝於低獲益使用者。換言之，策略管理作業的成效表現與獲益所得是成正比的。

圖 1-1　管理卓越程度與獲益程度這兩者之間的關係

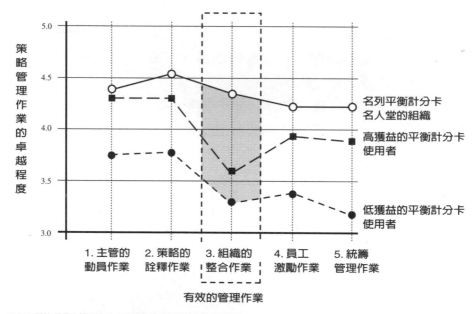

參與者是依五種分數等級來評鑑自己在管理作業上的卓越程度
（1= 我們在這方面做得很糟；2= 我們在這方面並不擅長；
3= 我們在這方面做得還可以；4= 我們在這方面做得不錯；
5= 我們在這方面做得很棒）

　　其實名人堂的組織與另兩組公司最大的差別是在於組織整合的作業程度上。

　　最能受惠於全新績效管理系統的企業組織，比較善於整合總部、事業單位和後援單位的策略。這種整合很像是划槳手整齊劃一的動作，可以爲企業創造可觀利潤。要知道如何在組織裡做到真正整合的地步，其實是門大學問，畢竟它所製造出來的可觀報酬是不分企業的。我們對這個主題會有興趣也是很自然的，因爲從針對高階主管所做的調查報告中可以看出，平衡計分卡是他們用來創造組織整合的主要利器之一。

企業衍生價值

　　在企業總體層面上整合組織單位，創造價值，這種方法往往不若在事業單位（business unit；BU）層面上創造價值來得引人注意。大部分的策略理論都很強調事業單位，並關照包括事業單位所各自擁有的產品、服務、顧客、市場、技術和競爭力。事業單位策略會說明BU打算用什麼方法去創造潛在顧客所需要的產品與服務，亦即所謂的「顧客價值主張」（customer value proposition）。如果這個價值

主張夠吸引人，顧客就會持續購買，為事業單位創
造更高價值。在前一本書《策略地圖》裡，我們討
論過事業單位經常追求的四種價值主張。

（1）**最佳總成本**：提供品質穩定、成本低廉、可以
　　　及時生產的產品和服務。
（2）**產品領先者**：提供可突破現狀的產品與服務。
（3）**顧客解決方案**：提供全套客製化的產品與服
　　　務，結合技術知識（know-how），為顧客解決
　　　問題。
（4）**系統平台**：提供可供應產品與服務的產業標準
　　　平台。

　　事業單位是靠策略地圖與平衡計分卡的幫忙在
高階管理團隊中取得策略共識；然後向員工溝通策
略，好讓他們協助組織落實策略，再配合策略分發
資源；最後再監控和管理策略成果。所有這些活動
都能使BU靠自己的顧客關係去創造價值。
　　當今多數的大公司都是由不同事業單位和「服
務共享單位」（shared-service units）組合而成。大公
司若想為旗下事業單位和服務共享單位增加價值，
勢必得整合它們，才能創造出一加一大於二的綜效

（synergy）結果。但這部分屬於總公司策略（corpo-
rate strategy）或企業策略（enterprise strategy），這
種策略可以說明總公司會用什麼方法去增加價值。

　　當企業將分散的事業單位及其後援單位的作業
活動加以整合時，就會創造了額外的價值來源，我
們稱它為「企業衍生價值」（enterprise-derived
value）：

價值創造　＝　顧客衍生價值＋企業衍生價值

價值創造策略　＝　顧客價值主張＋企業價值主張

　　舉例來說，企業或許可以建立一個新的銷售管
道去交叉銷售（cross-selling）不同事業單位的產品
和服務；抑或可透過共同的製造工廠、資訊系統、
或研發團隊等昂貴資源去取得規模經濟（economies
of scale）。但若真要做到一加一大於二的綜效成
果，光靠這些仍不夠，這非得從公司總體層面去確
認和協調各種機會，將各行其事的事業單位腳步予
以統合。但萬一總公司沒能創造綜效，反而折損營
運單位和後援服務單位所加總的價值，投資者就會
理所當然地質疑為什麼要把這麼多事業單位放在一

家公司裡？分效（anergystic；綜效的相反）的企業
若是予以打散，對股東們來說反而好處多多，因為
他們在各營運公司裡仍有一定比例的持股，這麼做
反而可省掉企業總部的營運成本和官僚作業。

　　總公司策略會清楚指引企業該如何避開這個宿
命，創造出高過於各單位獨立經營的加總價值。我
們稱這種為創造企業衍生價值而制定的跨事業目標
（cross-business objectives）為「企業價值主張」
（enterprise value proposition）。

　　公營和非營利機構也面臨同樣問題。美國國防
部旗下有許多大型單位，包括了美國陸軍、美國空
軍、美國海軍和美國國防後勤局。由於這些單位的
預算雄厚，多年來早已各自衍生出一套運作模式與
傳統，因此美國國防部必須妥善結合這些單位的力
量。

　　又譬如加拿大皇家騎警（Royal Canadian
Mounted Police）必須整合旗下不同職務單位和地區
單位，其中包括負責打擊國際犯罪與恐怖組織的全
國保安單位；也有負責原住民社區衛生安全的偏遠
保安單位以及為各省市提供治安服務的委外警力單
位。再譬如美國糖尿病協會（American Diabetes
Association）和紅十字會（Red Cross），則必須在共

同品牌和理念下，整合分散各地的單位，形成可運
作的跨國網絡。這些組織都需要一套像平衡計分卡
和策略地圖的方法，才能釐清、傳達和建立自己的
組織角色。

企業價值主張

　　事業單位平衡計分卡裡的四大構面能清楚說明
該單位是如何靠傑出的內部流程去提升顧客關係、
創造股東價值。這些流程會因人力品質、系統和文
化的整合而得到持續改善。這四大構面分別是：

（1）**財務構面**：我們的股東對財務績效的期許是什
　　　麼？

（2）**顧客構面**：為了達成這個財務目標，我們要用
　　　什麼方法為顧客創造價值？

（3）**內部流程構面**：為了讓顧客和股東滿意，我們
　　　必須在什麼流程上勝出？

（4）**學習與成長**：為了改善這些關鍵流程，我們該
　　　如何整合自己的無形資產（人力、系統與文
　　　化）？

　　這四個構面都互有因果關係。譬如用來改善員工技能的訓練課程（學習與成長構面）可以提升顧客服務品質（內部流程構面），進而得到更高的顧客滿意度與忠誠度（顧客構面），最後在營收和利潤上有所成長（財務構面）。

　　事業單位策略的四大構面架構最後會自然延伸，發展出總體企業的平衡計分卡（請參考圖1-2）。總公司本身並無顧客，也不必操控產品或服務的製程。顧客和營運流程都屬於事業單位的責任。總公司只要負責統整旗下事業單位的價值創造作業活動（使它們能為自己的顧客創造更多好處或降低總營運成本），讓共同行動的成果遠超過各行其事的結果。換言之，企業平衡計分卡的四大構面目標必須解答以下問題。

（1）**財務：我們要怎麼利用自己的策略事業單位組合（strategic business unit；SBU）去增加事業單位的股東價值？**

　　總公司的財務綜效會圍繞在幾個議題上：到哪裡投資？從哪裡獲益？如何平衡風險？如何創造出投資者品牌（investor brand）？

　　控股公司的總部和多角化經營的企業──譬如

圖 1-2 企業計分卡的建立

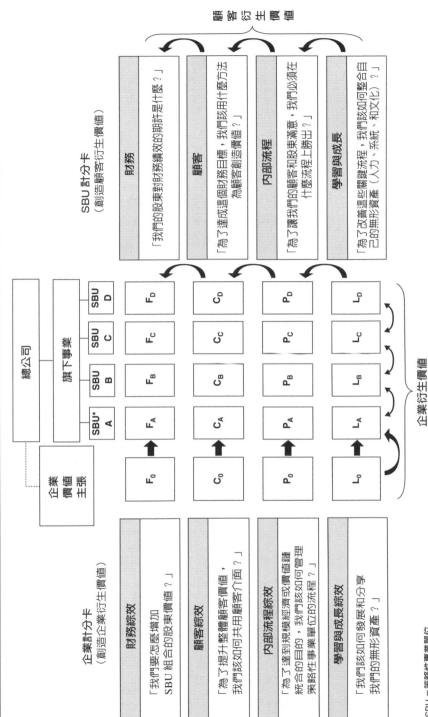

SBU＝策略性事業單位

波克夏投資公司（Berkshire Hathaway）、FMC 公司
（FMC Corporation）和 Textron 集團等這類企業，通
常是靠卓越的資本分配能力去創造價值。

　　對這些多角化經營的企業來說，企業總體價值
乃得自於內部資本市場（internal capital market）的
運作，這種運作方式遠比各分公司都是獨立上市公
司要來得更具成效。

　　除了靠技高一籌的資源分配能力和統籌管理流
程來達到財務綜效之外，其他企業也很積極地在其
他三種平衡計分卡構面上創造綜效。

（2）　顧客：為了提升整體顧客價值，我們該如何共用顧客介面？

　　滿意的顧客是寶貴的資產。靠良好顧客關係所
創造出來的優良商譽，可以轉化成重覆購買的潛
能，連帶惠及其他事業單位的產品與服務，尤其是
那些靠同樣品牌來包裝的產品和服務。

　　像旗下零售據點同質性強的公司──譬如零售
銀行、零售商店以及像希爾頓飯店和溫蒂漢堡這類
加盟總店，都會要求各駐點採用同一套標準作業，
好讓各地顧客都得到同樣品質的經驗，這種經驗可
以強化和鞏固總公司品牌。

在更多角化經營的企業裡，或許光靠一個事業單位就能開發出客源，經營顧客關係。只不過這個單位的後續發展最後還是會因本身產品或服務範圍的限制而顯得後繼無力。這時總公司內部若有其他事業單位可以為同一批顧客提供互補性產品和服務，便能鞏固顧客關係。

譬如醫療器材製造商或許擁有一批對自家產品忠心耿耿的滿意顧客，但若再加上現場維修服務單位為顧客提供售後維修保養服務，相信一定能創造更多營收來源——甚至這種售後服務更有賺頭，獲利也更穩定。

其實總公司往往只要擴大行銷訊息，重新設計銷售流程，就能把不同事業單位的產品推銷給同一批顧客，換言之，即是透過交叉銷售的方式去提高「單一顧客平均營收」（revenue per customer）。

舉例來說，西北互助人壽保險公司（Northwestern Mutual）以前的策略是靠保險專員各憑本事地推銷優質的人壽保險，現在的新策略雖然還是以人壽保險產品為主，但卻增加了全套投資產品和諮詢服務，以滿足顧客對財務保障、資本累積、財產維護和資產分配的多種需求。西北互助人壽保險公司為業務人員準備了專家網絡系統，以利

他們在服務顧客和交叉銷售產品時能有諮詢對象和
後備支援。

　　嚴格來說，這家總公司的角色只是幫忙擴大顧
客可用的服務範疇，提升產品價值。如今它的顧客
有專屬的諮詢團隊，又能接觸到更多元化的產品，
這兩者的結合等於為顧客創造出更完善的解決方
案。總公司在原本各行其事的事業單位當中，創造
出團隊合作的奇蹟。

(3)　內部流程：為了達到規模經濟或價值鏈統合的 目的，我們該如何管理SBU流程？

　　大型組織有機會透過規模經濟的創造去提升自
我競爭優勢和股東價值。沃爾瑪（Wal-Mart；民營
機構）和美國國防後勤局（公營機構）的採購與配
銷流程規模，幾乎相當於一個小型國家的國民生產
毛額。其實這種單位眾多的企業，只要仔細檢查各
事業單位的共通流程，就能創造出規模經濟。

　　譬如美國零售業巨擘The Limited，它在總公司
內有一個部門是專門負責為旗下零售點處理簽約事
宜和不動產管理事宜，另一個部門則專門幫旗下事
業單位協調供應商事宜。

　　又譬如戴姆勒克萊斯勒這類汽車製造商，它的

總部會負責協調全球新產品設計和研發事宜。在我
們的前幾本著作曾提到布朗魯特公司（Brown &
Root）的航海工程部是如何創造價值：它將以前各
自獨立作業的工程、設計、製造、安裝、後勤等單
位的力量統合起來，為顧客提供最完備的解決方
案。

（4） 學習與成長：我們該如何發展和共用自己的無 形資產？

或許對於一個享盡好處的總部來說，它最有利
的機會點就在於它可以發展和共用重大的無形資
產。像賽仕電腦軟體公司（SAS Institute）、埃森哲
顧問公司（Accenture）和先靈製藥公司（Schering）
都會主動掌握企業體內各種創意構想的最新動向。

花旗集團（CitiCorp）和固特異輪胎（Goodyear）
則是創造全球文化的前鋒企業，他們調派重要主管
到世界各地的分公司支援總公司的全球擴張策略。
而英國石油（British Petroleum ；BP）這類組織也
擁有集中化的資訊技術組織，目的是要和不同單位
共用資訊技術專家的專業知識。

無形資產已經成為企業策略裡一股新興力量，
它們代表一種機會點，也代表一種授權，它可以接

受總公司某種程度上的管理，為總公司創造綜效和
永續的競爭優勢。

　　圖1-3大致摘要了整體企業層級的綜效是從何
而來，順序完全依照企業平衡計分卡的四大構面。
我們會在三、四章的時候針對這個結構做更深入的
說明，屆時也會舉出幾個公、民營機構和非營利機
構的成功案例。

整合的順序

　　從圖1-4中，我們看到了創造企業衍生價值所
必須遵循的順序。整個過程先從總公司說明企業價
值主張開始，這個主張會在各營運單位、後援單位
和外部夥伴之間創造綜效。企業策略地圖和平衡計
分卡會釐清和闡明「共同優先要務」（corporate pri-
orities），並將這些要務清楚傳達給各事業單位和後
援單位。

■ 整合企業總部與各營運單位的腳步

　　等企業總部擬妥自己的策略和價值主張後，各
事業單位和後援單位就會配合企業計分卡去發展屬

圖 1-3　企業綜效的來源

企業計分卡	企業衍生價值的來源（策略主旨）
財務綜效 「我們要如何增加 SBU 組合的股東價值？」	* 內部資本的管理：有效管理內部資本市場和勞動市場，創造綜效。 * 總公司品牌：在單一品牌下統合不同事業單位，合力推廣共同價值或主旨。
顧客綜效 「為了提升整體顧客價值，我們該如何共用我們的顧客介面？」	* 交叉銷售：交叉銷售不同事業單位的產品與服務，創造價值。 * 共同價值主張：依循總公司標準，為不同零售點創造出一定品質水準的購買經驗。
內部流程綜效 「為了達到規模經濟或共用價值鏈統合的目的，我們該如何管理 SBU 流程？」	* 服務的共享：在關鍵性後援流程上共用系統、設施與人力，創造規模經濟。 * 價值鏈的統合：在該產業的價值鏈裡統合鄰近流程，創造價值。
學習與成長綜效 「我們該如何發展和共用自己的無形資產？」	* 無形資產：在人力、資訊和組織資本的發展上享競爭力。

圖1-4　在規劃過程中展開整合行動

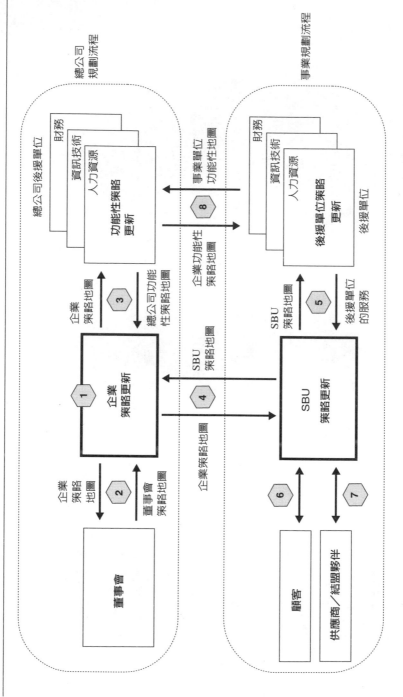

X ＝整合關卡

於自己的長程計畫和平衡計分卡。這整個過程將有
助事業單位權衡那些極具挑戰性的作業任務。這些
事業單位當然都是當地市場的一流競爭者，通常他
們會先選出自己的目標顧客群以及專為顧客所準備
的價值主張，然後培養自己的人才，發展自己的系
統與文化，以提升內部營運流程、顧客管理流程、
和創新流程，再將自己的價值傳達給顧客與母公
司。此外，事業單位也會為整體綜效貢獻一份心
力，具體落實共同主旨、服務共同顧客、結合和協
調其他事業單位，以求得到更多的價值創造機會。
事業單位的策略地圖和平衡計分卡必須同時反映分
公司的所長與總公司的貢獻。我們會在三、四章討
論這類整合。

■ 整合內部後援服務單位

接下來像人力資源、資訊技術、財務和規劃等
服務共享單位，也會開始發展自己的長程計畫與平
衡計分卡，以便隨時支援事業單位的策略和企業的
優先要務。舉例來說，企業價值主張可能要求人力
資源部擬妥全新的人才招募、訓練、延攬計畫，以
利各單位可以在人才的流通上互通有無，創造綜
效。假使企業策略強調大家必須盡量降低恐怖份子

攻擊所帶來的可能風險，資訊技術部就會率先擬定一套適用於各單位的災難預防計畫。為了有所成效，內部的後援服務單位一定要先了解企業策略的內容，再配合策略調整自己的作業活動。

　　但在傳統上，企業常將這些後援服務單位視為「經常性支出中心」（discretionary expense centers）。公司每年編列預算時，都會先想好它要在各後援服務單位身上花多少錢，然後在來年嚴格監督這些單位的實際支出有沒有超出預算範圍。這種視它們為經常性支出中心的心態並無益於後援單位的整合，反而害它們綁手綁腳，無法好好服務顧客——而它們的顧客正是各事業單位和企業總部。為後援服務單位製作策略地圖和平衡計分卡，可以使這類單位的顧客、流程、學習成長目標和各事業單位的目標趨於一致，有利公司創造更多企業價值。這整個過程等於是把後援服務單位從支出中心的角色轉化為策略夥伴。我們將在第五章說明可連結後援服務單位策略與總公司、事業單位策略的策略地圖和平衡計分卡要如何創造。

　　企業早就透過各種途徑去整合事業單位與服務共享單位。有些企業一開始先從總公司層級去界定策略，再串聯到各營運單位和服務單位。這種井然

有序的流程是結構嚴謹、講究階級的組織會做的事，譬如美國陸軍（U.S. Army）和巴西的石化能源國營機構 Petrobras。

　　再反觀其他許多企業（雖然不是多數企業），都是先從某個事業單位或甚至某服務小組的平衡計分卡開始做起。這些企業不希望把平衡計分卡計畫視作為總部指揮授權下的東西。它們刻意由下往上地啟動這套計畫，遲遲不去定義企業價值主張，延緩企業內部的協調作業，直到所有營運單位都已接納新的管理系統才談整體議題。我們會在第六章討論這些不同的落實途徑。

■ 整合外部組織

　　除了內部事業單位與服務單位的整合之外，企業也會探索其他整合機會，擬妥各種計畫和平衡計分卡，清楚界定它和董事會、外部夥伴（譬如顧客、供應商和合資企業）的關係。企業執行長和財務長大可利用平衡計分卡去提升總公司的統籌管理權，改善與股東的溝通品質。企業也可以把總公司和事業單位的策略地圖與平衡計分卡製作成董事會的資訊參考來源，讓董事會也能配合策略而行。有些公司甚至會和董事會共同制定董事會的策略地圖

與平衡計分卡。這種地圖與計分卡可以向投資者、股東、管制者（regulators）以及社會大眾說清楚董事會的目標；並確實執行關鍵性的董事會流程，以不負投資者所託；這種方法也有助於找出董事會及其審議過程中所必備的技術、資訊與文化。

　　一旦董事會能接受企業平衡計分卡裡的策略內容和衡量辦法，執行長和財務長便可利用企業平衡計分卡和股東進行溝通說明。很多公司都會在股東年報上闡述自己的策略地圖，並利用平衡計分卡的量度與分析師進行討論和電話會議。投資者將資本委託給公司經理人管理，而透過經理人有效地統籌管理、公開說明和積極溝通，便可以降低投資者的風險，進而減少公司的資本成本。我們會在第七章討論這些辦法。

　　此外，和外部夥伴（主要顧客、供應商或合資夥伴）共同建立平衡計分卡，還能提供另一個機會，也就是透過整合去創造價值。這整個過程能使兩家公司的高階主管在彼此的關係上建立共識，此外也能跨越組織疆界，建立互信基礎，減少交易成本，降低兩方錯誤整合的可能風險。計分卡本身就像一份明確的合約，可以用來衡量組織之間的績效表現。少了平衡計分卡，這些對外的簽約動作就只

能從價格、成本這類財務量度去考量。計分卡提供
的是一種更普遍性的締約機制，可以讓我們從關
係、服務、即時性、創新、品質、靈活彈性，以及
成本、價格等量度去看清整個投資活動的成果表
現。這些我們都會在第八章討論。

將整合當成一種流程來管理

我們已確認過上述每項作業活動，都是創造綜
效與價值的機會點。大部分組織雖然想要創造綜
效，卻是在沒有經過協調的情況下斷斷續續地進
行。它們沒有把整合當成某種管理流程。因為這中
間若是沒有人負責整個組織的整合事宜，要想透過
綜效來創造價值，根本是天方夜譚。

綜效的創造，靠的不只是一個概念或策略。企
業價值主張會透過整合去整理出一套可以創造價值
的策略，但它不會告訴你實踐的方法。整合性策略
必須有一套「整合校準流程」（alignment process）
作為搭配。而整合性流程就像預算編列一樣屬於每
年都得統籌處理的工作。只要企業或事業單位的計
畫有所變動，主管們就得配合新的方向「重新整合」
（realign）整個組織。

　　整合校準流程無可避免地會出現周而復始、由上往下的走向。整體綜效目標必須由高層決定，再交由各事業單位具體實現。就像財務長要協調預算編列，執行長也必須負起整合校準流程的協調責任——這正是策略管理辦公室（Office of Strategy Management；OSM）的職責所在。每年一度的規劃流程提供了一個架構，整合校準流程就是根據這個架構執行。以下正是多元化事業型組織的總公司、事業單位和後援單位，在年度的規畫流程中所必須經歷的八道整合關卡（請參考圖1-4）。

（1）**企業價值主張**：總公司定出策略性指導原則，組織基層再根據這個原則擬定各自的策略。

（2）**董事會與股東的行動整合**：總公司董事會負責檢討、核可和監督總公司策略。

（3）**從總公司辦公室到總公司後援單位**：總公司策略被轉化成總公司政策，再交由總公司的後援單位執行。

（4）**從總公司辦公室到各事業單位**：總公司的優先要務會被串聯到各事業單位的策略裡。

（5）**從事業單位到後援單位**：各事業單位的策略性要務會被併入功能性後援單位的策略裡。

（6）　**從事業單位到顧客身上**：向目標顧客群傳達顧
　　　客價值主張裡的優先要務，並反映在特定的顧
　　　客回饋和量度上。

（7）　**從事業後援單位到供應商和其他外部夥伴身
　　　上**：在事業單位的策略上反映出供應商、承包
　　　商和聯盟夥伴的共同優先要務。

（8）　**總公司的後援**：地方性事業後援單位的策略必
　　　須也反映出總公司後援單位的優先要務。

　　　組織只要利用這八道關卡作為參考點，便能據
此衡量和管理企業內部的整合作業，建立綜效。精
通此流程的組織將可創造出難以撼動的競爭優勢。
在第九章我們會討論這種持續整合的流程。它只需
要在現有管理流程上做適度修正，便能隨時抓住企
業綜效。

　　　依據策略整合員工與管理流程，這個動作雖然
並不完全屬於組織整合的一部分（本書的重點在於
組織的整合），但企業還是有必要這麼做。因為如果
員工不知道策略是什麼，缺乏衝勁去為所屬單位落
實策略，那麼就算所有組織單位的策略都已經完成
整合，獲益也是有限。

　　　企業必須從政策上向員工進行積極的溝通、教

育和鼓勵，根據策略整合員工。此外更要依策略整
合校準正在進行中的管理流程 —— 包括資源的分
配、目標的設定、行動方案的管理、回報和檢討。
我們也會利用第十章來討論這些額外的整合流程。

個案研究：運動人公司

　　現在我們要利用某家化名公司的個案來說明一
些整合議題，我們姑且稱它為運動人公司（Sport-
Man Inc.；SMI）。這家公司創建於一九二五年，專
門生產和販售男用工作靴。早期它之所以成功，歸
因於當時建築業、農牧業和其他戶外產業的工人在
工作時一定要穿上繫帶式傳統防水靴的需求。SMI
靠著大型百貨公司和鞋類專賣店的配銷管道，為他
們在麻州的總公司打下國內行銷的成功基礎。

　　二次世界大戰期間，SMI和美國陸軍簽下一筆
合約，兩百多萬名美國軍人等著穿上它生產製造的
靴子。SMI的成功一直延續到戰後景氣繁榮的市
場。這家以運動人品牌崛起的公司，又新增了登山
靴這項新產品，因為他們知道休閒活動市場的成長
指日可待。一九六〇年代，SMI透過公司的自有零
售店，另闢出一條男用休閒鞋的產品線。一九七〇

年代，SMI預見男性服飾的多元化走向，另行成立新事業群（line of business；LOB），這些新事業專攻戶外工作、活動兩用的男性服飾。這種男性服飾很快成了「獵裝」市場上的重要品牌。SMI從郊區的購物商場發跡，在短短時間內成為旗下擁有一百家零售點的大廠商，店面遍布美國東北地區。一九九〇年代，SMI將產品推向全美市場，零售點遍及四百多家購物商場。

　　但到了一九九〇年代中期，SMI業績成長開始遲緩。運動人過去是個響叮噹的品牌，但它的戶外男用鞋和戶外男性服飾市場已經飽和。從某份全面性策略評估報告中可以得知，運動人品牌仍然可以往其他服飾系列延伸。除此之外，它在全美各大商場所留下的零售足跡，使它有絕對的實力另開新店，另闢新的產品線。它大可把新的零售店開在原運動人專賣店的隔壁，方便向現有顧客交叉銷售。最後值得一提的是：SMI一向擅長從歐洲和亞洲地區取得貨源，這是它戰後四十多年來所累積下來的實力，所以SMI要在新的服飾產品線上快速成長並非難事，況且它也具備了「成本經濟」（cost economies）的有利條件。

　　因此該公司三十年來第一次的多元化行動，就

是從擴大運動人這個品牌的產品系列作為開端。整
個策略細節如下：

- 多增加兩個事業群，以補充原來男用鞋和戶外男
  用服飾這兩個事業群之不足：
    a. 全新的男用休閒服事業群
    b. 以運動商品為主的全新事業群：包括運動
       服、運動鞋和運動設備。
- 與早已進駐四百家購物商場的 SMI 零售店共用店
  面，達成配銷綜效。
- 與新的事業群分享顧客名單和顧客信用卡。
- 分享總公司在產品採購上的競爭力。
- 與新的事業群共用重大管理技術。

　　從財務上來說，SMI 訂立了雙重目標：維持戶
外鞋和戶外服等核心產品系列的市場占有率；至於
新的事業群則必須在五年後達到和核心產品同樣的
市場占有率。SMI 會把成熟事業的現金獲利，轉投
資到新事業身上。

　　SMI 主管承認這套策略必須靠各事業群的全面
整合和團隊作業才能辦到。他們希望顧客把每個品
牌都當成一個獨立的事業體，但同時又希望這些事

業單位可以靠現金的重新分配以及顧客名單、信用
卡、不動產、廠商、技術、重要員工和知識的分享
來達到合作的目的。原來的事業單位除了不動產之
外，在管理上一向獨立自主，因此這個新策略下的
團隊作業勢必要做極大的調整。

　　SMI管理階層只好求助於平衡計分卡，希望能
用以下方法做出必要的組織整合：

● 為每一個事業單位清楚定出總公司的策略，尤其
　要說清楚怎麼合作才能創造綜效。
● 配合總公司策略整合各事業單位。
● 配合事業單位整合後援單位。
● 創造一套統籌管理流程，以確保整合行動的永續
　維持。

　　圖1-5呈現了這個過程的第一步：制定企業計
分卡，並在過程中說明綜效的創造方法。SMI的財
務綜效靠的是將成熟事業的現金獲利，轉投資到新
事業身上。至於總公司量度──「平均每家店的營
業額成長率」（sales growth per store），則希望舊店
必須交出和平均產業成長一樣的成績，新店則必須
達到指定的營收成長率。此外總公司計分卡得衡量

現金流量的成長與投資額。

　　與新事業單位共享 SMI 原有的基礎顧客群，可以創造顧客綜效。總公司的顧客量度──「來自共同顧客的營收百分比」（percentage of revenue from common customers），則會直接監控此目標；至於「顧客平均營業額年成長率」（annual growth in sales per customers）則側重於產品線間的交叉銷售。

　　SMI 希望從三個源頭去創造內部流程綜效：

（1）利用主流產品吸引顧客上門，這可從該類別產品的市場占有率去衡量。

（2）建立 SMI 品牌的購物商圈，共同使用購物商場內的不動產，這可從「每平方英呎營業額」（sales per square foot）和「多店交易量」（multistore traffic）去衡量。

（3）規模經濟式的採購作業，這可從「退貨率」（returns）和「訂單履行率」（order fulfillment）去衡量）。

　　最後學習與成長構面的綜效必須靠以下方式來成就：調派經驗老到的專業人士到新成立的分公司擔任要職，這也就是「主要幹部的輪調作業」（key

圖 1-5 運動人公司：企業計分卡

綜效	企業價值主張	企業計分卡
財務綜效 「我們要如何增加 SBU 組合的股東價值？」	**對內投資的成長** * 積極投資成長中的事業 * 取得成熟事業的現金獲利	* 營業額成長率（平均每家店） * 策略性投資程度 * 自由現金流量
顧客綜效 「為了提升整體顧客價值，我們該如何共用顧客介面？」	**移轉顧客** * 將成熟的基礎顧客群移往成長中的事業。 **建立品牌** * 在主流類別裡建立獲利基品牌。	* 來自共同顧客的營收百分比 * 顧客平均營業額（每年成長率） * 在主流產品市場裡 　（譬如運動鞋）的占有率
內部流程綜效 「為了達到規模經濟或價值鏈統合的目的，我們該如何管理 SBU 流程？」	**終點店** * 建立購物圈，鼓勵跨品牌的交易。 **規模經濟式的資源採購** * 建立長期合夥關係，以確保資源的品質和可靠。	* 每平方英尺營業額 * 多店交易量 * 退貨率 * 訂單履行率
學習與成長綜效 「我們該如何發展和共用自己的無形資產？」	**建立基礎建設** * 共享策略性工作與技術。 * 創造組織整合。 * 共用重要的系統與知識。	* 人力資本的就緒率 * 主要幹部的輪調作業 * 整合指數 * 共用系統（vs. 計畫） * 最佳實務的經驗分享

staff rotation）；另外還可以實行共用電腦系統（共
同系統／計畫）與專業知識交流（推動最佳實務的
經驗分享）；以及全面的組織整合，這可從「整合
指數」（alignment index）判斷。

　　這套企業計分卡已經捕捉到整體策略的幾個基
本要素（前述的整合關卡第1點）。它為 SMI 提供了
一個由上至下，從總公司到事業單位，再到後援單
位的策略規劃順序。

　　圖 1-6 告訴我們事業單位是如何把總公司計分
卡轉化成自己的計分卡（整合關卡 4）。它在成熟事
業與成長中事業這兩者之間有很大的差別。

　　從財務構面來看，成熟事業會被要求增加現金
流量，因此必須維持原有的營收額度，也就是維繫
「單店營業額」（same-store sales），並改善生產力，
由「存貨周轉率」和「支出成長率」（inventory
turns and expense growth）判斷。顧客構面下的總公
司目標則要求各事業單位共享顧客群。所有事業單
位都要用同一套目標來衡量：共同顧客的營收額和
顧客平均銷售額（shared customer revenues and sales
per customer）。成熟事業強調「顧客忠誠度」（cus-
tomer loyalty）；新事業則強調「顧客滿意度」
（customer satisfaction），因為這是顧客忠誠度的先決

圖 1-6 運動人公司：總公司與 SBU 整合作業

運動人公司（總公司）

① 企業計量卡

	企業價值主張	企業計量卡
財務	對內投資的成長	- 平均每家店的營業額成長率。 - 投資程度。 - 自由現金流量。
顧客	移轉成熟成長的顧客群	- 來自共同顧客的營收百分比。 - 顧客平均營業額。 - 顧客平均營業額。
內部	- 建立利基品牌 - 終點店 - 規模經濟模式的資源採購	- 市場占有率。 - 每平方英尺的營業額。 - 多店交易量。 - 退貨率（品質不良率）。 - 履行率（vs. 計畫）。
學習與成長	- 策略性工作與技術 - 組織整合 - 共同系統	- 人力資本的就緒率。 - 主要幹部的輪調作業。 - 整合指數。 - 共同系統 vs. 計畫。 - 最佳實務的經驗分享。

④ 事業群

	成長中事業 運動商品	成長中事業 男用休閒服	成熟事業 男用戶外服	成熟事業 男用鞋
財務	- 營業額成長率。			- 單店營業額 - 現金流量 - 存貨週轉率 - 支出／營業額成長率。
顧客	- 共同顧客的營業收額。 - 顧客平均營業額。 - 顧客滿意度。			- 共同顧客的營收額。 - 顧客平均營業額。 - 顧客忠誠度。
內部	- 品牌識別度。 - 營業額成長率（類別） - 新開發的客戶數量。 - 每平方英尺的營業額。 - 多店交易量。 - 退貨率（品質不良率）。 - 履行率（vs. 計畫）。			- 品牌識別度。 - 就類別以上有率。 - 市場占有率。 - 每平方英尺的營業額。 - 多店交易量。 - 退貨率（品質不良率）。 - 履行率（vs. 計畫）。
學習與成長	- 策略性工作的就緒率。 - 整合指數。 - 策略性系統的就緒率。 - 最佳實務的經驗分享。			- 策略性工作的就緒率。 - 整合指數。 - 策略性系統的就緒率。 - 最佳實務的經驗分享。

③ 後援單位 ⑤

- 總公司財務
- 總公司行銷
- 不動產
- 採購
- 人力資源
- 資訊技術

Ⓧ ＝整合關卡

條件。

　　在內部流程構面裡，所有事業單位都得監控自己在市場上的「品牌識別度」。此外也要監控它們在目標類別裡的銷售量和市場占有率。成長中事業位比較重視新顧客的爭取，所以會衡量新信用卡帳戶（new credit card accounts）。至於貨源的採購部分，所有事業單位都以同樣量度在做監控：也就是退貨率（代表品質不良）和訂單履行率。

　　在學習與成長構面的目標和量度上，各事業單位都一樣，一定會要求人力（策略性工作的就緒率）、技術（策略性系統的就緒率）和專業知識（最佳實務的經驗分享）必須做到共享與共用的地步。

　　整合指數可以衡量總公司和事業單位目標的整合程度。舉例來說，總公司計分卡上有百分之八十七的量度會直接出現在事業單位計分卡上。但有兩種量度只有總公司才有：

（1）**投資水位**（investment level）：可以衡量總公司對成長中事業做了多少投資。
（2）**重要員工的輪調作業**：可以衡量總公司對於重要員工的職務變動做了多少努力。事業單位裡的「策略性工作就緒率」可以說明這類員工的

流動性做得好不好。

　　各事業單位的計分卡，約有百分八十的量度是共通的。這不僅反映出各事業單位的相似度，也反映出這些事業單位在很多經驗上是相通的。

　　總公司的後援服務單位可以協助各事業單位執行總公司的優先要務（整合關卡3）。舉例來說，重要員工的輪調計畫必須交由總公司的人力資源部來執行，由他們來評選、培訓和安插人員。

　　圖1-7出示了這家公司採購部門的平衡計分卡（整合關卡8）。採購部門必須負責評選和管理供應商，這些供應商專門生產SMI所販售的鞋類、服飾和運動用品。好的供應商通常具備以下幾點特質：產品品質卓越、款式新穎、交貨可靠、新產品的研發速度很快、百分之百的訂單履行率。

　　挑選和管理品質一流、供貨穩定的供應商，對SMI策略的整體作業來說是重要的關鍵，尤其得讓供應商了解各事業單位的需求是不定的。在和可靠的供應商簽約時，一定得先在合約上載明這一點。

　　採購部門就像中間媒介，專門負責整合事業單位和供應商之間的需求。每個事業單位都會有一名來自採購部的關係經理（relationship manager），他

的角色是策略性合夥人，負責處理事業單位的貨源
採購需求。每年採購部都要和各事業單位協商出一
份服務合約（service agreement），這屬於年度規劃
和預算編列流程的一部分（整合關卡5）。服務合約
會先從檢討事業單位的長程計畫、策略地圖和平衡
計分卡開始。

　　根據這個計畫，關係經理和事業單位主管會針
對採購品的八項參數（譬如品質、交貨和價格）制
定量度與指標（如圖1-7所示），再以此作為來年的
服務合約。每一季，事業單位都會提供書面的顧客
回饋，依據服務合約裡的八項參數說明採購部門的
成果表現。這種回饋會將顧客的評鑑理由寫在採購
部門的計分卡上，並以此作為關係經理和事業單位
主管每季成果會議的待議事項。採購部門也利用同
一套方法，運用計分卡和服務合約，使眾多供應商
能與它和公司事業單位做連結（整合關卡7）。

　　SMI管理階層為了要有一套持續的流程來管理
組織的整合，刻意將這種串聯統合的做法加以制式
化，成為一種固定的管理流程。

　　誠如圖1-8所示，每年的策略性規劃流程始於
三月，這時候會開始更新SMI未來三年的預測和策
略議題。公司的管理團隊會在六月開會討論，將這

圖 1-7 運動人公司：後援單位的整合

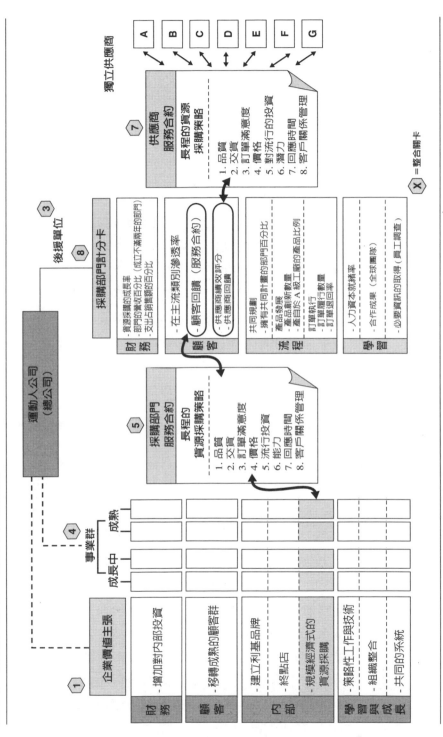

套策略性思考轉化為最新的企業價值主張、策略地圖和平衡計分卡。到了七月，各事業單位開始更新自己的策略，並將總公司計分卡往下串聯到已經更新後事業單位策略地圖和平衡計分卡。整個串聯過程很快延燒到後援服務單位的策略更新上。到了九月，董事會開始檢討總公司策略以及事業單位和後援服務單位的策略，也連帶檢討平衡計分卡。而這時候，SMI 也會找外部夥伴（主要的製造供應商）一起更新服務合約和計分卡。

　　預算編列過程始於九月，一直延續到年底。這段期間，財務長和策略經營長會共同檢討和選定策略行動，提供資金。直到十二月再向董事會提出預算，取得許可。最後，組織裡的每個人也都要製作自己的個人平衡計分卡。計分卡上的來年目標和指標已經在十二月達成協議。這些計分卡必須與當事人所屬事業單位或後援單位的計分卡連結，以確保由上至下的全面整合。

　　本章最後的圖 1-9 大致摘要了運動人公司的策略性整合，它利用整合地圖去說明八個整合關卡。只有顧客介面（關卡6）缺乏明確的整合機制。這在零售業裡很常見，因為零售業的現有和潛在顧客數量十分龐大，只能靠顧客滿意度這類統計調查或

圖 1-8　運動人公司的整合與統籌管理流程

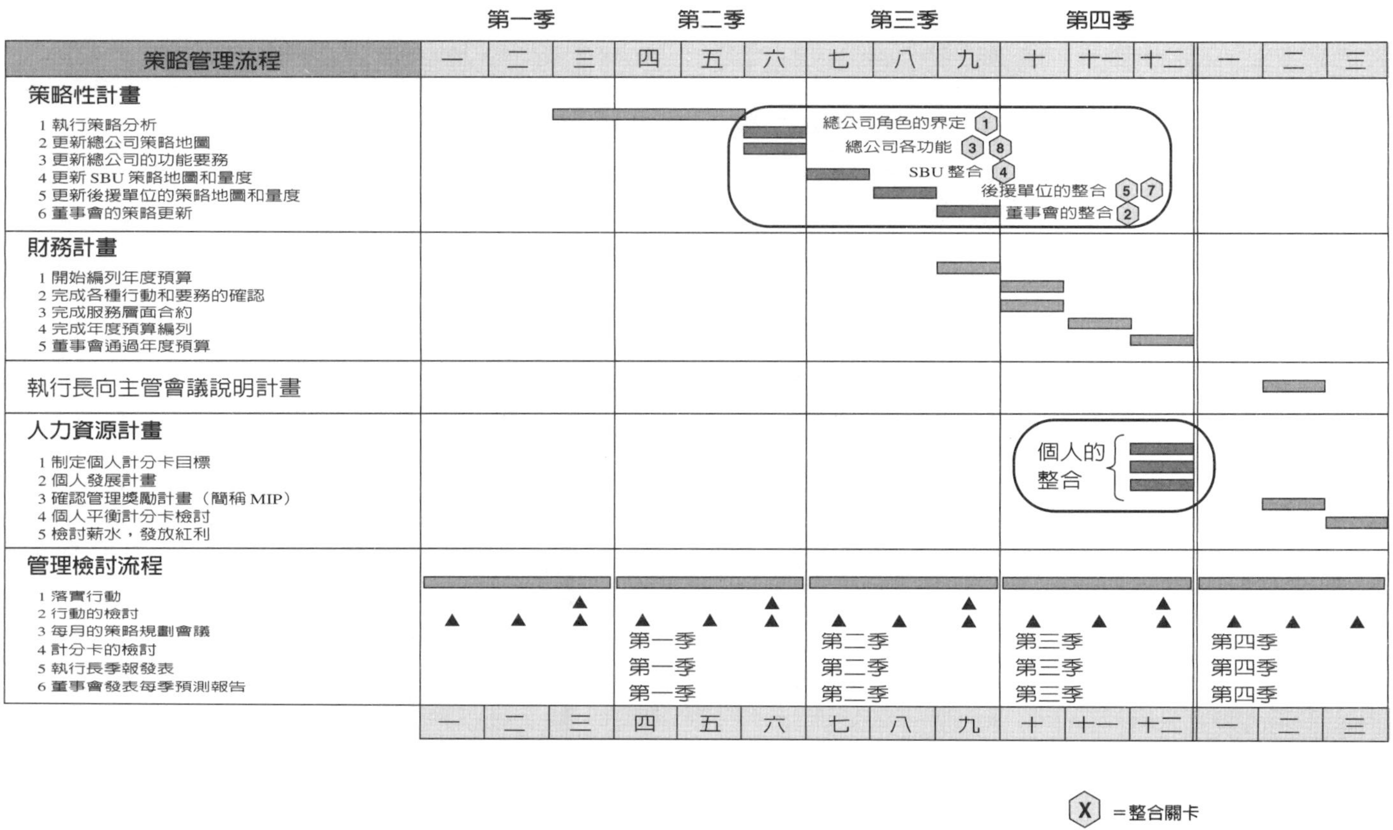

策略管理流程

策略性計畫
1. 執行策略分析
2. 更新總公司策略地圖
3. 更新總公司的功能要務
4. 更新 SBU 策略地圖和靈活度
5. 更新後援單位的策略地圖更新
6. 董事會的策略更新

財務計畫
1. 開始編列年度預算
2. 完成各種行動和要務的確認
3. 完成服務層面合約
4. 完成年度預算編列
5. 董事會通過年度預算

執行長向主管會議說明計畫

人力資源計畫
1. 制定個人計分卡目標
2. 個人發展計畫
3. 確認管理變動計畫（簡稱 MIP）
4. 個人平衡計分卡檢討
5. 檢討薪水、發放紅利

管理檢討流程
1. 落實行動
2. 行動的檢討
3. 每月的策略規劃會議
4. 計分卡的檢討
5. 執行長季報表檢視
6. 董事會發表每季預測與報告

第一季　第二季　第三季　第四季
一 二 三 四 五 六 七 八 九 十 十一 十二 一 二 三

總公司角色的界定 ①
總公司各功能 ③⑥
SBU 整合 ⑤④
後援單位的整合 ⑤⑦②
董事會的整合 ②

個人的整合

第一季　第二季　第三季　第四季

Ⓧ ＝ 整合關卡

焦點團體（focus group）之類的討論方式去監控顧客介面。至於企業對企業的產業市場，因為顧客數量少（譬如化工業、電子業或工程服務業），所以可以利用比較正式的機制（譬如「簽訂服務層面協議」〔service-level agreements〕去創造顧客介面整合）。

SMI已經清楚界定總公司的角色，並利用計分卡和服務合約將總公司策略與事業單位、後援服務單位的策略串聯一氣。它更利用企業、事業單位和後援服務單位的計分卡向董事會溝通策略，取得董事會認可。第二年，董事會會利用計分卡每季更新的機會去監控策略成果。SMI也要求個人績效計畫必須配合個人所屬事業單位或後援單位的策略。SMI創造出緊密的整合網絡，集結組織上下和所有策略性夥伴的力量，共同完成遠大的整合性策略。

總結

企業必須持續尋找一加一大於二的方法。如果企業要在事業單位和後援單位之間創造綜效，那麼整合將是一大關鍵。以策略地圖與平衡計分卡為基礎的全新衡量辦法和管理系統，將可協助企業了解和享用組織整合的眞正好處。

圖 1-9　運動人公司的組織整合地圖

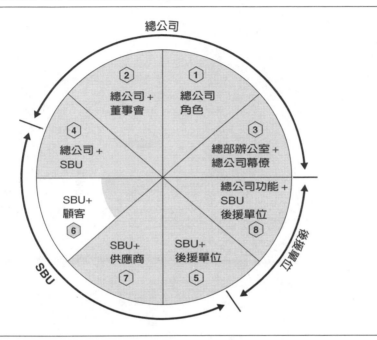

我們會用總公司策略地圖和平衡計分卡來說明企業價值主張，在進入這個部分之前，先讓我們從歷史的角度來看我們這套辦法。下一章將說明過去一百多年來各家組織是如何費盡苦心想找出一個最妥善的策略管理架構。但我們認為這些努力都是白費，除非公司懂得運用「第三根槓桿」──衡量辦法和管理系統──才能真正依據策略整合架構。

第 2 章

追尋總公司
策略架構的起源

好的總公司策略不會只把一個個基礎材料隨便拼起來，它會把互有共
生關係的組件小心建構成一套系統……（在）好的總公司策略裡，所
有要素（資源、事業和組織）都得在互相配合的情況下予以整合。這
種整合的背後驅動力來自於該公司的資源——這包括了公司的特殊資
產、技術和能力。

　　工業革命剛形成時的標準組織當推亞當斯密（Adam Smith）的大頭針工廠。這家工廠是一家集中作業化的小型企業，產品製造的範圍非常有限，只販售給當地顧客。它的組織架構很簡單：一個自行創業的老板，也許再加上一個工頭和幾個花錢雇來的作業員。

　　那時身兼管理者的老闆必須自己採購原料、自己付錢找工人，自己監督生產作業，就連行銷、推銷、開帳單和收款也都得自己搞定。

　　第二次工業革命則始於十九世紀中，當時結構更爲複雜的資本密集產業開始興起，譬如原始金屬和合成金屬、化工、石油、機械以及運輸設施業等。這些產業裡的龍頭企業都擁有規模經濟，它們在生產和配銷設施上都投注了可觀的資本。爲了應付龐大的投資和範圍更廣的顧客群，這些公司勢必得建立一套比亞當斯密大頭針工廠更精細複雜的組織，才能應付得了這麼多採購、製造、行銷、配銷和產品研發等作業活動，進而達到規模經濟的地步。

　　當然，它們也需要更多經理人去管理這些部門和協調產品與流程。圖2-1以圖解方式說明了這種在十九世紀末專門管理工業公司的「集權化功能性

組織」（centralized functional organization）。

　　在集權化功能性組織裡，主要的價值增加活動都是由兩大功能部門負責擔綱——生產部和業務部。而第三個功能部門——財務部門，則扮演兩個重要角色：

（1）協調不同營運部門之間的資金進出。
（2）為高階主管提供資料，以利他們監控營運單位的績效表現和分配資源。

　　除此之外，企業也需要靠其他部門去執行各種專業任務，譬如採購、產品研發、物流、工程、法務、不動產、人力資源和公共關係。各功能部門主管會和總裁、董事會主席一起組成高層決策小組，定期開會，協調各功能部門的作業活動。

　　十九世紀末的集權化功能性結構組織為當時的企業提供了絕佳的優勢。各功能部門裡的每位員工都是該領域裡經驗老到的專業人士，他們和部門同事共同合作，以最有效率的方式完成各項指定作業——也許包括了生產、採購、產品研發或行銷。這種「多人從事類似工作」的方式，等於提供了絕佳的訓練、指導和由內拔擢人才的機會。

圖 2-1 多單位和多功能的企業

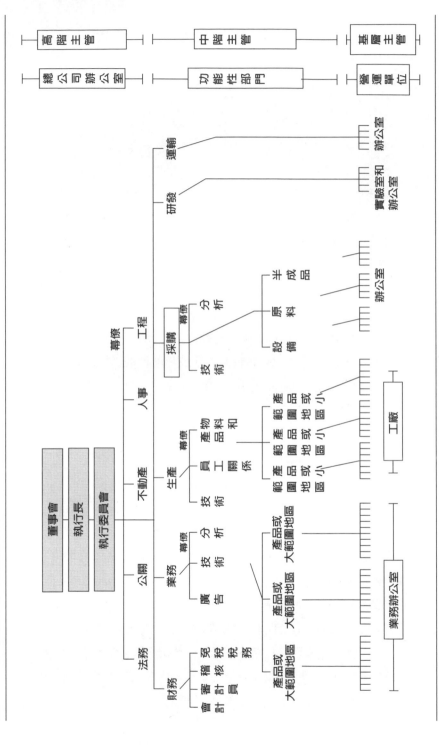

來源：Alfred D. Chandler, Scale and Scope: The Dynamics of Industrial Capitalism (Cambridge, MA: Harvard University Press, 1990)

二十世紀初，工業組織仍然欣欣向榮。有些公司透過橫向合併，收購競爭者。也有些組織和福特汽車公司一樣採垂直整合模式，以便在工廠原料的流進和流出上做更妥善的協調。

大部分公司都是在地理位置上不斷擴張，目的是要槓桿運用它們在本國市場的組織性規模經濟去爭取更遠方的顧客群。許多公司極盡所能地利用原有的生產和配銷設施，以及規模龐大的組織與管理功能，目的是要跨入新的產品線，進軍其他區隔市場。

到了二十世紀初，像亞當斯密工廠這類簡單、集權化作業的地方性製造工廠全數蛻變成多產品、多功能和多地區的巨大組織。它們的管理挑戰已經變成：不斷為廣大的顧客群提供好的低價創新產品，但前提是不要被當時已經內化的複雜營運作業給拖垮。

隨著集權化功能性結構組織的擴張與多角化經營，新的問題難免橫生。譬如部門之間的協調溝通非常沒有效率，耗時又耗成本。如果行銷業務人員（必須面對顧客的員工）、工程人員（負責設計新產品和新服務的員工）和操作人員（負責製造產品和提供服務的員工）這三方缺乏共通資訊，很容易會

出現「花冤枉錢設計產品與服務，然後又在不知節
制成本的情況下製作出不符顧客需求或要求的產品
與服務」的這類現象。除此之外，集權功能性組織
對於顧客的喜好變化以及市場上的新興機會點或威
脅點，顯得有些後知後覺。

　　錢德勒（Alfred Chandler）大致摘要了這些集
權化功能性組織所面臨的問題：

　　「如果公司的原料供應來源、製造技術、市
場、產品種類和產品線等基本作業活動都不會改
變，那麼就算缺乏時間、資訊，甚至打從心底並不
支持公司的創業理念，也都無所謂。可是一旦擴張
了規模，進入新的功能領域、新的地理區域，抑或
新的產品線，勢必造成行政決策的數量大增，坐鎮
總部辦公室的主管們工作負荷量過重，行政管理績
效不彰。這些升高的壓力會迫使企業建立或採用總
公司與多家獨立部門並行運作的多部門組織結構
（multidivisional structure）。」

　　像杜邦公司、通用汽車、奇異（General
Electric）以及日本松下企業（Matsushita）都曾在一
九二〇和一九三〇年代引進新的組織型態。這種

「多部門結構型公司」（multidivisional company）是由好幾個部門組合而成，每個部門有各自的產品線和地理責任區，旗下各自都有齊全的功能性員工，他們會共同合作，一起建立一條產品線，再製造產品，賣給有明確市場區隔的顧客（請參考圖2-2）。每個部門都責成一名總經理負責，在他身邊協助的幕僚都是該部門的各功能性主管。所以每個產品部門或地區部門都等於是母公司的翻版，也有它自己的集權化功能性組織，只有部門總經理是總公司的中階主管，必須向總公司的管理高層直接報告。

　　於是坐鎮在企業總部的主管們不必再為事業的經營疲於奔命，他們只需要評估各營運部門的績效表現，做好策略規劃，為各部門分配資金、設施和人力等資源。總部裡的專業幕僚人員除了得協助總公司主管處理業務之外，也得為各營運公司幕僚同仁的工作提供指導與協助。

　　儘管拜多部門結構型組織興起之賜，產品部門與地區部門在碰到地方上的機會點和威脅點時，已經比較能及時回應，但仍有它自己管理上的問題。像是規模較小的產品部門失去了許多效能上的優勢（如規模經濟和學習曲線效應），而這些效能都和集權化功能型組織的作業模式有關，因為後者的資源

圖 2-2 杜邦公司：多部門組織結構（又稱 M 型）的例子

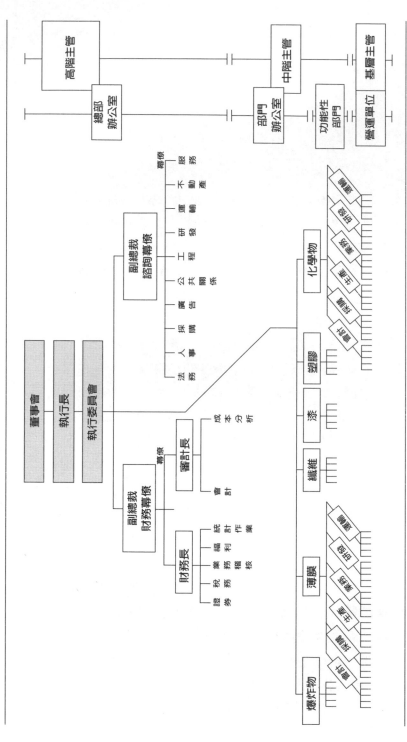

來源：Alfred D. Chandler, Scale and Scope: The Dynamics of Industrial Capitalism (Cambridge, MA: Harvard University Press, 1990)

可以由各產品線、區隔市場和地理區域所分享。顧
客也開始對多部門結構型組織有了疑慮，原來當這
類公司的業務員登門拜訪時，他們本來以為都是來
自同一家公司的業務員，沒想到卻只是各自推銷自
己的產品。

　　此外，由於多部門結構型組織會把專業技術人
才分散派駐到性質互異的各營運部門功能小組裡，
而不是把他們集中在同質性高的單位裡互相學習，
共同解決問題，所以極有可能喪失功能性專業技
術。

　　到了一九六〇年代，「複合型企業」（conglom-
erate）紛紛誕生，這又是另一種新的組織型態。這
種組織不是靠核心事業、核心技術和核心能力的擴
張而坐大，也不是靠收購各種相關事業或產業而組
成。像國際電話電報公司（ITT）、利頓工業公司
（Litton Industries）、Textron集團以及海灣西方石油
公司（Gulf+Western）等都是由許多獨立自主的營
運公司組合而成，這中間完全沒有任何綜效。

　　複合型企業之所以蓬勃成長，最明顯的動機之
一是為了降低多元化事業投資組合所可能遇到的經
濟循環（business cycles）風險。當然這個理由對高
階管理團隊來說比較和避險有關。因為做股東的可

以分散各公司的持股，並不希望因併購和收購作業
而必須付出高額成本，也不希望總部辦公室出現太
高的固定支出成本。而另一個看似有理且有經濟根
據的理由是：這些複合型企業裡的高階主管都是很
優秀的經理人，他們會利用卓越的專業知識及技
術，靠手中持有的這些公司組合去創造更高的價
值，而這種價值是這些公司在沒有總公司加持下獨
立運作所無法得到的結果。

　　許多開發中國家也出現類似的組織——企業集
團（business groups）。譬如印度的 Tata 集團、土耳
其的 Koc 集團、泰國的暹羅水泥集團（Siam Cement）
以及南韓的三星集團（Samsung）和現代集團
（Hyundai），全都是由互無關聯的企業共同組合而
成，而且都在國內營運。企業集團之所以能在各國
演化形成，是因為當地政府施行明確的進口替代政
策，高築貿易和外資障礙，限制外國競爭者進入本
國市場。

　　這種企業集團通常是由某種技術見長的家族創
業而成，他們因為填補了當地基礎建設的制度性缺
口而從此坐大，這些缺口包括運作不良的資本和勞
動市場、消費者資訊和求助管道有限，以及司法和
政治環境的動盪腐敗。

　　然而孕育這些企業集團的國家現在都已加入全球經濟體的行伍，開始對全球市場開放。以前受到保護的企業，現在都得直接面對外國競爭者。在國家保護傘下生存已久的企業集團，開始得重新評估在單一共同架構裡同時經營數百種毫無關聯的企業，究竟有什麼好處？他們必須知道企業集團總部裡的管理團隊要用什方法去增加各地方營運公司所創造的價值，而不是減少價值。

　　除了複合型企業和新興市場企業集團的興起之外，現在以資訊和專業知識為運作基礎的全球經濟體也開始為總公司創造新的綜效機會。有些企業是靠在各事業單位之間施行有效的管理系統（所有經理人都遵行類似的事業策略）以不斷達成卓越的績效成果。

　　譬如思科公司（Cisco）最善於將收購來的科技公司加以統合。也有些企業完全遵照產品領先策略，積極管理各分公司的創新產品研發。而另一種極端是：總公司很擅長管理以日常用商品見長的成熟事業單位，它們很懂得降低成本，改善流程，重視供應鏈管理以及勞資關係的合作。

　　許多企業因為知道在不同事業體之間槓桿運用知名品牌而名利雙收。迪士尼電影創造出許多卡通

動物，譬如米老鼠、獅子王等。迪士尼把它們全數運用在主題公園、電視節目和消費零售點上。再譬如李察・布蘭森（Richard Branson）創辦維京航空（Virgin Airlines），隨後又槓桿運用維京這個品牌（這個品牌會使人聯想到有趣、高品質、服務一流，以及某種生活風格）跨足其他產業，包括火車、渡假勝地、金融服務、清涼飲料、音樂、手機、汽車、酒類、出版品以及新娘服飾等。

至於像金融服務和電信等企業，也都拿「顧客關係」（customer relationships）來大作文章，為顧客提供「一次購足」（one-stop shopping）各種服務的購物經驗。

像微軟和eBay等公司也都在各自領域成為佼佼者，因為他們把一套「產業標準平台」巧妙運用在廣泛的服務上。製藥公司和生物科技公司也都因為把自己對某類疾病的基礎研究和應用研究活用在新藥物和新治療方法上，而得以領先同業。

在所有這些例子裡，共同結構裡的個別事業體，其身價絕對大過於自己獨自打拚的結果。因此有一定規模的企業，它的主要疑問一定是總公司究竟要用什麼方法去增加旗下功能、產品、通路和地區性事業單位的加總價值。總公司要想增加價值，

就得讓監控、協調和資源分配後的獲利力超過營運成本才行。如果總公司拖延決策時間；未能主動回應新興機會點和潛在威脅點；在資源分配和指揮上，未能充分掌握當地市場的現況、競爭者及最新技術動向……便等於自毀價值。

　　而假如總公司沒辦法因此增加價值，那麼「企業控制權市場」（the market for corporate control）便會動手重新改造這家公司。

　　一九八○年代的融資收購（leveraged buyout；LBO）和管理層收購（management buyout；MBO）這兩種商業活動就是一種反作用，目的是要釋放事業單位集合體所被壓抑的價值。拜資本市場創新之賜，這類商業活動的確淘汰或大幅縮減了總公司的角色功能，尤其是那些破壞股東價值多過於創造價值的多角化經營企業。

配合策略，整合結構

　　以策略為主題的學術著作和管理文獻都把焦點集中在事業層級策略上（business-level strategy）：也就是事業單位該如何定位自己，又該如何槓桿運用既有資源作為競爭優勢。如果所有公司都和亞當

圖 2-3　矩陣式組織

功能＼事業	事業單位 1	事業單位 2	...	事業單位 n
研發	BU1 的研發經理	BU2 的研發經理	...	BUn 的研發經理
採購	BU1 的採購經理	BU2 的採購經理	...	BUn 的採購經理
製造	BU1 的製造經理	BU2 的製造經理	...	BUn 的製造經理
行銷	BU1 的行銷經理	BU2 的行銷經理	...	BUn 的行銷經理
業務	BU1 的業務經理	BU2 的業務經理	...	BUn 的業務經理

圖 2-4　在全球產品群組與各國之間交叉運作的矩陣式組織

	國家 1	國家 2	...	國家 n
產品線 1	BU11	BU12	...	BU1n
產品線 2	BU21	BU22	...	BU2n
產品線 3	BU31	BU32	...	BU3n
＞＞＞	＞＞＞	＞＞＞	∨∨∨	＞＞＞

斯密的大頭針工廠沒什麼兩樣，那麼光靠這套辦法
應該綽綽有餘。但問題是現在大部分公司都是集權
化功能單位和分權化事業單位的綜合體，所以總公
司一直試圖用各種方法去協調營運活動、創造綜
效。

　　許多公司試圖用「矩陣式組織」（matrix organi-
zation）解決其中的協調問題。圖2-3呈現的正是典
型的矩陣式組織。在這種組織裡，經理人必須同時
向資深的總公司功能性部門主管和產品經理或事業
群經理報告。圖2-4的矩陣式組織，則試圖同時配
合全球產品群和當地國公司負責人去整合各地的營
運公司。

　　有個例子是全球電器製造商ABB，它的「產品
線─地理矩陣」法（product line-geographical matrix
approach）在一九九〇年代相當受歡迎。ABB把全
球百家以上的地方事業單位加以組織起來。在這個
新組織架構裡，每個地方事業單位都得同時向地方
執行主管和全球事業群主管報告。

　　這種矩陣式組織顯然同意總公司為產品群處理
集中化協調、專業功能知識和規模經濟等作業，但
在行銷和業務活動上則給予地方部門充分的自治權
與主動發起權。

　　儘管矩陣式組織很吸引人，但事實證明它很難管理，因爲不管是負責橫向管理或縱向管理的高階主管，他們之間都會因利害衝突而出現緊張態勢。一名被困在矩陣交叉點上的經理人，往往不知道該如何在「橫向」主管和「縱向」主管的喜好之間尋求平衡，於是出現種種爭論、衝突及延誤。矩陣式組織裡的最終責任和權力源頭，一直曖昧不明。於是一種更新式的後工業化組織應運而生，其中包括在營運上可跨越傳統疆界的虛擬組織和網路組織，以及所謂的「魔鬼膠式組織」（velcro organization），後者可以視眼前機會的變化，適時拆解和重組架構。

　　儘管各種架構推陳出新，但對於該如何在專門化（specialization）和統合作業（integration）這兩者之間取得平衡，以根本解決組織問題的辦法仍付之闕如。這一點並不令人意外。在麥肯錫顧問公司（McKinsey）針對組織整合所用的「7S架構」（7-S Model）裡，策略（strategy）和結構（structure）只是七個S的其中之二。另外還得動員第三個S：系統（system）——才有可能真正做到組織整合。麥肯錫對「系統」的界定是：「用來管理組織的正式流程和常規做法，其中包括管理控制系統、績效衡

量與獎勵系統、規劃、預算編列和資源分配系統、資訊系統，以及配銷系統。」

　　麥肯錫顧問公司曾在一九八〇年──亦即策略地圖、平衡計分卡以及可用來創造策略核心組織的五大原則（動員、詮釋、整合、激勵與統籌管理）還沒現身之前，就曾爲7S架構做過調查。現在我們可以看到創新的平衡計分卡是如何帶動企業設計自己的營運系統，以便配合策略整合結構，同時也爲另外四個S：人員配置（staffing）、技術（skills）、作風（style）和共同價值（shared values）盡一份力。

　　根據我們和數百家組織合作過的經驗來看，組織實在不需要爲自己的策略刻意尋求什麼完美的結構。相反地，他們只需要挑出一個在運作上不會產生太大衝突的合理結構，再設計一套連結了策略地圖及平衡計分卡的客製化串聯「系統」，使整個「結構」（包括總公司、集權化功能部門、分權化產品群以及各地區單位）能與「策略」妥善配合。

整合總公司策略及結構的平衡計分卡

　　錢德勒的著作成果和波特的後續研究均已證

實，策略必須先於結構與系統。因此在說明策略地圖和平衡計分卡會用什麼方法去配合總公司策略整合組織結構之前，先讓我們討論一下什麼是總公司策略。

　　古爾德、坎貝爾和亞歷山大都認爲總公司策略（也就是在同一個企業實體下經營多種事業的基本理由）必須從公司的「養育優勢」（parenting advantage）衍生出來。公司必須爲我們示範所謂的企業價值主張：公司總部要如何利用旗下經營的各種事業，創造出比同業競爭者或旗下事業各自運作的競爭者還要高的價值。

　　而平衡計分卡的四大構面爲企業價值主張的分類提供了一個合乎常理的辦法，非常有助於總公司創造綜效：

■ 財務綜效

- 有效收購和合併其他公司。
- 在不同企業間持續進行監控與統籌管理流程。
- 在眾多事業單位之間槓桿運用共同品牌（譬如迪士尼和維京）。
- 與外面實體組織（譬如政府、工會、資本提供者、供應商）進行協商時，要充分利用自己的規

模經濟和專業技術。

■ 顧客綜效

● 爲各地的零售點或批發點持續傳達共同價值主
　張。
● 槓桿運用共同顧客，結合各單位的產品與服務，
　爲顧客提供有別於其他競爭者的優勢——譬如低
　價、方便或客製化的對策。

■ 企業流程綜效

● 充分利用「核心競爭力」，在眾多事業單位之間
　槓桿運用產品或流程技術優勢。譬如微電子組
　建、光電子、軟體開發、新產品開發、即時生產
　和配銷系統等競爭力，都能爲眾多產業區隔帶來
　競爭優勢。此外，若是特別精通世界某特定區域
　的有效經營方式，也屬於一種核心競爭力。
● 共同分享製造、研究、配銷或行銷等資源，藉此
　達到規模經濟的目的。

■ 學習與成長綜效

● 在各事業單位之間展開一流人力資源的招募、訓
　練、領導人才培訓計畫，藉此提升公司人力資本

的優勢。

● 槓桿運用各產品和服務部門所共有的「共同技術」
（common technology）——譬如可供顧客取得公
司整套服務的產業領先性平台（industry-leading
platform）或管道。

● 透過知識管理，在各事業單位之間交流好的流程
經驗，藉此分享最佳實務能力。

　　克林斯和蒙哥馬利（Montgomery）曾簡單摘要
了這些有效的總公司策略：

　　「好的總公司策略不會只把一個個基礎材料隨
便拼起來，它會把互有共生關係的組件小心建構成
一套系統……（在）好的總公司策略裡，所有要素
（資源、事業和組織）都得在互相配合的情況下予以
整合。這種整合的背後驅動力來自於該公司的資源
——這包括了公司的特殊資產、技術和能力。」

　　策略地圖和平衡計分卡正是一套用來說明企業
價值主張、整合企業資源、創造更高價值的理想機
制。企業總部的管理團隊得以利用總公司策略地圖
和平衡計分卡說明企業的立場：企業要如何讓眾多

事業單位在它的層層結構下展開運作，創造更多價值，而不是任憑它們以獨立實體的方式經營，擁有自己的管理結構和財務來源。

第 3 章

整合財務與顧客策略

許多企業因為幫分權化單位提出共同顧客價值主張,並確實履行而創造出價值。這種主張可以保障顧客不管和旗下哪個單位交易,都能得到相同的產品、服務、價值和購買經驗。

　　企業可以有很多方法創造組織綜效。有些企業會透過有效的合併／收購政策以及內部資本市場的管理技巧去發揮財務綜效。

　　至於其他企業則是拿各事業單位和零售點的共同品牌或顧客關係大作文章。另外也有企業會要求各事業單位共用流程和服務，藉此達到規模經濟，再不然就是有效統合產業價值鏈裡的各個單位，完成規模經濟。最後要提的是，當企業在各單位之間發展和分享人力、資訊與組織資本時，也能創造出綜效。總公司必須很清楚自己想達成什麼綜效，再透過管理系統的執行，加以傳達與實踐。

　　在本章裡，我們會舉出幾個靠財務和顧客綜效創造價值的企業案例。第四章我們也會繼續做同樣的分析，告訴大家有哪些機會可以槓桿運用關鍵性內部流程，有哪些機會可以統合公司內部的學習與成長能力。我們會利用這兩章來說明民營公司、公營機構及非營利組織是如何在綜效源頭上使力，才得以創造企業衍生價值。

財務綜效：控股公司模式

　　所有企業都有機會利用集權化的資源分配和財

務管理去創造綜效，但在這裡我們只對最簡單的例子：「控股公司」進行討論。控股公司是由不同事業單位或分公司所組成，這些單位或分公司大多是獨立自主的實體。控股公司只是透過它們的「財務競爭力」和實務作業去創造綜效。一般來說，控股公司的營運單位分布在不同地區，從事不同產業，各有各的顧客和技術，而且各管各的策略。

　　這種現象也出現在公營機構裡。政府部門通常是由各自獨立的機關組成，它們在公務作業上的重疊性不高，所以不需要緊密協調。拿美國運輸部（U.S. Department of Transportation）的例子來說，它是由十三個幾近自治的機關所組成，其中包括聯邦航空管理局、聯邦公路管理局、聯邦運輸協會、聯邦汽車運輸安全管理局、聯邦鐵路管理局、聯邦航海管理局和全國公路交通運輸安全管理局。這每個機關都有自己的管轄領域（譬如航空公司、鐵路、公共運輸、貨運、船運和汽車）、宗旨與策略。

　　第二章提到一九六〇年代的企業——譬如利頓工業公司、國際電話電報公司、Textron集團和海灣西方石油公司——是如何利用主動收購的策略，將好幾個在能力、技術和顧客基礎上並無太多共通點的公司集合在同一個組織架構裡。這種複合型企業

的聯姻策略理由有二：第一，企業可以靠主動收購
的方式直接進軍前景看好、競爭仍不算激烈的新產
業；第二，收購策略可以降低總公司的風險，因為
它旗下的公司組合在經濟循環上互無關聯。

　　不管這兩個理由再怎麼充分，也敵不過經濟的
檢驗和實際經驗。雖說有些事業的成長機會的確高
於其他事業，但持有高成長公司股份的股東又何嘗
不明白這一點，因為這一切都反映在現有股價上。
因此收購者必須付出可觀的數字去購買高成長的公
司。許多研究顯示，在併購或收購行動裡，賣方往
往是最大贏家。至於買方，雖然贏了面子，卻輸了
裡子。它們在收購行動中多付了許多錢，但利潤回
收卻低於市場水準。

　　也有人說這是為了降低風險。但大部分的投資
者所投資的公司數量早已足夠幫忙分散風險，根本
不需要公司經理人付高價去幫忙分散風險。然而不
管怎麼說，大部分的複合型企業所使用的風險降低
策略，就連在自己國內市場也失靈。

　　一九七○年代經濟蕭條期間，複合型企業旗下
持有的公司幾乎無一倖免，這使得它們更難以支付
一九六○年代因收購潮而背負的龐大債務。

　　這些複合型企業到了一九七○年代才恍然大

悟，所謂的營收成長與風險降低根本是南柯一夢。失望過後，繼之而起的是經營權的接管、資產重整和管理易手。這個現象一直延燒到一九七○年代晚期和整個一九八○年代。然而採多角化經營路線的企業主管還是抵擋不了事業成長與風險降低的魅惑（更別提投資銀行在併購和收購作業中所收取的高額費用），因此至今仍有許多這類組織存在。對總公司的管理團隊來說，他們的最大挑戰是如何克服過去的歷史經驗。他們得證明自己能慧眼獨具地挑出一些互無關聯的事業體，再加以管理，創造出高於各事業體自行經營的價值。

在這個領域裡堪稱佼佼者的公司多半是投資公司或私募股權公司（private equity corporation），譬如波克夏公司（Berkshire Hathaway）和融資購併公司 KKR（Kohlberg Kravis Roberts）。至於那些被投資公司或控股公司放進投資組合（portfolio）的事業體，在管理和融資上都是各自獨立的。它們有自己的董事會，而來自母公司的代表當然也是董事之一。這裡頭沒有交叉控股（cross holdings），而且來自某公司所產生的現金流量，不能運用在另一家公司身上。

這類型組織的獲利來自於兩種財務綜效。第一

是靠大老闆們的投資智慧，譬如波克夏公司的華
倫‧巴菲特（Warren Buffet）和KKR的一群資深合
夥人，他們能慧眼獨具地識別出價值被低估或可能
鹹魚翻身的公司。他們會靠合法的程序審查流程來
證明自己沒有錯判情勢。事實上，這種慧眼獨具的
能力需要靠大量資訊或高人一等的分析技術做後
盾，才能確保總公司永遠是「買低賣高」。

　　第二個財務價值創造的源頭來自於統籌管理系
統的有效運作，以密切監控和管理這些投資組合中
持有公司的長期績效與高階主管。對於重要員工的
延攬與指派，控股公司通常也會插上一腳，並幫忙
引進專業的管理辦法。

　　舉例來說，FMC公司（FMC Corporation）是
平衡計分卡的早期施行者之一，它旗下的子公司多
達二、三十家，產業橫跨機械、化工、礦產和國
防。總公司的高階主管對於子公司的營業領域有很
豐富的經驗。他們有私下的資訊管道可以先一步掌
握這些子公司的機會點、威脅點、能力、弱點以及
市場。這些總部主管在分配資源時，都是憑著自己
的豐富經驗和可靠的資訊管道在做決策。而事實也
證明他們的決策的確比檯面上內部市場機制所達成
的決策來得高明多了。舉例來說，FMC旗下有家分

公司專事生產機場的行李裝卸設備、機場旅客運輸
工具以及登機空橋和活動舷梯。當時整個航空產業
的經濟循環正值下坡，投資低迷，但FMC這家分公
司卻逆向操作，展開策略性投資，以極高的折扣價
買下最大的競爭對手，只因FMC主管認定它具有長
期投資的價值。事後證明這個決策是對的，因為航
空產業最後又景氣回春，機場開始擴建，投資紛紛
回籠。

　　換言之，能技高一籌地為多元化事業分配資本
與管理風險，也算是多角化經營組織的企業價值主
張之一。它的總公司計分卡財務目標應該會包括一
些像「經濟附加價值」（economic value added）和
「淨資本支出報酬率」（return on net capital employed）
等一般高階性的衡量標準。財務的衡量標準可以做
為共通標竿，用來衡量各分公司在投資組合裡的財
務表現。在高度多角化經營的企業裡，總公司主管
可都是精明厲害的投資組合經理人，他們會視投資
組合的不同，強調不同的財務衡量標準。如果公司
的產品生命週期處於早期階段，他們會很重視營業
額和市場占有率的成長。等到步入成熟期，再轉而
強調自由現金流量的產量。

　　以下兩件個案──亞克提瓦控股公司（Aktiva）

和新利潤公司（New Porfit Inc.）的案例將指出，追求這類財務綜效的企業為了統籌管理這些互無關聯的事業投資組合，會如何部署自己的平衡計分卡。

個案研究：亞克提瓦控股公司

亞克提瓦是一家私人投資控股公司，一九八九年於斯洛維尼亞共合國（Slovenia）創建，如今它的總部位在阿姆斯特丹，並且在日內瓦、盧布爾雅那（Ljubljana，斯洛維尼亞的首都）、倫敦、米蘭和以色列的特拉維夫都設有辦公室。該公司二〇〇四年第一季的總資產高達六億歐元。至於遍布於十四個國家，受亞克提瓦直接控管或策略性合資的三十家公司，加起來的總資產值超過一百二十億歐元。

亞克提瓦公司利用積極的統籌管理辦法將最先進的管理理論、實務作業和原理悉數轉移到投資組合內的公司裡。亞克提瓦的第一步策略是利用「價值管理」（value-based management）和各種附加經濟價值量度去為旗下分公司建立財務紀律及提供聚焦重心。到了二〇〇〇年，它找到一個機會可以協助這些投資組合內公司──那就是要求它們各自發展平衡計分卡，並靠計分卡來說明和落實自己的策

略。亞克提瓦公司一開始先製作自己的平衡計分卡，藉此說明它將如何積極統籌管理這些投資組合公司，極大化整體價值（請參考圖 3-1）。接著再協助這些投資組合內的公司個別發展和落實自己的平衡計分卡。

　　亞克提瓦公司在總部成立一個所謂「主動統籌管理小組」（active governance group）。小組成員會前往各地分公司提供日常協助，指導當地的管理團隊發展策略地圖和平衡計分卡，以利落實策略。主動統籌管理小組成員會加入投資組合內公司的獎勵計畫，在獎勵的誘因下傾其全力協助分公司成長。至於爲分公司高階與中階主管所準備的獎勵計畫，則會和個人計分卡及公司計分卡連結起來。

　　亞克提瓦公司的主動統籌管理流程因爲有價值管理和平衡計分卡而做得十分成功。亞克提瓦公司旗下最大的一些投資，其淨資產報酬率（return on net assets）從一九九八年的負百分之二攀升到二〇〇三年的正百分之十二。像 Pinus TKI 這家位在斯洛維尼亞的農用化學公司，也是亞克提瓦的投資組合之一。它的銷售額在一九九六年到二〇〇三年間總共翻升了兩倍；而附加經濟價值（也就是衡量企業投入生產後使產品增加經濟價值的評估方式之一）

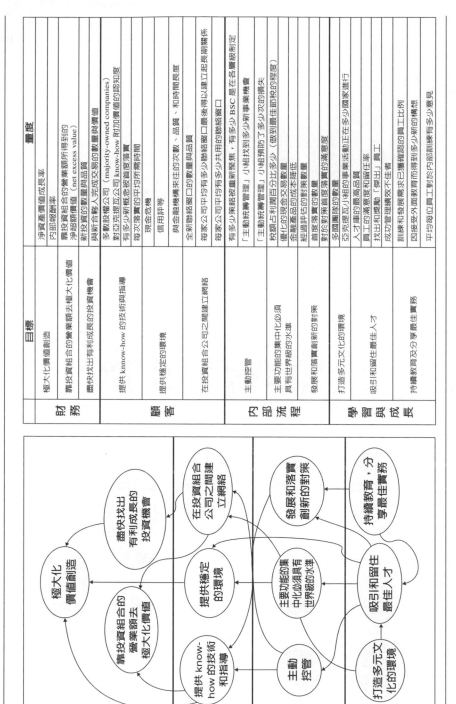

圖 3-1　亞克提瓦公司：總公司的主動統籌管理策略地圖

	目標	量度
財務	極大化價值創造	淨資產價值成長率
		內部報酬率
	靠投資組合的營業額去極大化價值	靠投資組合的營業額所得到的淨超額價值（net excess value）
	盡快找出有利成長的投資機會	新投資的數量與品質
		與新合夥人完成交易的數量與價值
顧客	提供 know-how 的技術與指導	多數股權公司（majority-owned companies）
		對亞克提瓦公司 know-how 附加價值的認知度
		有多少新概念被首度落實
		每次落實的平均所需時間
	提供穩定的環境	現金危機
		信用評等
	在投資組合公司之間建立網絡	與金融機構來往的次數、品質、和時間長度
		全新網絡窗口的數量與品質
		每家公司平均有多少聯絡窗口最後得以建立起長期關係
		每家公司平均有多少共用的聯絡窗口
內部流程	主動控管	有多少策略被重新聚焦、有多少 BSC 是在各事業機會
	主要功能的集中化必須有世界級的水準	「主動統籌管理」小組找到多少新事業機會
		「主動統籌管理」小組預防了多少次的損失
		稅額占利潤百分比多少（做到最佳節稅的程度）
		優化的現金交易數量
		金融產品的成本降低
		經過評估的對策數量
	發展和落實創新的對策	首度落實的對策數量
		對於對策首度落實的滿意度
		多國團隊的數量
學習與成長	打造多元文化的環境	亞克提瓦小組的事業活動正在多少國家進行
		人才庫的最高品質
	吸引和留住最佳人才	員工的滿意度和留任率
		找出和慰勵「傑出」員工
		成功管理績效不佳者
	持續教育及分享最佳實務	訓練和發展需求已獲確認的員工比例
		因接受外面教育而得到多少新的構想
		平均每位員工對於內部訓練有多少意見

從一九九六年負一百五十萬歐元成長為二○○三年
的正一百五十萬歐元。

　　亞克提瓦不是一家營運公司，而是投資公司，
所以它每隔一段時間就會脫手出售能在股價上充分
反映潛在價值的營運公司。

　　有趣的是，這些被亞克提瓦賣出去的公司，就
算已經不受亞克提瓦的管轄，卻還是繼續使用平衡
計分卡，這證明了這些曾被它納入投資組合的公司
十分相信這套管理工具的效用。亞克提瓦的執行長
霍菲（Darko Horvat）曾親口證實平衡計分卡對他
們的投資公司有重要價值：

　　「早在我們執行BSC之前，亞克提瓦公司的成
長就已經格外快速。但問題是以前我們總是把注意
力放在和財務有關的關鍵績效指標上（key perform-
ance indicators；KPI）。但我們都知道這種財務成果
不可能維持很多年。因此我們決定落實BSC，把焦
點從附加經濟價值轉移到其他三種構面上，因為這
些構面才是影響公司未來和財務表現的真正因素。
對我們來說，BSC是無可取代的，它是我們以策略
經營事業的背後骨幹。我們視它為基礎要件，也是
我們成功的秘訣之一。」

個案研究：新利潤公司

　　非營利性質的投資公司也能因平衡計分卡而受惠良多。新利潤公司（NPI）是一家合資的公益團體組織，它的大宗捐款均來自於個人、基金會及企業，而這些捐助者都只捐助紀錄良好、未來有很大成長空間的企業型非營利組織。

　　NPI會對旗下的投資組合機構長期挹助資金，給它們成長空間。而且NPI和私人創投公司一樣，也會要求它投資的機構做到雙方協定的績效。只要它們能不斷完成目標，NPI就會持續資助。

　　然而NPI畢竟和民營的投資公司、私募股權公司或創投公司不同，它不能靠財務量度去評估非營利機構的投資績效。這些投資組合機構的成功與否得從它們的「社會效應」（social impact）來衡量，不能光看它們的籌資能力或預算平衡能力。於是NPI的合夥創辦人轉而求助平衡計分卡，希望靠此工具的力量和旗下的投資組織建立績效契約，評估各家的績效成果。

　　NPI一開始先為自己發展總公司層級的平衡計分卡（請參考圖3-2）。當時NPI是找董事會及潛在與現有投資者共同制定平衡計分卡，以示為自己的

績效負責，就像它會要求投資機構必須為自己的績
效負責一樣。然後再把NPI總公司的計分卡視作旗
下投資機構的計分卡藍本，此舉可以使所有投資機
構都擁有相仿架構的計分卡，以利它們與NPI董事
會成員、投資者溝通，但同時也允許這些投資機構
在不同計分卡構面上視己身使命及支持者所託，客
製化自己的目標。

　　等到NPI制定好自己的總公司計分卡，員工便
會和投資組合機構共同合作，協助它們設計和落實
符合自己目標的平衡計分卡。從此以後，NPI可以
從投資組合機構的平衡計分卡量度及指標上看出它
們的績效成果。NPI合夥人會在一年兩次的報告會
上，與投資者（亦即捐款者）共同審核每家機構的
平衡計分卡報告，以便了解這些投資機構所帶來的
社會效應及績效表現。

　　在NPI的企業價值主張裡，會有一套正當程序
審查流程，用來找出有利社會風氣和成長的投資機
會。此外，NPI也會持續進行主動監控和統籌管理
流程，要求這些社會事業家負起責任，拿出具體成
果。NPI會提供管理諮詢，指導這些事業家打造出
高效能與高效率的組織。正因為非營利組織沒有資
本市場為它提供成長的資金，所以NPI要建立紮實

圖 3-2 新利潤公司 2005 年平衡計分卡

新利潤公司的使命：展現全新的公益事業辦法，提供策略性資源和財務資源，協助有遠見的社會事業家及其組織創造永續改革的效應。

層面	目標	量度
社會效應	A. 創造世界一流的公益基金，以利挑選和協助社會事業家。	(1) 這些投資機構正根據使命，完成更高的績效成果 (a) 普及深度與成長率：在這些投資機構裡，組織存續的每年合計成長率 (b) 成長率：投資機構每年合計的營收成長率 (c) 品質：在這些投資機構裡，完全符合品質標準的機構占多少比例（不超過百分之五） (d) 永續力：這些投資機構在「畢業清單」分數上的平均變動率。 (2) 把員有高潛力的組織納入投資組合中 (a) 凡是符合合法審查程序的組織，都可納入新投資
	B. 槓桿運用成果、經驗和網絡，為有高度成長潛力的社會事業家建立一個穩固的環境	(3) 肯定新利潤公司的領導地位，它可以影響實際參與者的行動，為有成長潛力的社會事業改善環境。 (a) 成功召集領導者對社會事業集會討論，創造行動導向辦法。 (b) 制訂精密的策略，以利各項重要行動和成就衡量辦法的進展： 除個別行動的特定目標之外，還包括以下幾種成就量度： i. 其他團體有重大活動或討論時，會將新利潤公司羅括在在內。 ii. 以「新利潤公司」模式為主要的公益團數量和規模均有增加。 iii. 已經有「一定成就」的社會事業家，其數量有長期明增加的趨勢
支持者	C. 新利潤公司的投資者都高度滿意。	(4) 投資者滿意度調查結果
	D. 被資助的社會事業家都能認同與新利潤公司合作的價值。	(5) 整體滿意度調查結果
	E. 北美監控團隊（Monitor Group North American）的合夥人非常滿意他們對新利潤公司在資源上的支持。	(6) 北美監控合夥人對新利潤公司的滿意度調查結果

財務	F. 增加募款營收額	(7) 募款活動的總金額有多少： ・增加來自大額捐助者的捐款比例 ・增加董事會的募款總額 (8) 終止一家新的合資公司
	G. 建立一套更有系統、更具規範的流程，不必再和完全仰賴創辦者。	(9) 資深經人平均符合資時間下的募款金額有了成長。 (10) 未來一年內符合資格的潛在捐助者（來自熟人或現有投資者的個人推薦，且過去三三個月內曾提出具體投資金額）。
	H. 配合額外資源與資金為為投資組合機構發揮槓桿作用。	(11) 「槓桿比率」（新利潤公司為投資組合所帶來的總資源價值／來自新利潤公司的直接投資金額）
內部流程	I. 強化重大營運決策上的內部財務控管。	(12) 新投資至少要有百分之百的籌資覆蓋能力（funding coverage） (13) 符合預算中的支出目標 (14) 適時收集投資者的公益承諾
組織/產能	J. 重新強化投資組合管理流程，做到有效、穩定和有衝勁、有效率和有生產力的組織。	(15) 所有投資組合機構都已備妥完整的「活動計畫」，每季都會展開進度和成果評估
	K. 創造一個有衝勁、有效率和有生產力的組織。	(16) 所有員工都訂好正式目標 (17) 新利潤公司的員工留任率已有增加
	L. 提升 NPI 和監控團隊（Monitor）的關係效能。	(18) 所有重要決策者都已同意 NPI-Monitor「下一代」關係的具體建議案

的社會價值，讓績效卓越的社會工作機構贏得長期
的資金援助，於是得以成長和建立產能。

投資組合裡的每一家機構都和新利潤公司有理
念上的合夥關係，它們會根據自己的使命、結構和
價值主張去創造屬於自己的計分卡。NPI 只提供廣
泛的藍本──為它們示範社會效應、客戶、財務、
人力和資源等構面，這些投資組合內機構再自行完
成自己的計分卡。

藉品牌和企業主旨達成財務綜效

總公司也可以主動運用各實體組織的資源、能
力或資訊，從中創造價值。舉例來說，高度多角化
經營的企業，譬如奇異、艾默森電子公司
（Emerson）和FMC公司，都是由幾近獨立自主的部
門或分屬不同產業的公司所組成。這種多角化經營
公司的企業價值主張，主要得自於總公司主管運作
內部資本市場的能力遠優於外面的市場機制，再加
上各單位某種程度上地相分享共同主旨或資訊，而
這種現象和好處是獨力面對市場的公司裡所享受不
到的。

這類多角化經營的企業往往遵循由下往上的路

徑，先由母公司核准各分公司的公司層級計分卡，再根據它特定的價值創造策略去監控各營運公司。母公司可能會主動冠上一個架構（譬如各計分卡上都要列出財務衡量標準），為不同構面提出大略的主旨——例如「成為顧客心目中最有價值的供應商」、「在各項營運品質上達到六標準差（six sigma）的水準」、「在環保和安全表現上，成為產業領導者」、「延攬最佳人才」、「利用技術改善流程」等。各營運公司再根據各自的背景去詮釋這些指導原則，建立自己的計分卡，找出自己的在地策略，而這個策略在某種程度上是吻合總公司路線的。

　　有很多公司雖然不是真正的複合型企業，也都被歸在這類組織裡。它們旗下的營運單位可能同處在一個範圍很大的產業裡，譬如金融服務業或零件製造業，但它們還是靠不同策略在不同的產業區隔裡運作。

　　舉例來說，假設有家企業是由不同的生命科學公司所組成：有的公司是創新產品的領導者；有的公司則專門製造一般商品，多半靠價格低和一流的產品品質、交貨速度快在市場上競爭；也有的公司專門為目標顧客群提供整套的產品及服務。這類企業同樣得找出自己的企業價值主張。只不過總公司

在這種鬆散結合下的各種分公司組合裡，該如何在同一套企業架構裡創造出額外價值呢？

　　成功的多角化經營企業，大多具備不同於別家公司的競爭力，而且懂得在各營運公司之間發揮槓桿作用。舉例來說，艾默森公司旗下的營運公司都在成熟的產業裡，也都和工程性產品有關，而這些產品的成功都要靠電子與機械技術下的高效率製作流程。FMC旗下的分公司都在資本密集的成熟產業裡運作，其中的技術流程仍在不斷演變中。奇異旗下事業多如雜燴──包括火車頭、飛機引擎、金融服務、保健醫療、能源、水資源處理和廣播；但這些事業大都需要很長的研發期和簽約週期。這種同質性等於給了母公司機會為各營運單位增加價值。

　　有些高度多角化經營的企業發現到「品牌化策略」（branding strategy）有助凝聚投資者和顧客的目光。品牌的價值遠超過各分公司的策略。奇異公司以前曾靠一系列的共同主題為總公司事業打下品牌江山，其中包括：「我們為生活帶來美好的事物」（We Bring Good Things to Life）、「進步是我們最重視的產品」（Progress Is Our Most Important Product）以及「因為電子，活得更精采」（Live Better Electrically）。現在為了證明它在創新上的重新出

發，奇異又推出新的主旨：「在工作中奔馳的想像力」（Imagination At Work）。現在奇異的每家營運單位都在傳達想像力將如何為顧客帶來新的產品、服務與對策。

　　一百多年來，由眾多分公司組成的「艾默森電子」企業，一向靠為顧客提供低成本的機械產品而聞名。但隨著公司新名稱（名稱變短，只叫艾默森）的上市，艾默森也像奇異一樣重新定位自己的品牌，開始強調創新與技術價值。它公開宣傳旗下只要掛上總公司名號的營運單位，都會履行總公司的品牌承諾：

　　「在艾默森，我們會集合所有技術與工程，創造出有利顧客的對策。我們會針對顧客的需要，提出具有前瞻思考的解決辦法，協助顧客在變動不定的全球市場中成功立足。在顧客的服務品質上，我們不會降格以求，一定會端出不辱艾默森這個品牌的最好對策。

　　對全球的企業來說，艾默森這三個字代表全球技術、產業領先地位和顧客焦點。對投資者來說，艾默森代表的是已獲驗證的管理模式、成功的成長策略以及紮實的財務績效。對員工來說，艾默森經

驗代表的是成長、壯大和出頭的機會。」

　　高度多角化經營企業的平衡計分卡也可能會有顧客和內部流程目標。總公司平衡計分卡裡的顧客構面會包括他們要達成的顧客成果──譬如品牌形象和顧客贏取率（customer acquisition）、顧客滿意度、顧客保留率、市場占有率和收益率。這些目標通常並不包含可用來說明顧客價值主張的目標或量度，因爲每家營運公司都有專爲自己的目標顧客群所量身打造的價值主張。

　　至於對內部流程構面來說，多角化經營企業通常會爲關鍵性流程闡明總公司的主旨，譬如六標準差品質、e化商務能力以及卓越的環境、安全和聘雇作業等。舉例來說，許多企業都以品質作爲企業主旨，譬如六標準差計畫。總公司會很鼓勵旗下營運公司盡量贏取全國品質獎或國際品質獎，藉此證明它們在品質流程上的領先地位。有些企業甚至自己設置品質獎，鼓勵旗下營運公司在品質上競逐。

　　此外爲避免整個企業因局部失誤或意外而被全面拖累，母公司可能會要求各營運公司必須注重監管過程和社會過程（regulatory and social processes）。只要營運公司出現產品缺失、行賄事件、環保

瑕疵或常見的職業安全和衛生問題，都會有損總公司形象，進而影響它的財務資源和生存能力。反過來說，如果在聘雇、環境、衛生、安全和社區等目標上有傑出的成果表現，顧客、投資者和員工都會對它留下好印象。

　　監管過程和社會過程的傑出表現對總公司的品牌很有幫助，各營運公司也能受惠。舉例來說，像印度的Tata集團和泰國的暹邏水泥集團都要求旗下營運公司必須完全遵照合約內容行事，以便在業界建立良好聲譽，即使這些營運公司所在的開發中國家常見司法不公及行賄現象，就算有嚴謹的合約執行能力，在這種地方也可能派不上用場。總部位在中南美洲的Amanco集團則根據三種基本績效量度──經濟、環保和社會指標，發展出一套策略地圖和平衡計分卡，企圖在它營運領域裡，將自己定位成領先市場的先進企業。想要靠營運、監管和社會過程的卓越績效來發揮槓桿作用的多角化經營企業，可以在設計策略地圖和平衡計分卡內部流程構面時，在總公司層級主旨上反映這些目標。

　　現在我們要用英格索公司（Ingersoll-Rand ； IR）的例子來說明多角化經營企業策略地圖和平衡計分卡的發展過程，它增加股東價值的方法是闡明總公

司品牌，將旗下事業群的焦點集中在共同主旨上。

個案研究：英格索公司

一百三十多年前成立的英格索（IR）是以營建和採礦設備起家，現在已經是一家多角化經營的製造公司，年營業額超過一百億美元，旗下有許多成功的品牌，譬如 Thermo King（電冰箱產品）、Bobcat（營建公司）、Club Car（高爾夫球車和多用途運載工具）和 Schlage（保全服務）。

IR 從以前就是一家以產品為重心的組織，各品牌都有自己的顧客和銷售通路。IR 的營運單位績效卓越，總公司每股盈餘的成長率連續六年突破百分之二十（從一九九五年到二○○一年）。

一九九九年，赫柏·亨科（Herb Henkel）接任 IR 的總裁兼執行長。他希望延續 IR 各事業單位在產品上的卓越表現，但也希望啟動「跨事業整合作業」（cross-business integration），以增加新的營收來源並帶動成長。跨事業整合作業可以讓 IR 更有效利用自己的銷售通路、產品、顧客基礎，以及旗下員工的知識與經驗。但亨科也知道這種跨事業整合作業對 IR 來說無疑是在顛覆傳統，因此他必須由上至下地

為IR進行全面轉型。

於是，整個改革先從創造一個新的共同架構開始，這個架構是根據總公司策略而來（請參考圖3-3）。亨科將以前各自獨立的產品事業部併成四個全球成長部門：氣候控管、產業對策、基礎設施和保全。這些部門可以凝聚更多的市場焦點、共用銷售通路、互相提供交叉銷售產品的機會。各部門旗下的分公司會為顧客提供解決問題的對策，而不是一昧推銷產品，如此一來才能創造新的顧客價值。因為在各部門裡的團隊作業正是綜效的主要源頭。

總部辦公室只要落實跨事業的統合作業和投資者合力增加IR品牌的價值，便能創造出企業衍生價值。因此總公司現在肩負了五大使命：

（1）為了顧客、員工和投資者的角度出發，所以一定要建立新的企業識別（corporate identity）。
（2）利用IR現有資源發揮槓桿作用和創造綜效。
（3）提升各部門的績效表現。
（4）提供策略上的領導。
（5）配合法務要求。

亨科集合IR所有的共同後援單位，改造成另一

個新的單位——全球事業服務部（Global Business
Services；GBS），這個部門即是圖3-3新架構裡的
第三元素。過去，共後援單位總是在各種企業議題
上採微管理（micromanagement）的方式。現在則由
GBS負責制定標準流程，推廣最佳實務經驗，以加
速提升跨事業單位性的綜效。GBS和各部門之間的
服務層面合約（service-level agreements）可以作為
這類綜效的履行機制。

　　在IR策略的執行過程中，共同架構的創造是很
重要的第一步。它等於解開了IR主管身上的束縛，
展現改革決心，即使它連續六年來已經有出色的績
效表現。這種架構等於是一種新的管理辦法，將責
任清楚劃分。這兩個目標的設計目的都是要把主管
移出過去的「安全範圍」內（comfortable zone）。
IR完成管理上的基礎建設之後，才開始發展企業策
略地圖，以便將高層級的總公司策略轉化成營運術
語。企業策略地圖是利用總公司主旨作為部門規劃
的指導原則。

　　策略地圖的樣板描繪出一個共同的理念——而
整個IR的原理，也提供了各事業單位的策略一個基
礎。誠如圖3-4所示，IR策略地圖的財務目標很直
接：增加營收、降低成本、有效利用資產。如果從

圖 3-3 英格索公司的整體架構

IR 是一家多角化經營的全球工業企業，它以領導品牌之姿在氣候控管、產業對策、基礎設施，和保全這四個成長市場中為顧客提供服務。

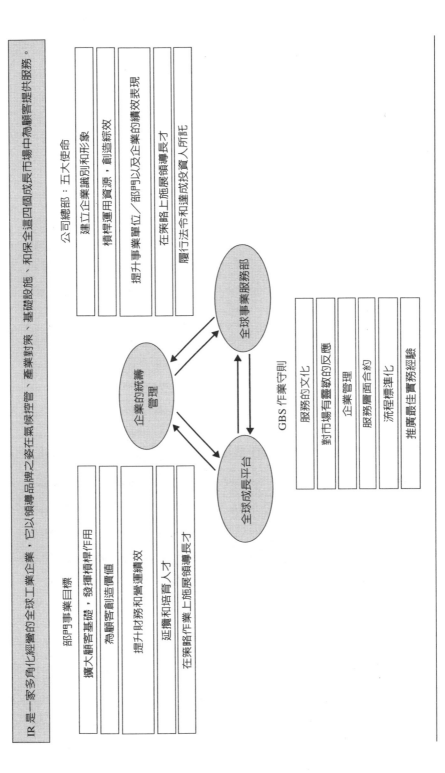

公司總部：五大使命

- 建立企業識別和形象
- 標桿運用資源，創造綜效
- 提升事業單位／部門以及企業的績效表現
- 在策略上施展領導長才
- 履行法令和達成投資人所託

GBS 作業守則

- 服務的文化
- 對市場有靈敏的反應
- 企業管理
- 服務層面合約
- 流程標準化
- 推廣最佳實務經驗

部門事業目標

- 擴大顧客基礎，發揮標桿作用
- 為顧客創造價值
- 提升財務和營運績效
- 延攬和培育人才
- 在策略作業上施展領導長才

企業的統籌管理

全球事業服務部

全球成長平台

顧客和市場的角度來看，地圖裡的顧客構面的確抓
住了新策略的精髓：像「提供所在市場客戶最佳解
決方案」可以把企業焦點從狹隘的產品策略轉移到
以個人關係作為基礎的策略上，好好發揮 IR 員工的
專業知識。

在圖 3-4 中，計分卡流程範疇則圍繞在三個基
礎流程的主旨上——卓越的經營、體貼顧客、追求
創新成長；再由各部門視自己情況施行。譬如「卓
越的經營」需要每個部門發展出足以改善衛生、安
全、環境、製造和技術等條件的策略。「體貼顧
客，帶動需求成長」則要求每個部門須和主要客戶
共同發展客製化行銷計畫。「透過創新，帶動成長」
會要求各部門發展與眾不同的創新對策和應用辦
法。以前各部門和事業群會視各自的情況發展細節
辦法，結果彼此間的出入頗大。但現在所有部門和
事業單位都能利用同一套架構去看待市場。

這套策略的人力構面點出了共同改革議題裡最
重要的關鍵點：雙重身分。過去所有員工都只能為
一個事業單位效命。這種做法雖然有明顯的好處，
但也意謂不管是無形或有形資產都會因此被綁死，
無法借調別處，發揮更大作用，創造更高收益。雙
重身分等於向所有員工宣告，你不必再受限於一個

圖 3-4 英格索公司的企業策略地圖

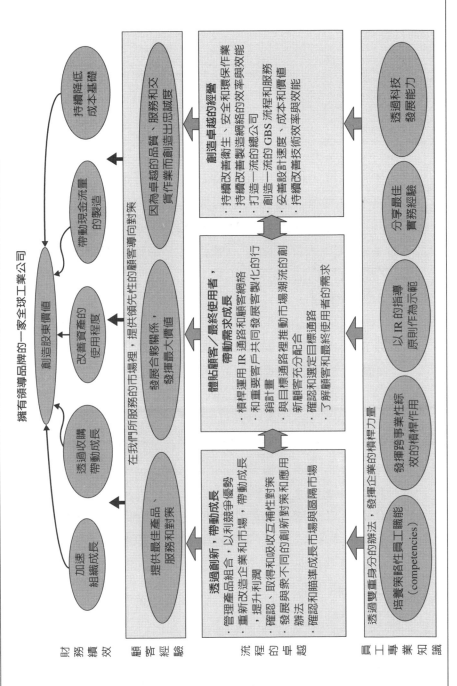

事業單位，你可以找管道去爲其他事業單位創造跨事業的價值。這個主旨的最終結果會是：事業部門共用工廠設施；員工向顧客推銷其他事業部門的產品。IR也因此設定了一個目標，希望能創造出價值高達數百萬美元的跨事業生意，這些生意等於是多出來的生意。

　　總公司計分卡會串聯到各部門和事業單位，然後它們再依據共同樣板去發展自己的策略地圖。誠如圖3-5右上角欄位所示，總公司策略會有整套的「一體化」（One Company）行動方案作爲背後支援。這些行動方案會以具體行動去落實新策略。

　　在IR的轉型和整合策略裡，亨科使出的最後一招是組織一個企業領導團隊（Enterprise Leadership Team；ELT），這個團隊是由各部門、全球事業服務部，以及總公司的重量級主管組合而成。每位主管在負責經營自己的事業單位或後援單位之餘，也得承擔共同使命，負責把關IR的整體績效表現。ELT的職責則如下所述：

- 我們共同領導（在我們的帶領下，總公司的財務必有亮麗表現）。
- 我們幫忙界定雙重身分，移除有礙雙重身分的障

礙。

● 我們共同領導策略上的行動方案。

● 我們會帶領IR的溝通團隊。

● 我們有頭腦，我們多元化。

● 我們是導師中的導師。

　　ELT的成軍、全新的共同架構、總公司策略地圖、總公司平衡計分卡，以及一體化的行動方案，等於為IR公司提供一套經營架構，使它得到一加一大於二的價值。

　　根據報導，自二○○一年以來，這家公司的稀釋後每股盈餘（diluted earning per share）已經成長三倍。它的現金流量大增，相較於十年前一九九一到一九九四年同期的累計現金流量，等於暴增了十倍。至於它的營運利潤（operating margins）也從二○○一年的6.3％提升到二○○四年的11.9％。

　　在此同時，這家公司在服務和售後市場方面（這是該公司成長策略的關鍵部分）的「再生營收」（recurring revenue）也成長兩倍，資產負債表也得到改善，相較於二○○一年年底46.3％的債務對資本比（debt-to-capital），到了二○○四年年底只剩下24.2％。

圖 3-5　英格索公司的企業平衡計分卡（局部）

企業綜效		企業價值主張	企業計分卡	企業行動方案
財務	●	・創造股東價值	・股東總報酬率 ・總營收成長率 ・組織的營收成長率 ・營業收入 ・現金流量	・以財務作為成長引擎 ・收購與合併 ・全公司稅負
顧客	◐	・提供領先性的顧客導向對策	・顧客調查 ・目標客戶績效表現 ・完美訂單比例	・零售對策
內部流程	◐	・透過創新，帶動大幅成長 ・體貼顧客／最終使用者，常動需求成長 ・創造卓越的經營	・新對策所貢獻的營收 ・產品／SBU投資組合的績效表現 ・交叉銷售所貢獻的營收 ・在標準進科技平台的支援下所創造的營收百分比 ・IR的品質指數 ・失去的工作天數 ・危險廢棄物	・IR 配銷 ・供應商對策 ・公司上下通用的技術
學習與成長	◐	・利用雙重身分，發揮企業的槓桿力量	・員工調查 ・領導人才培育計畫 ・績效管理計畫的參與度	・策略管理系統 ・IR大學／領導學會 ・溝通

關鍵：總公司角色
● 共同／連結的流程和量度
◐ 共同的主旨

來自於共同顧客的綜效

　　許多分權化企業旗下的事業單位都在向相同的顧客推銷產品或服務。舉例來說，儀器公司（Instrumentarium Coporation；現在是奇異醫療設備公司的一部分）旗下的子公司 Datex Ohmeda（簡稱 DO），過去是由各產品單位組織而成的。這些單位專門針對緊急救護醫療體系研發創新產品，包括麻醉機器、換氣扇和投藥系統等。而 DO 的不同產品線（很多都是透過收購而來）交由不同業務部負責銷售事宜，並由它們各自強調自己在硬體系統上的技術價值。

　　但 DO 的主管看到了一個機會點：只要把產品導向策略轉變為某種顧客關係辦法，強調專為醫療客戶所提供的全面性對策，就能槓桿運用旗下多家事業單位。於是 DO 整合所有業務部，成立顧客業務小組，增加對顧客的產品／服務銷售範圍，大幅提升平均客戶營收。

　　一般而言，旗下事業體顧客相同的企業，都有機會槓桿運用自己的多元化產品和服務創造獨特的顧客對策，提升顧客滿意度和忠誠度。這可是不夠多角化經營或太過集中化的企業無法媲美的。

　　這類企業BSC顧客構面所強調的成果和價值主張，多半不脫爲顧客提供更多完善的對策。舉例來說，顧客成果目標可能是增加我們在顧客身上的「支出占有率」（the share of the customer's wallet），而這部分的衡量得看顧客花在這類產品或服務的支出上，有多少比例是貢獻給了DO。其他的顧客構面目標還包括：增加目標顧客群對不同產品和服務的使用量、增加新顧客的終身收益性（lifetime profitability）、增加顧客對策的品質等。

　　至於內部管理流程的顧客目標則包括：爭取因統合性對策而受惠的高潛力價值顧客、向現有顧客交叉銷售，使他們購買更多的產品與服務、延續和增加目標顧客群的生意。

　　有些公營機構爲了使各事業單位也能分享顧客，特地採行總公司策略。北卡羅萊納州夏洛特市（Charlotte）和澳洲布里斯班市（Brisbane）很清楚旗下的營運部門擁有共同的顧客，亦即該市的市民與公司行號，於是各自發展出一套城市級的平衡計分卡，靠策略來說明它們決心成爲該地區最適合居住、工作和休閒娛樂的城市。

　　這兩城市的營運單位——譬如警局、消防局、衛生局、水電單位、都市規劃局、住宅局、公園管

理處和休閒娛樂管理局，也都制定自己的計分卡，確實履行可以區隔夏洛特市與布里斯班市的城市價值主張，使自己優於其他較不重視共同顧客（市民）的都市。市府的每個部門都要和其他部門的服務做結合，才能為當地居民和店家提供不同於別座城市的品質經驗。

　　以下針對媒體通用公司所做的個案研究，會說明總公司策略地圖和平衡計分卡是如何在眾多事業單位之間實現共同顧客所帶來的好處。

個案研究：媒體通用公司

　　媒體通用公司（Media General）是一家位在美國東南部的媒體公司，二〇〇三年營收高達八億三千七百萬美元，員工人數幾近八千名，旗下擁有二十五家日報（總發行量超過一百萬份）、一百多家週報、二十六家網路會員電視台（network-affiliated television stations），它在美國東南部電視收視戶的普及率超過百分之三十，相當於全美收視戶的百分之八，另外還擁有五十多家與旗下報紙、電台有直接關係的網站。

　　媒體通用公司創建於一百五十多年前，直到一

九九〇年代為止，這家公司的成長從來不講究什麼章法，反正就是在全美各地不斷買進各種出版和媒體的所有權。但隨著競爭壓力以及有線電台和網路的暴增與成長，媒體通用的股價開始低迷不振。

　　一九九〇年，布萊恩三世（J. Stewart Bryan III）走馬上任，當上董事長兼執行長，開始大刀闊斧地進行轉型，甩掉老舊事業，收購其他事業，重新在東南部為自己紮根。它先賣掉東南部以外的所有資產。到了一九九五年，它只剩下三家報紙、三家電視台以及某有線電台和某平面媒體公司的部分股權。接下來五年，媒體通用又買下二十二家報紙和二十三家電視台，全都位在美國東南部，然後出售自己在有線電視和平面媒體的股權。

　　現在這家公司終於可以充分利用自己的地區集中化優勢基礎展開新的共同策略。布萊恩希望利用媒體通用旗下三大部門（報紙、電視和互動媒體）的個別力量和集中力量來達到綜效。他的目標是協調既定市場中不同媒體的步調，使它們的新聞資訊內容能比各自獨立作業時來得更有品質──只不過這必須由全局著手。

　　媒體通用公司將平面、廣播和互動媒體的各自長處加以結合，以便讓核心地區裡的顧客有機會重

覆進入無縫隙的內容平台。它槓桿運用旗下的三大資產，使它們成為當地居民優先考慮的內容和當地新聞來源。這三種互有關聯的資產若能集中處理，媒體通用公司便能為廣告主雙手奉上最好的觀眾群，廣告主將能視自己的目標觀眾群活用多媒體的廣告組合。

　　新的共同策略對媒體通用公司旗下事業體來說並不尋常，因為從以前，報紙和廣播媒體一向得在同樣的觀眾群和廣告主身上互相較勁，而互動媒體的經營者也老將電視台和報紙視作「舊經濟體」遺留下來的殘破古董。布萊恩知道他這種創新營收來源的「趨同策略」（convergence strategy）必須靠平衡計分卡才能在各事業群之間建立起穩當的團隊作業、溝通和合作關係。

　　媒體通用公司一開始先製作自己的企業主旨聲明：「利用我們在策略性考量的市場上所占據的既有優勢，將自己造就成美國東南部一流新聞、娛樂和資訊的提供者。」這家公司的腳步不曾停歇，它又發展出可說明趨同策略的總公司策略地圖（請參考圖3-6）。在此我們會點出媒體通用每個構面的目標，並加以分析。為了凸顯媒體通用公司的總公司策略地圖如何具體呈現了趨同策略，我們先從基礎

的學習與成長構面開始：

■ 學習與成長

　　學習與成長的整體目標是先找出一個趨同的焦點，作為員工日常作業的遵循方向。「重視生涯發展與技術培養」這個目標是要業務人員接受多媒體和多市場業務開發的訓練，這樣一來，他們才知道怎麼向廣告主推銷新的多媒體組合。至於「推動改革文化和擴大員工授權」這個目標是教育員工，使他們了解身為媒體通用公司一員的好處，不再認定自己只是某報社、某電視台或某網站的員工。

■ 內部

　　「製作最優質的內容」這個目標意謂三大部門的新聞編輯部應通力合作，聯手開發新聞，讓三大部門有更多新聞可以分享，更即時地提供一流的產品與內容。至於「提供創新的多媒體／多市場內容，創造業績」這個目標，則是一個最直接的趨同目標。要衡量這個目標達成與否，得看有多少被鎖定的趨同客戶（廣告主）是因三大部門的聯手合作才上門？又有多少新的非傳統廣告主被它給爭取到？以及多少新節目被售出？

圖 3-6　媒體通用公司的策略地圖

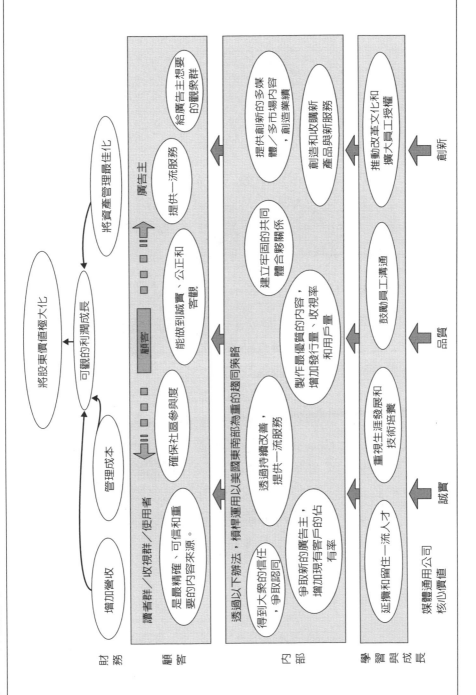

財務

將股東價值極大化

管理成本 → 可觀的利潤成長 → 將資產管理最佳化

增加營收

顧客

讀者群／收視群／使用者
是最精確、可信和重
要的內容來源。

確保社區參與度

顧客

能做到誠實、公正和
客觀。

廣告主

提供一流服務

給廣告主想要
的觀眾群

內部

透過以下辦法，槓桿運用以美國東南部為重的趨同策略

得到大眾的信任
，爭取認同

爭取新的廣告主，
增加現有客戶的佔
有率

透過持續改善，
提供一流服務

製作最優質的內容，
增加發行量、收視率
和用戶量

建立牢固的共同
體合夥關係

提供創新的多媒
體／多市場內容
，創造業績

創造和收購新
產品與新服務

學習與成長

媒體通用公司
核心價值

延攬和留住一流人才

重視生涯發展和
技術培養

鼓勵員工溝通

推動改革文化和
擴大員工授權

誠實　　　　品質　　　　創新

　　該公司相信這兩個內部流程目標勢必會對第三
個目標「建立牢固的共同體合夥關係」造成影響。
靠三大部門的合作而非競爭所產生的綜效，預料將
可增加媒體通用公司當地的知名度。

■ 顧客

　　「提供一流的服務」這個顧客目標，是根據最
新的線上廣告主調查結果而產生的。這個調查的目
的是要了解媒體通用公司整合多媒體內容的這種新
價值主張，是否真的讓當地廣告主更方便去傳達他
們想向公眾傳達的訊息？有沒有為廣告主吸引更多
消費者上門？至於「確保社區參與度」這個目標，
則是在追蹤顧客對媒體通用公司這個超大社區成員
的認知度。這個目標也會直接衡量媒體通用公司趨
同策略所帶來的規模經濟，這個規模龐大的經濟共
同體之所以存在，乃是拜它在同一區域內擁有多重
資產之所賜。

■ 財務

　　該公司趨同策略的成功與否，終究得從財務成
果去衡量。「增加營收」的這個目標可以靠一個量
度去衡量除了三大部門原有營收之外，還有多少新

增加的趨同性營收。它能直接看出有多少營收是現有廣告主購買新的多媒體／多市場廣告組合所貢獻出來的？又有多少營收得自於趨同政策下所爭取到的新廣告主？

　　這個目標還有另一個量度可以去追蹤傳統廣告營收的成長率。這等於鼓勵三大部門可以繼續重視自己的核心事業，但也不要忘了新的趨同性事業。至於「管理成本」這個目標代表的是規模經濟。主管們希望能透過三大部門之間的新聞聯合生產作業、流程再造以及最佳實務的經驗分享來達到這個目標。

■ 層層串聯

　　一旦媒體通用公司發展好企業策略地圖和平衡計分卡，三大部門旗下事業單位便會發展個別的計分卡。這些計分卡會為總公司計分卡釐清各趨同性要務的優先順序及各部門在地方的事業處境。

　　媒體通用公司在作業執行上最與眾不同的一點是它的後續動作：它會為每個地區創造策略地圖和計分卡。一開始，先由當地的跨事業單位小組負責合併該地區三大部門的的地圖與計分卡，接著創造區域性的「趨同性」策略地圖和計分卡，反映其中

的綜效機會，再和三大部門分享計分卡，請它們更新當地的計分卡，反映出它們那個地區的趨同性目標（請參考圖3-7）

■ 成果

二〇〇二年對平面出版業來說是格外艱辛的一年，但媒體通用公司從持續營運（continuing operation）業務得到的每股盈餘卻靠著百分之四的營收成長而幾乎翻了三倍。多媒體廣告組合則占互動媒體部門營收所得的42.5％。二〇〇三年，公司營收成長幅度不大，但來自持續營運的收入卻增加百分之十以上。而從總營收成長來看，出版部門暫居全國同業的老二位置，互動媒體部門的營收則增加百分之六十。

共同顧客價值主張的綜效

許多企業因為幫分權化單位提出共同顧客價值主張，並確實履行而創造出價值。這種主張可以保障顧客不管和旗下哪個單位交易，都能得到相同的產品、服務、價值和購買經驗。

知名的速食店、餐廳、飯店、加油站、服飾

圖 3-7 媒體通用公司：協同策略的層層串聯

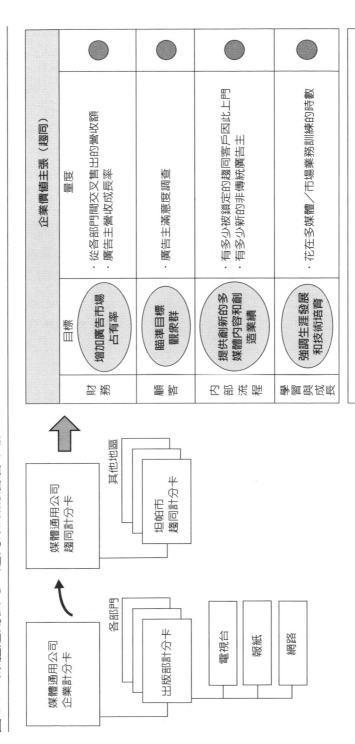

	目標	企業價值主張（協同）	
		量度	
財務	增加廣告市場占有率	・從各部門間交叉售出的營收額 ・廣告主營收成長率	◯
顧客	瞄準目標觀眾群	・廣告主滿意度調查	◯
內部流程	提供創新的多媒體內容和創造業績	・有多少被鎖定的協同客戶因此上門 ・有多少新的非傳統廣告主	◯
學習與成長	強調生涯發展和技術培育	・花在多媒體／市場業務訓練的時數	◯

關鍵：總公司角色 ◯ 共同／連結的流程及指標

媒體通用公司
企業計分卡

各部門

出版部計分卡

電視台
報紙
網路

媒體通用公司
協同計分卡

其他地區

坦帕市
協同計分卡

店、便利商店和零售銀行，都堪稱是同質性單位在
同一架構下營運的最佳例子。經營這類零售點的公
司會把策略確實貫徹在各家零售店的每次顧客接觸
上。它的企業價值主張是要創造忠誠度高的滿意顧
客，而方法就是不管在哪一家店，只要和顧客有接
觸，就得提供品質一致的服務，完全遵守總公司的
品質標準。

　　總公司計分卡的財務構面會確認財務的量度標
準，以評鑑公司的策略成功與否。像單店營業額成
長率（針對零售店而言）和可出租客房的每間平均
營收（revenue per available room；針對飯店而言）
等，都是這類產業常見的術語。顧客目標則關係到
你必須從每次的購買經驗中去創造忠誠、滿意的顧
客。至於內部流程目標則要求每個單位都要遵守總
公司的標準作業，履行顧客價值主張，這些標準包
括速度、品質和親切的服務。學習與成長目標則強
調員工的留職率和未來發展，因為顧客多半是透過
第一線員工和公司接觸。

　　這類產業的公司，都是採層層串聯的簡單流
程。總公司主管先決定策略和價值主張，再交由各
單位落實。主管們會把策略轉化成一套設有衡量標
準的平衡計分卡，再向各零售點推廣運用。

　　爲了說明平衡計分卡的總體整合角色，我們特地舉出兩件個案：其一是民營機構希爾頓（Hilton）飯店；其二是非營利機構「公民學校」（Citizen Schools）。

個案研究：希爾頓飯店

　　二〇〇五年，在希爾頓飯店家族下的品牌總共有兩千三百家飯店，其中包括自營飯店（owned）、委託希爾頓管理的飯店（managed）和加盟飯店（franchised），合計的房間總數超過三十六萬間。在經歷過一段停滯期之後，希爾頓先於一九九七年爲自營飯店和委託管理飯店引進平衡計分卡。總公司的資深主管先發展出五個「策略性價值驅動力」（five strategic value drivers），再從這些價值驅動力中爲各 SBU（也就是各家飯店）發展 KPI（請參考圖 3-8）。這整個過程不僅有助各飯店配合總公司的策略方向進行步調整合，還能讓它們擁有自己的 KPI 量度，這些量度是以前一年的實際成果和改善因子作爲依據。

　　各家飯店共用計分卡格式將有利於連鎖體系的訊息傳達。共同品牌代表的承諾是：顧客不管到哪

圖 3-8　個案研究：希爾頓飯店

價值驅動因素	企業價值主張	企業計分卡
財務：營運效能和營收都要極大化	提供一套衡量成功的共識標準	· 營業毛利額（簡稱GOP） · 營業毛利率 · 可出租客房的每間平均營收（簡稱Rev/PAR) · Rev/PAR 指數：相較於同業競爭者
顧客忠誠度	每一次的顧客接觸都要創造出滿意忠誠的顧客	· 房客忠誠度指數（衡量） 　1. 滿意度 　2. 回流的可能性 　3. 引薦客源的可能性
營運	一致履行顧客價值主張	· 品牌一致性指數 　1. 品牌標準 　2. 實質條件 　3. 整體服務 　4. 清潔度
學習與成長	留住和培養團隊成員	· 團隊成員的忠誠度 · 訓練指數 · 多元化

一家希爾頓飯店消費，都會得到相同品質的經驗和服務。各家飯店的分數會被拿來和希爾頓的標竿比較。既然總公司的策略方向現在已經和飯店的量度連結，各家希爾頓飯店的經營者便能開始向團隊成員溝通這些量度。飯店團隊會把認知度和理解度這類量度放進團隊成員的新人訓練計畫和培訓專案

中，並不斷更新這九個KPI量度的分數，以利團隊
成員追蹤現有績效和傾向。最後，飯店的BSC績效
成果會透過分紅計畫反映在主管的報酬上。

　　此外，為了保證BSC和飯店各團隊成員之間的
密切合作，所有團隊成員的九大KPI只要都達到綠
色範圍，即可均分一年一度的「綠色目標」（Go for
the Green）百萬獎金。

　　自一九九七年到二○○二年，希爾頓的獲利率
一向高於業界百分之三。會有這樣的財務績效，是
因為可出租客房的每間平均營收指數、顧客滿意
度、住宿後的忠誠度（post-stay loyalty；該公司導
入BSC後，這個指標也創下有史以來得分最高的一
次）都有了大幅改善。

　　二○○四年，在飯店賭場的讓產易股以及與普
羅馬斯飯店（Promus Hotels）的合併案後，希爾頓
的計分卡終於被正式植入一套完善的績效管理專案
辦法當中，其中包括規劃、預算目標設定、衡量辦
法、持續改善流程、營業支援以及報酬與獎勵（請
參考圖3-9）制度等。

　　希爾頓全新的「績效管理系統」是以網路為基
礎，它可以做追根究底式的能力分析作業，目的是
要方便經理人找出問題背後的成因和真正內幕，以

利協助和改善。現在希爾頓正利用橫斷面式的資料庫，在流程、目標以及領先指標（leading indicators）和落後指標（lagging indicators）之間發展出數據連結。

這些指標將有助於找出各變數之間的關係，更方便抓出問題背後的成因，日後還可用來衡量對策執行有沒有發揮功效。最後這套系統可以讓計分卡透過組織階級層層串聯，從企業計分卡、地區計分卡、飯店總計分卡一直到部門計分卡，甚至是個人層面的計分卡，等於讓組織上下有最佳化的整合效果和責任分工。

個案研究：公民學校

身為新利潤公司（曾在本章稍早前討論過）投資組合機構之一的公民學校（Citizen Schools），堪稱是共同價值主張的非營利示範單位。

公民學校在波士頓和全美各地為九到十四歲的兒童開辦課後班和暑期班。在當地專家的建教合作下，學童們可以學到現實生活裡的真正技術，建立自信，融入社區。

公民學校的平衡計分卡（請參考章末圖 3-10）

圖 3-9　希爾頓公司平衡計分卡

2005 年營運平衡計分卡

總分：75.00

所有自營飯店和委託希爾頓管理的飯店

營運效能	成長	忠誠度	營運	學習與成長

營運效能

盈餘

超過預期盈餘

EBITDA (000)
實際成果：$710,987.00

YTD 目標：$673,642.33
紅色範圍：$639,050.15
得分率：24.0%

生產力

改善成本架構

營運毛利
實際成果：83.00

YTD 目標：66.67
紅色範圍：33.33
得分率：6.7%

成長

提高團體訂房和
外牆市場占有率

營業額
實際成果：55.40

YTD 目標：66.67
紅色範圍：33.33
得分率：6.7%

增加可出租客房
的每間平均營收

營收管理
實際成果：39.0

YTD 目標：66.67
紅色範圍：33.33
得分率：6.7%

忠誠度

開發和留住
忠誠顧客

房客忠誠度
實際成果：71.36%

YTD 目標：70.11%
紅色範圍：65.61%
得分率：13.8%

履行希爾頓的
品牌承諾

一致的形象

品牌一致性
實際成果：39.00

YTD 目標：66.67%
紅色範圍：33.30%
得分率：8.5%

營運

從部門營運中
創造價值

價值創造

飯店工程
實際成果：75.90

YTD 目標：66.67%
紅色範圍：33.33%
得分率：2.4%

購物飲料
實際成果：62.60

YTD 目標：65.67%
紅色範圍：33.30%
得分率：2.4%

客服辦公室
實際成果：93.40

YTD 目標：55.67%
紅色範圍：33.33%
得分率：2.4%

房務
實際成果：84.00

YTD 目標：55.67%
紅色範圍：33.33%
得分率：2.4%

學習與成長

吸引和流住
頂尖人才

人力資本

人力資源
實際成果：54.80

YTD 目標：66.67%
紅色範圍：33.33%
得分率：8.0%

培養策略性技術

訓練
實際成果：100.00

YTD 目標：65.67
紅色範圍：33.33
得分率：8.0%

讓工作人員
多元化

多元化
實際成果：100.00

YTD 目標：65.67
紅色範圍：33.33
得分率：8.0%

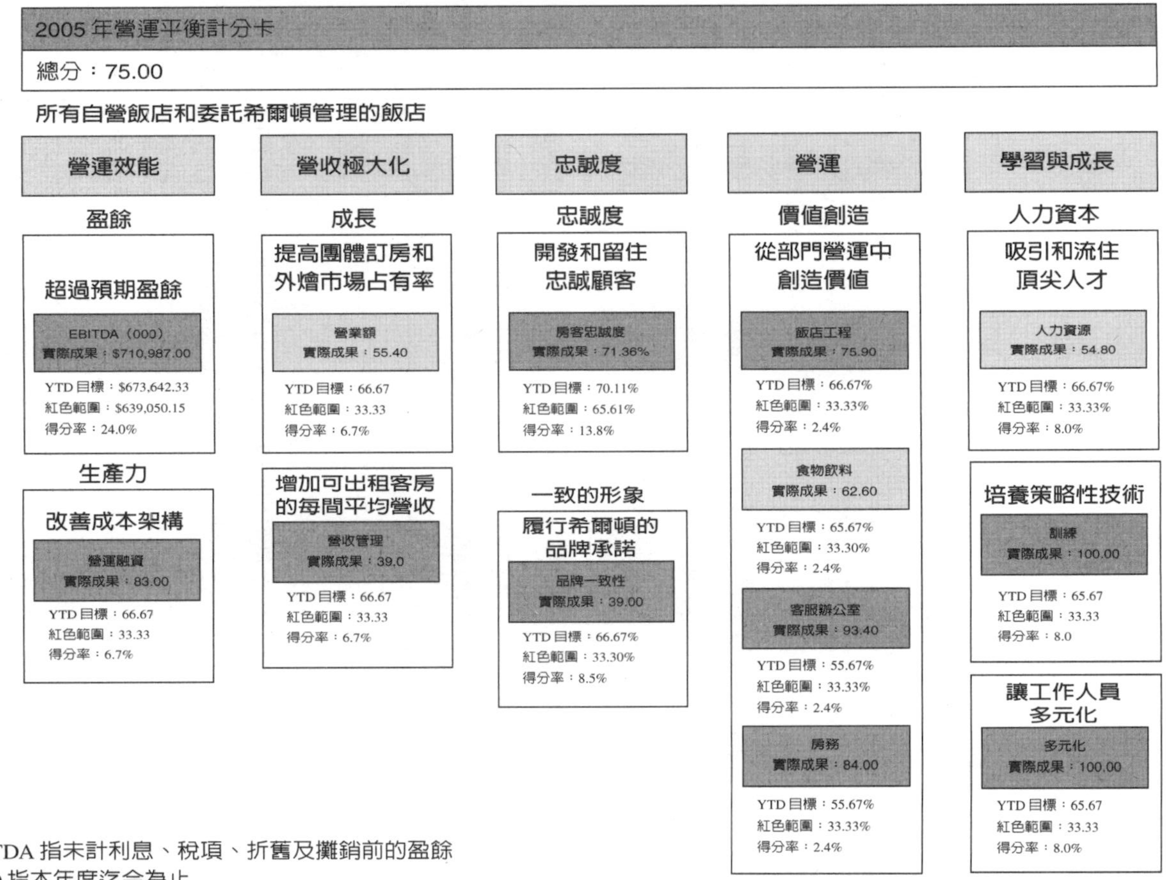

譯註：EBITDA 指未計利息、稅項、折舊及攤銷前的盈餘
　　　YTD 指本年度迄今為止

是根據新利潤公司的五大構面架構而來。計分卡的
內容包括學生在學科和社交發展方面的量度，同時
也能為員工的訓練和培育提供指導與回饋。

　　公民學校的策略重點是要複製它在波士頓總部
附近的各駐點所建立的模式經驗，然後移植給全美
各地的分公司和加盟店。二○○四年，公民學校的
營運單位遍及麻州六大城市，以及加州的聖荷西市
和紅木市、德州的休士頓、亞歷桑那州的吐桑市，
和新澤西州的伯倫威克市（Brunswick）。隨著組織
的擴大，它開始利用平衡計分卡的樣板去向旗下各
駐點溝通共同策略。

　　一般而言，新駐點的人員並不熟悉平衡計分卡
和它的各種術語。但他們都了解什麼是社會影響的
構面和顧客。

　　公民學校利用關鍵性的 BSC 量度去傳達總公司
對績效的期許，並可追蹤各駐點的成果。既然已經
有十幾家駐點運用同樣的計分卡量度，公民學校乾
脆為所有駐點的績效資料進行標竿分析，找機會分
享最佳實務經驗。公民學校之所以能在短時間內將
營運觸角伸及全國，並能維持住各新駐點的顧客經
驗品質和價值主張，全是靠共同的衡量辦法和管理
系統。

總結

　　即便是最多角化經營的企業總部也能創造價值，前提是它要能有效運作內部資本市場，而且其運作功力必須遠遠勝過於各事業單位各自對外尋找金主的結果。這類企業可以透過財務衡量標準去說明和監控他們對價值創造的追求目標。

　　此外，多角化經營企業若能說清楚總公司的主旨，爲各營運單位塑造統一形象下的品牌，槓桿運用和統籌管理、產品品質、顧客導向對策、社區責任或傑出的環保等目標有關的能力，自然也能創造價值。不同事業單位若是結合產品與服務，爲顧客提供方便的共同對策，也能創造顧客基礎價值（customer-based value）。

　　最後，分散各地的同質性單位若是在產品或服務方面爲顧客帶來一定標準的品質經驗，顧客基礎價值也會跟著上揚。在這類企業裡，它們的總公司都會統一制定品牌的標準，再利用平衡計分卡去要求和監控各地單位確實履行。

圖 3-10　公民學校平衡計分卡（2001 會計年度）

面向	目標	量度與指標
社會效應	A. 推出一流課程，透過技術的養成（寫作、資料分析和口語表達能力）、管道的建立、領導才能的培育，以及社區互動等方法去教育孩子、鞏固社區的向心力。	1. 在總分 5 分的量表中，「對學生的影響層面」這個評鑑分數必須達到 4.0 以上（包括不同股東所提的十點問題） 2. 語言寫作的教學，有百分之七十五以上（十一個學生當中有九個學生）一整個學生未來可以在寫作技巧上提升一個等級。至於在所有學生當中，則有百分之七十五以上的學生可以改善他們的口語表達技巧（資料取自於師比標準和員工評鑑） 延伸性指標：超過 80%
財務	B. 計畫董事會經費高達兩千五百萬元為期四年活動，募集七百五十萬美元的現金或支援 C. 不超過 2001 年預算	3. 年底前完成七百五十萬美元的目標。 延伸性指標 1：超過八百五十萬美元 延伸性指標 2：2000-2001 年之間，非基金會的基金成長（相較於成長指標，至少要有百分之二十以上的成長。）必須快過於支出 4. 百分之五以上的營入盈餘，不超過預算四百八十萬美元
顧客	D. 學生：擴大大學生需求與登記人數 E. 公民學校的教師（簡稱 CT）：提供一流的義工經驗，義工數量於逐增加 F. 訓練合作夥伴：為第一年開辦 CSU 的合作夥伴提供一流和有效的訓練	5. 會計年度 2000 年度的學生登記人數 1,248 人增加到 1,535 人（正負百分之五以內） 延伸性指標：需求量明顯成長，三分之二的學校備有候補名單、名單上有百分之二十以上的學生登記了 2001 年的秋季班 6. 從 CT 調查結果中可以看出，有超過百分之八十五的老師願意（a）重回課堂教授未來實務課程、（b）介紹朋友來此就學，而且（c）都對這種義工教學的正面影響給有 4.0 以上的評分 7. 有兩家以上的合作夥伴組織，其執行長和員工都對訓練的品質和效果有 4.0 以上的評分。

營運

G. 開發更精密的評估工具來衡量課程效果

8. 完成以下事項：聘請外面的評鑑者進行三年評估；修正制式調查；所有重要成果領域都必須有一套好的衡量辦法

H. 為 CS 模式的全國影響力建立舞台

9. 出版：書面紀錄和對內發行第一版的 CS 最佳實務作業
10. 政策：與當地官員開四次會，與州立／聯邦官員開四次會，並爭取五大媒體進行正面報導。

I. 深化學校的合夥關係

11. 在十二名學校董事和十一名學校校長（或學校聯絡人）當中，各有八名董事和各名校長評分給了 4.0 以上和合夥有關的評比分數：(a) 學術整合；(b) 登記需求、(c) 社區參與

J. 持續落實行動方案

12. 在四分之一的目標裡頭，有 75% 以上的行動計畫是成功達理的
延伸性指標：成功達成 85% 以上的行動計畫

學習與成長

K. 穩住全職員工的留職率，提升人力的的多元化

13. 2001 年一月至十二月受雇員工當中，全職員工的留職率超過 75% 以上
延伸性指標：85% 留職率
14. 研擬人才召募策略，增加有色人種的雇用率和留職率

L. 利用科技作為可靠的溝通和營運工具

15. 在第二季結束前，每個駐點都要具備以下功能軟體：資料庫、電子郵件、網路、微軟的 Office 軟體。每位全職員工都會使用電子郵件和語音郵件

M. 更進一步地發展全職員工的訓練課程

16. 2001 年所有受雇員工都要參與以下訓練課程：CS 策略計畫、CS 平衡計分卡、資料庫、辦公室技術、外加兩堂由領導階層所決定的組織性課程。上課的 CS 員工對訓練課程的滿意度達到 4 以上的評分
延伸性指標：上課的 CS 員工對訓練課程的評分

N. 發展和落實一流的人力資源辦法與規則，以便改善溝通品質

17. 所有員工在年底之前，和能得到 (a) 職務說明、(b) 績效評鑑、和 (c) 持續的訓練。CS 會設計一套全新的員工評鑑核對表，並以此取代面試流程

第 **4** 章

整合內部流程
與學習及成長策略

策略主旨會明明白白顯示在企業的策略地圖和平衡計分卡上。它們提供了另一種有別於矩陣式組織的選擇，因為事業單位主管現在從自己的策略地圖和平衡計分卡上看到了目標，這些地圖和計分卡連結了在地的目標，也連結了全企業的優先要務。

　　第三章談到企業價值主張因為整合了各事業單位的財務能力與顧客能力而產生綜效。這一章，我們會探索有哪些大好機會可供組織整合內部企業流程和無形資產，達到企業綜效。我們也會討論四種企業價值主張：共同流程和服務、垂直整合、無形資產以及總公司層級的策略主旨。

共同流程和共同服務帶來的綜效

　　要創造企業衍生價值，最常見的方法是分享不同事業單位的共同流程和服務。靠分享流程與服務所得到的價值，可以從兩個層面彰顯出來：第一，企業會因流程的集中化而達成規模經濟；第二，因資源集中化而受惠的企業，對於如何運作關鍵流程或服務，具有非常專業的知識與技術。

　　在企業流程中做到規模經濟的地步，一向是大型組織的目標和競爭優勢。打從現代企業剛萌芽時，規模大小便已經和機會成等比了。一百多年前，標準石油公司（Standard Oil）靠著龐大的煉油和配銷系統取得規模經濟造就出市場優勢。今天，像花旗集團和美國銀行（Bank of America）這類大型銀行，也都是因為合併了銀行的後端支援部門和

收購了其他金融機構，而創造出規模經濟。橫跨男用、女用和兒童流行服飾市場的零售商 The Limited，也因為統合了旗下各部門的採購作業，才創造出可觀的盈餘和利潤。此外它還將各零售點的不動產管理系統予以集中化，成效也同樣可觀。以這兩件個案來說，流程若未集中處理，各事業部門就會在公開的市場上為了織品和空間的取得而相互競爭。少了規模經濟的條件，它們絕對無法向海外製造商或不動產開發商爭取到最好的交易。

　　資訊科技的管理也能為規模經濟創造機會。像花旗集團（金融服務業）、全州保險公司（Allstate）和英國石油（能源業）等公司，他們每年平均花在資訊科技的費用至少超過十億美元，而在進行大型處理中心的採購和操作時，這些公司也都有絕佳機會降低成本、坐大專業知識的規模、改善生產力。真正有效的資訊科技會要求分享精密的技術能力，此舉可使組織提升資料中心的安全性、採用有彈性標準的運作平台，跟上快速變遷的科技腳步。

　　取得企業流程中的「知識經濟」，同樣能為大型組織帶來潛力。儘管流程中的實質管理仍然採分權制，但理念、計畫和競爭力的共同分享，卻能創造出可觀的利益。舉例來說，光是「品質運動」就

囊括了像整體品質管理（TQM）、優良國家品質計
畫（Bridge National Quality Program）、歐洲品質管
理基金會（the European Foundation for Quality
Management ；EFQM），以至於最近的六標準差等
這類計畫。

　　「作業基礎管理」（activity-based management）
則可以改革流程，洞悉管理，而這一切都是從組織
的成本開始。至於「顧客管理」（customer manage-
ment）中包括了顧客價值管理、顧客關係管理和
「顧客生命週期管理」（customer life-cycle manage-
ment）的，其設計目的就是要主管和員工多注重營
運作業的改善，帶給顧客更好的成果。

　　這些管理辦法可以協助組織大幅改善製造和服
務流程的品質、成本以及週期時間。許多利用BSC
去落實策略的組織，也都無可避免地會在管理辦法
中結合自己的BSC系統，這些管理辦法往往內含上
述可能一個或多個管理原理。也有些組織搞不清楚
這些專案計畫的角色關係，更不知道該如何統合它
們，尤其是如果公司原本就採行了某種管理辦法。

　　有了總公司專案計畫的領導，BSC可以有效結
合一或多種這類辦法，所建立的優勢絕對超過各辦
法單打獨鬥的結果。BSC會將組織通用的規則輸入

各種管理辦法當中，給它一個策略性的背景架構，使它能全面融入整個管理系統。 BSC 的因果關聯（cause-and-effect links）有助突顯這些專案計畫所找到的流程改造和行動方案，它們都可以為組織的策略成就帶來重大影響。

個案研究：東京三菱銀行（美洲總部）

東京三菱銀行（Bank of Tokyo-Mitsubishi； BTM）是全球最大的銀行之一，它位在紐約的美洲總部（HQA）專門管理 BTM 北美洲和南美洲的銀行批發業務。二〇〇一年，HQA 引進平衡計分卡管理計畫，目的是要為各層級釐清和溝通策略內容，增加責任分工（accountability）、改善合作品質，以及降低風險。

圖 4-1 的策略地圖顯現 HQA 的三大策略主旨：增加營收、管理風險和強化生產力。而其中「風險管理主旨」為總公司的管理角色──管理共同企業流程，創造企業衍生價值，做了最出色的示範。

美洲地區的 BTM 重心是批發銀行業務，它在那裡共有十二家分行，十一家子公司、兩間申貸辦事處以及四間代表辦事處。但在這個基層組織之上，

圖 4-1 東京三菱銀行

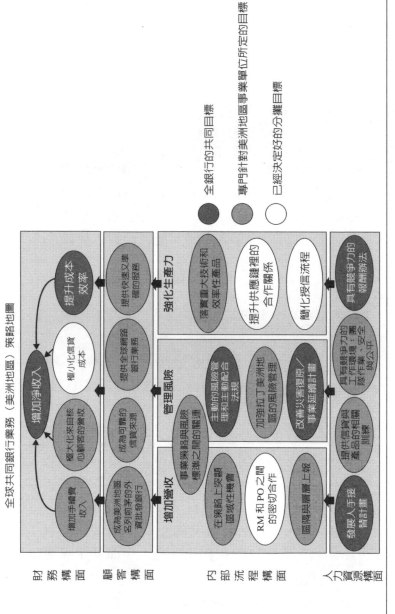

全球共同銀行業務（美洲地區）策略地圖

RM：關係經理，PO：產品經理

資料來源：摘自於柯普朗（R.S. Kaplan）和諾頓（D.P. Norton）的
《策略地圖》（Strategy Maps: Converting Intangible Assets into Tangible Outcome）（Boston: Harvard Business School Press, 2004），圖 1-4

還有四家獨立經營的事業單位（全球共同銀行業務、投資銀行業務、財務和銀行管理中心），全都得直接向東京的所屬部門報告。這麼複雜的組織自然有許多溝通問題，尤其是風險管理部分。像業務促銷小組和授信小組就常常出現緊張關係。而「集權化vs.地方分處自治」，以及「外派人員vs.在地員工」，也都是責任分工制的各種難題。

　　策略地圖架構要求BTM由上至下地為組織所有階層訂定策略。此舉使BTM更容易找出與策略執行有關的風險。

　　為了提前預防策略執行時可能遇到的風險，BTM銀行上下全面引進「COSO基礎風險」（COSO-based risk）和內控自我評估（control self-assessment；CSA）這類由美國著名的COSO委員會（Committee of Sponsoring Organization of Treadway Commission；COSO）所發展的風險管理架構。而這套辦法在策略地圖上是以「主動的風險管理和主動配合法規」這幾個字來代表，它被拿來當成是全銀行的共同目標。

　　誠如圖4-2所示，CSA會落實在組織基層裡。這種自我評估的依據前提是：企業應該要比外面從事風險審核的團體更了解自己的風險。而CSA制度

實施後的成果會被加總放進兩個總公司層級的平衡計分卡量度裡：

（1） 事業群找到的問題共占多少比例（期望指標是50％）。這個量度強調的是在所有找到的風險中（包括公司內、外的審核者和管制者所找到的問題），有多少比例是靠COSO自我評估機制找到。這個量度會產生立即效應，使事業群會主動找出以前忽略或視而不見的風險。

（2） 在這段期間被解決掉的問題占了多少比例（期望指標是100％）。每月一次的量度檢討，可加快風險解決的速度。

由於HQA的策略地圖和平衡計分卡是從總公司層層串聯到事業單位，因此可以為它的企業價值主張界定一個要素；發展一套共同的風險管理流程辦法，結合平衡計分卡上的量度，大幅降低企業風險，保障股東價值。

靠價值鏈統合達成綜效

其實，每家組織都只是一個大型競爭（或合作）

圖 4-2　BTM/HQA 風險管理流程的層層串聯和管理方式

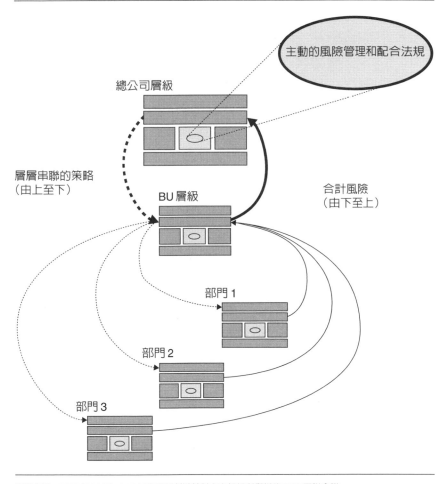

資料來源：2002 年 12 月 11-13 日在麻州劍橋針對東京銀行所舉辦的 BSC 團隊會議。

環境下的一部分而已，在那個環境底下，顧客會把
某事業體的產品或服務拿來和其他供應商的產品或
服務結合，以實現某種更高層次的價值主張。

　　舉例來說，消費者買新車的時候，通常也需要
辦汽車貸款。汽車製造商可以單賣汽車，要顧客自
己去找貸款，或者也可以成立新的事業群，專辦汽
車貸款生意。除此之外，顧客買了新車之後，也得
保養和維修。同樣，製造商可以選擇讓顧客自己去
找認識的保養廠，抑或它可以成立新的事業群，提
供訓練有素的技師為顧客保養維修新車。

　　這兩種行業——汽車貸款和汽車的維修保養，
都能為製造商製造以下商機：拓展顧客關係、增加
它在顧客汽車支出費用上的占有率、提升顧客第二
次向它購買新車的可能機率。而這家製造商只要成
立這些新的事業群，就能提供誘人的顧客價值主張
——也就是一次購足的全方位服務。

　　許多產業也都能為企業組織提供同樣機會，使
它們的觸角遍及顧客價值鏈裡的各種相關領域。譬
如，IBM當初只是一家產品商，只看重電腦硬體和
軟體，後來因為增設了諮詢服務事業部，而將觸角
伸向顧客價值鏈的前端。這個部門專門為顧客設計
各種解決方案——而這些方案自然也包含IBM公司

本身的產品。IBM更在顧客價值鏈的後端增設另一個事業部：專做委外服務，負責操作和維修顧客的電腦系統。

布朗魯特工程服務公司（Brown & Root Engineering Services）也因為把六家獨立的利潤中心（工程、採購、營建、組裝、營運支援和供應）合而為一家統合性的服務單位，而創造出新的顧客價值主張。它為顧客提供一次購足的全方位服務，再加上它的超高作業效率，可以為顧客節省相當可觀的成本。

這種價值鏈統合作業的成功與否，得看總公司夠不夠主動。先前所提到的每家利潤中心，原本都很滿意既有的市場、顧客和服務，但新策略卻要求統合各家利潤中心的作業。舉例來說，汽車製造商必須調整自己的銷售流程，才能在顧客購買新車時，同時做到交叉銷售汽車貸款和維修服務的目的。IBM必須創造一套客戶管理流程，才能面面俱到所有層面的服務。而布朗魯特公司旗下的事業體也必須學會以團隊之姿進軍市場，不再各做各的。不管怎麼說，這種由上而下的共同優先要務會要求所有SBU擴大自身的作業範圍，以利配合總公司策略。

　　圖4-3出示了價值鏈統合策略下常見的總公司價值主張以及典型的計分卡。這裡的財務目標強調的是「在共同策略下跨越事業疆界所得到的成果」。每個SBU都可能有一個新的營收目標，它們得靠交叉銷售其他單位的服務或推銷統合性服務來達到這個目標。同理，它們也會因為某些作業活動是共同進行的，而被要求降低成本。比如汽車製造商可能會要求汽車服務廠與經銷商的業務代表一起合作，刺激買氣。

　　留住舊顧客所花的成本顯然低於爭取新顧客所花的成本。總公司計分卡的顧客構面則說明了新的統合性策略為顧客所帶來的好處，包括一次購足的全方位服務和成本的降低。要知道這些好處有沒有奏效，只要看顧客關係的拓展廣度、顧客關係的時間長度、顧客支出占有率、服務被使用的次數以及因共同服務或統合性服務所降低的成本多寡，即可得知。

　　內部流程構面側重的是新的企業流程，因為它們需要靠這套流程去支援跨事業性策略，這裡頭可能包括橫跨各事業單位的訂購流程、客戶的統合管理、交叉銷售、行銷以及新服務的研發。

　　學習與成長構面則強調新作為和新職能（com-

petencies），這些都是跨事業性策略迫切需要的東
西。最典型的問題包括你需要提升這種跨事業性服
務的知名度、如何增加對產品線的知識、強化團隊
作業、怎樣增加共同誘因等。

　　圖4-3所呈現的企業價值主張和計分卡，清楚
界定出價值鏈統合性策略所需要的幾種跨事業性目
標。這些共同目標會被層層串聯給SBU，再轉化成
策略裡的共同目標。

個案研究：馬里歐渡假俱樂部

　　馬里歐（Marriott）這三個字代表的是一流的飯
店和渡假村。除了馬里歐本身的旗艦店之外，光是
母公司本身就擁有文藝復興酒店（Renaissance）、可
蒂亞飯店（Courtyard）、菲爾飛德客棧（Fairfield
Inn）和麗池卡登酒店（Ritz-Carlton）。它為旅宿常
客所舉辦的馬里歐酬賓活動（Marriott Rewards），
更是業界裡的一大盛事。

　　一九八四年，馬里歐因為收購了美國渡假集團
（American Resorts Group）而開始做起「分時渡假」
（time-share）的生意。所謂分時渡假是讓顧客買下
一定時段的產品使用權，通常是一個禮拜。這個辦

圖 4-3 策略架構：價值鏈的統合

綜效	企業價值主張	典型的計分卡量度
財務	清楚界定價值鏈統合下所必須達成的跨事業營收成長和生產力目標	・統合性服務所產生的營收百分比 ・生命週期成本降低
顧客	清楚界定在 SBU 的統合服務下所能做到的新顧客價值主張	・顧客關係的時間長度 ・被用到的價值鏈服務（數量和比例） ・顧客支出占有率
內部流程	清楚界定全新流程，以利各種 SBU 作業活動的無隙縫統合	・訂單管理——生產力 ・顧客管理——效能 ・關鍵性流程的週期時間
學習與成長	清楚界定統合價值鏈所必須有的知識、系統和文化	・和跨事業有關的知識 ・團隊作業 ・共同誘因

法吸引了許多想到外地租屋渡假，但又想圖個方便
的個人與家庭。而它也讓一個一九八四年仍然羽毛
未豐的產業在短短二十年間出現兩位數的成長。今
天馬里歐渡假俱樂部旗下總共有四個品牌：馬里歐
國際渡假俱樂部（MVC International；MVCI）、地
平線（Horizons）、華宅俱樂部（Grand Residence
Club）和麗池卡登俱樂部（The Ritz Carlton Club），
而每個品牌都有不同的市場區隔。二○○三年的集
團營收大約是十二億美元，它每年都會新闢三到五
座渡假勝地，以維繫公司的兩位數成長目標。

　　MVCI的空前成功也不是那麼一無阻礙的。誠
如圖4-4所示，它整個核心經濟體是由四個不同的
事業單位所組成，而這些事業單位在旅遊產業的價
值鏈裡比鄰相接，各自占有一席之地。土地開發、
建築和營造部負責挑選地點，取得許可證和所有
權，然後設計和建造渡假村。業務行銷部負責向終
端顧客販售渡假村的股份。抵押銀行部則在背後支
援銷售流程，為顧客提供融資貸款。而蓋好的渡假
村最後會交給渡假村管理部經營，由他們全權負責
顧客服務事宜。

　　雖然這四個部門明顯地缺一不可，但各自的文
化和競爭力卻差異頗大。長久下來，這四個部門在

工作上各唱各的調，各做各的事，彼此間的互動極
為有限。舉例來說，如果開發部門遇到問題或作業
有所耽擱，它絕不會對外聲張。結果業務行銷部以
為產品即將完成，於是開始規劃行銷活動，鎖定顧
客、推銷產品。而營運部門也以為產品即將完成，
於是從世界各地延攬專業團隊。價值鏈是環環相扣
的，一點小問題往往滾雪球似地變成大問題。顯然
MVCI因為未能統合價值鏈而錯失了創造綜效和價
值的大好機會。

　　羅依‧巴恩斯（Roy Barnes）在飯店業有二十
年的資深經驗，他被MVCI延攬進來，並負責要解
決這個問題。巴恩斯在公司的職稱──「策略管理
及顧客策略資深副總裁」，也清楚說明了他的職責所
在：他得協助改變MVCI，把原本一味向前衝的創
業哲學導引成策略管理的哲學。巴恩斯的目標是要
重整這家公司，撤掉各自為政的四個部門，建立一
套和企業策略有密切關係的整合性企業流程。他選
擇平衡計分卡作為這場改造行動的背後支援架構。

　　圖4-5呈現了MVCI的總公司層級策略地圖，
這套策略地圖是以整體角度去說明公司的策略。它
反映出全組織的心態必須改變，不能再以各自的功
能角度去看待眼前的生意，要改從整體角度出發。

圖 4-4　馬里歐國際渡假俱樂部的產業價值鏈

關鍵性企業流程

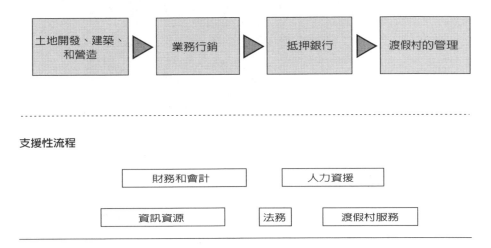

支援性流程

這份地圖也為該組織基層的團隊作為定出了目標。

　　圖 4-6 顯示出企業的策略地圖和平衡計分卡一旦完成後，又該用什麼方法透過組織的四個層級往下串聯：從 MVCI 企業層面下達到各事業群，再從各事業群下達到價值鏈裡的四大部門（這被稱為「關鍵性企業流程」），然後下達到各區域，最後下達各渡假村。每一個層級都要配合上級策略整合自己的策略。

圖 4-5 MVCI 的企業策略地圖

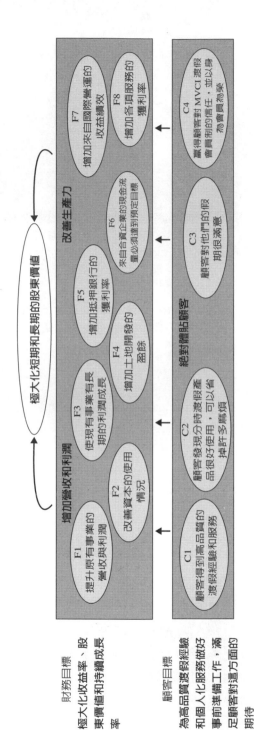

極大化短期和長期的股東價值

增加營收和利潤

改善生產力

| F1 提升原有事業的營收與利潤 | F2 改善資本的使用情況 | F3 使現有事業有長期的利潤與成長 | F4 增加土地開發的盈餘 | F5 增加抵押銀行的獲利率 | F6 來自合資企業的現金流量必須達到預定目標 | F7 增加來自國際營運的收益績效 | F8 增加各項服務的獲利率 |

絕對體貼顧客

| C1 顧客得到高品質的渡假經驗和渡假服務 | C2 顧客發現分時渡假產品很好使用，可以省掉許多麻煩 | C3 顧客對他們的渡假期很滿意 | C4 贏得顧客對 MVCI 渡假會員制的信任，並以身為會員為榮 |

財務目標

極大化收益率、股東價值和持續成長率

顧客目標

為高品質渡假經驗和個人化服務做好事前準備工作、滿足顧客對這方面的期待

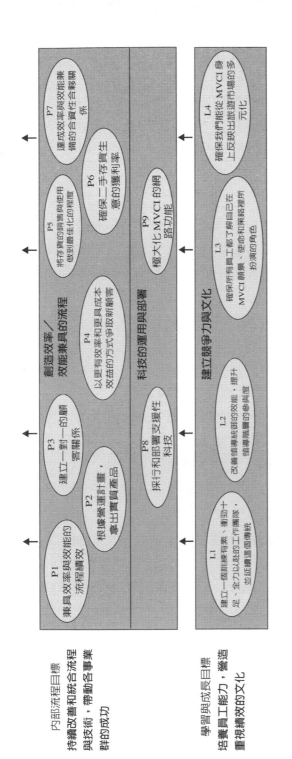

內部流程目標
持續改善和統合流程
與技術，帶動各事業
群的成功

學習與成長目標
培養員工能力，營造
重視績效的文化

創造效率／效能兼具的流程

P1
兼具效率與效能的流程績效

P2
根據營運這言計畫，拿出實質產品

P3
建立一對一的顧客關係

P4
以更有效率和更具成本效益的方式爭取新顧客

P5
將存貨的銷售與使用做到最佳化的程度

P6
確保二手存貨率意的獲利率

P7
達成效率與資產性合夥關係備的合資

科技的運用與部署

P8
採行和部署支援性科技

P9
極大化 MVCI 的網路功能

建立競爭力與文化

L1
建立一個訓練有素、衝勁十足、全力以赴的工作團隊並延續這個傳統

L2
改善領導統御的效能，提升領導階層的參與度

L3
確保所有員工都了解自己在 MVCI 願景、使命和策略裡所扮演的角色

L4
確保我們能從 MVCI 身上反映出旅遊市場的多元化

資料來源：2004 年 5 月 11-13 日芝加哥平衡計分卡團隊會議資料，由 MVCI 羅依‧巴恩斯提供。

　　雖然策略地圖和平衡計分卡給了巴恩斯所要的工具，但他還是得有套長期執行流程，才能造成行為改變。他的改革辦法是根據下列五個步驟：

（1）　**大力推銷BSC概念**。會見組織各層面的企業幹部，向他們親自推銷這個新策略以及用來管理這套策略的平衡計分卡架構。

（2）　**將BSC連結上其他統籌管理流程**。將BSC合併到策略發展、規劃、預算編列、目標制定、績效評鑑和策略調整的每年例行作業中。

（3）　**傳達BSC策略，找出目標觀眾群**。決定適當的訊息和傳播管道，每種訊息至少得用七種不同方法傳達七遍。

（4）　**將BSC與報酬辦法連結起來**。連結個人誘因與平衡計分卡。

（5）　**保持對BSC的聚焦**。利用BSC去監控績效成果和管理總公司的待議事項，以確保企業策略持續受到主管的重視。

　　MVCI總共花了一年多的時間才將新的管理辦法完全落實，但這種努力是有回報的。現在，MVCI每一個單位都很了解前面作業單位的關鍵角

色，所以會幫忙監督那個單位的現況。也因此，當開發部門遇到麻煩時，其他部門都會有警覺，馬上視狀況調整自己的作業。光是價值鏈作業協調的改善，就讓MVCI節省了數百萬美元。總公司的價值鏈統合策略正在爲它創造可觀的綜效成果。

槓桿運用無形資產所得到的綜效

　　任何企業，不管多角化經營到什麼程度，都可以靠妥善運用領導人才和開發人力資本來創造企業衍生價值。在這個以知識爲主的全球經濟體裡，像人力資本這種無形資產，幾乎代表了百分之八十的組織價值。把無形資產轉化成具體成果，這對多數組織來說無疑是一種相當新穎的思考方式。精通這套流程的人，一般來說都具有人力資源組織的背景，他們知道怎麼創造紮實的競爭優勢。

　　由於每家組織都需要培養人才和領導人，甚至必須打造某種組織氛圍，因此可以靠企業價值主張去建立一種有效的流程，以利這類人力資本資產的發展。這種流程會跨越各SBU的疆界，因爲它在意的不是各SBU的絕活何在。

　　舉例來說，每個SBU的競爭力各不相同，但培

圖 4-6 MVCI 企業計分卡的層層串聯

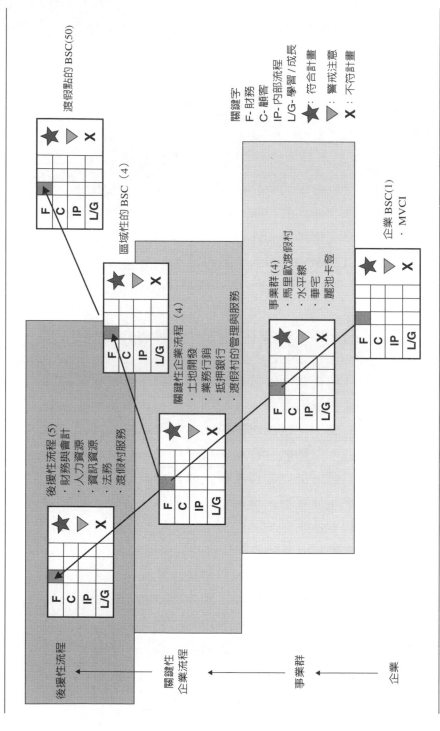

資料來源：2004 年 5 月 11-13 日芝加哥平衡計分卡團隊會議資料，由 MVCI 的羅依．巴恩斯提供。

養和整合這些競爭力的流程卻完全一樣。總公司會
動員以下三種流程，為投資組合下的SBU培養人力
和組織資本：一、領導人才的培養和組織的發展，
二、人力資本的開發，以及三、知識的分享。

■ 領導人才的培養和組織的發展

　　現代的人力資源組織常被要求要負責培育領導
人才，幫忙打造組織文化。雖然這種事情很難量
化，但好的領導和組織文化本來就是策略之所以能
出奇制勝的基本條件。培養這些資產的最大目的是
為了保障這些資產能充分配合企業策略的腳步。領
導人必須了解他們動員組織所依循的策略是什麼，
他們必須創造出對此策略有幫助的價值。這裡的企
業價值主張就是要確保領導階層和組織文化能完全
配合策略要求整合步調。

　　若說到有哪家公司打從一開始就沒充分利用企
業價值主張去培育領導人才和人力資本，何不看看
全球化學公司（Global Chemical, Inc.；GCI）旗下
的一個策略性事業單位裡，它的人力資源組織如何
進行審核作業（請參考圖4-7）。我們這裡要評估的
是這家組織的改革議題，亦即這個SBU在新策略下
所要求的七種作為。該圖的中間欄位代表SBU針對

員工培育計畫所推廣的整套文化價值。雖然該SBU
的策略要求捨棄原來產品導向做法，改用為顧客提
供諮詢、對策的做法，但在「價值追求」的那個欄
位上，卻對「以顧客為重心」這件事隻字未提。

　　同樣地，該SBU的策略要求必須發展卓越的區
域性中心。雖然這種專業化可以帶來可觀的利益，
但前提是全球各地的團隊作業要達到一定的水準。
該SBU的人力資源組織卻未在「價值追求」的欄位
上針對「團隊作業」議題做任何解釋。換言之，該
組織雖然配合策略性改革做了文化上的調整，但量
度指數只有百分之七十。

　　圖4-7最右邊欄位呈現的是該SBU用來培育領
導幹部的領導模式。同樣地，它的人力資源組織並
未在「以顧客為重心」和「團隊作業」這兩個議題
上做任何闡述。從這套審核作業中，我們看到了領
導統御和組織發展計畫所出現的缺口，這個結果勢
必造成SBU計畫的重新修正。因此必須靠總公司主
動改善SBU，才能讓它真正得到這些重要無形資產
所帶來的策略性好處。

■ 人力資本的開發

　　企業可以靠改善事業單位的人力資本開發作業

圖 4-7 GCI 公司：配合策略，整合領導與文化

該策略所要求的新作為	GCI 的組織改革議題	GCI 的價值追球 ?	整合指數	GCI 的領導模式 ?	整合指數
1. 以顧客為重心	顧客視 GCI 為博學多聞的合夥人，很了解他們的生意	?	○	?	○
2. 創新	肯接受新觀念、勇於實驗，肯嘗試某種程度的冒險，這種文化將繼續延續下去	為加速決策形成，我們非常重視對員工的授權	●	我們的領導人會看出改革的需求和機會當點；他們會克服舊有思維	●
3. 實現成果	建立一個有基本知名度，講究成本效益與效率的文化	我們對成果的追求，是以企業成就為主	●	我們的領導人要求展現最大的競爭力；他們會全力提供必要資源	●
4. 了解策略	強化全球的企業識別	我們會清楚傳達策略和目標	◖	我們的領導人將公司策略轉化成組織某部分的願景	◖
5. 負起責任	授權員工，力行責任分工	我們希望有清楚的責任分工和個人目標	●	我們的領導人會制定清楚的目標和排定行動的優先順序	◖
6. 公開溝通	確保各功能部門和各地區的知識交流	我們贊成公開交換意見	◖	當其他人有別的想法和觀感時，我們的領導人會前心傾聽、	◖
7. 團隊作業	跨越各駐點和各種文化的疆界，積極管理企業流程	?	○	?	○
			70%		70%

關鍵 ● 整合良好　◖ 部分整合　○ 毫無整合

來創造企業衍生價值。即便橫跨不同產業的高度多角化經營企業，也能因爲幫旗下各分公司有效經營勞力市場而創造價值。

　　讓我們看看像印度Tata集團這類公司的例子。開發中國家的教育制度往往無法培育出眞正好的基礎技術人才。這些國家裡的大型複合式企業才有足夠的錢投資員工的教育和訓練計畫，而員工的技術升級也等於爲公司帶來實質的利益。但在已經開發的國家和流動性較大的勞動市場裡，受過公司訓練的員工如果發現薪水沒有跟著水漲船高，極有可能跳槽到競爭對手那裡。有某控股公司非常積極管理公司內部的勞動市場，它的總公司平衡計分卡就不會忘記放進「幹部輪調」和「主管升等」這類議題。

　　像奇異這類多角化經營的大型企業，都會爲各事業單位員工提供絕佳的事業發展機會。奇異的前任學習執行長史帝夫・凱爾（Steve Kerr）曾提到奇異旗下有許多產品線和分區辦公室，可以提供機會讓潛力十足的年輕主管到各小型單位接受磨練──因爲這種小型單位的成敗頂多影響奇異年度營收的少許零頭而已。奇異會匯整這些經理人在小型事業單位的績效表現，再從中評估，找出值得升等和培

養的經理人，然後派他去管位在他國的奇異分公司。等到這些經理人累積了二十多年的資歷之後，便等於有了一群現成的核心領導幹部，可以爲奇異分擔大型產品部門和區域部門的責任。

　　總公司的學習與成長目標關係到最佳人才的延攬、內部訓練與進修教育的規劃和執行、爲公司裡新崛起的明日之星安排各種事業發展機會，以及各分公司之間最佳實務的分享。

　　這其中最精采的莫過於對策略性職能（strategic competencies）的不斷強調。許多組織都是靠學習執行長（CLO）這個角色去完成這個目標。策略性職能指的是員工在支援和執行某策略時必須具備的技術與知識。企業對員工的學習與發展不吝投資，才是永續改革的眞正起點。對以知識爲基礎的組織來說，能不能改善企業流程，實踐顧客價值主張，這得看員工有無能力和意願改變自己的行爲，以及他們能否將自己的專業知識運用在策略上。

　　因此，想保證自己的策略一定馬到成功的組織，勢必得先了解必要的「人力職能」是什麼。它得先評估目前的策略性職能水準如何，再妥善研擬出可塡補職能缺口的專案計畫。

　　儘管職能發展計畫不算什麼新點子，但把這類

計畫和策略綁在一起（靠平衡計分卡就可能辦到）
卻是很新的點子。最近幾年，組織已經開始著手界
定「策略性工作群組」（strategic job families）或
「職能群組」（competency cluster），它們都和特定的
策略性流程有關。組織只有先確認相關的策略性工
作群組，才能保證職能的發展方向是正確的，因為
只有擁有正確的職能才能加速實現策略成果。總部
設在舊金山的威廉索諾馬公司（Williams-
Sonoma），它的資深人力資源副總裁布朗森（John
Bronson）一向強調對策略性工作群組的確實了解與
管理。根據他的估算，在公司的所有工作群組當
中，只有五個工作群組足以影響公司百分之八十的
策略成果。（平均而言，在中型到大型的公司裡
頭，大約只有百分之十的工作群組是屬於策略性工
作群組。）

　　要填補策略性職能的缺口，其實有很多方法：
人才的延攬、訓練、事業規劃和委外皆是。但該如
何正確運用這些方法，得看策略的時間表而定，也
得看現有的人才庫夠不夠用。

　　瑞典的傢俱製造商金納普公司（Kinnarps）曾
利用它的平衡計分卡，為員工整合職能培養計畫，
以利策略執行。這家公司內部的訓練單位金納普學

會（Kinnarps Academy）是先分析各員工的職能，再拿分析結果和該策略所要求的工作職能相比較，接著幫員工規劃客製化的職能培養課程，協助他們取得所需技術，完成該公司的策略目標。

　　金納普學會的主任說，有了 BSC，該學會在職能培養計畫上就能更主動出擊，完全以目標為導向。金納普利用某套 IT 程式去追蹤職能培養計畫的投資效果，這套程式不僅能分析出策略所需的技術，還能從財務角度去追蹤某員工的職能對公司而言究竟是得還是失。因此你也可以財務效應的層面去了解填補職能缺口的這個動作有多重要。

■ 知識的分享

　　所有企業都能因組織內部的知識分享而受惠良多。即便是目標顧客群和價值主張完全不同的事業單位，也能共同使用類似流程或甚至同樣的流程：譬如薪資的給付、每月的財務報表、人員聘雇、年度員工績效評估、採購、廠商評選，以及付款、送貨、收貨和計畫表等。

　　分享共同流程裡的資訊，可以讓企業比較有機會找到對所有事業單位來說執行效率最好的最佳實務作業。這種最佳實務作業的經驗取得與分享，在

時間上絕對快過於各分公司靠定期標竿研究所得來的結論，而且成本更低。拿知識分享這件事來說，愈大型和愈多角化經營的企業，就愈有機會從知識的分享當中找到創新流程，再槓桿運用到各事業單位身上。

從很多例子來看，知識的取得與轉移已經交由知識執行長（CKO）這個職務來負責，而這是一個很新的職務。雖然最佳實務作業管理的領域已經成熟，但如何把最佳實務作業和策略性成果結合在一起，仍有待我們了解。最佳實務的傳統運用辦法，一般來說都是和策略完全分開的。但現在我們看見許多組織利用BSC回報功能去找出公司裡頭能力好、績效佳的團隊、部門或單位，然後設法了解造成此績效背後的成因，再於組織內部散播此資訊，達到教育和訓練其他人的目的，讓其他人知道如何改善自己的績效。

頂尖城堡國際公司（Crown Castle International；CCI）的知識管理系統「CCL-Link」是一個全方位的資料庫，公司所有最佳實務作業都在它的收藏裡。這套知識管理工具可以為這家極度分權化的全球公司匯整所有的績效資料，並公開分享給各單位。

CCI利用BSC在策略性績效量度上爲旗下五十家分公司訂定標竿。這種「標竿分析法」（bench-marking）能協助主管找到公司內部成效最佳的策略流程和實務作業，然後再靠這些流程和實務作業去訓練其他領域的員工，使他們也有好的績效水準。CCI對內部最佳實務的重視，使它們得以吸取所學教訓，統合組織上下的策略、計分卡、流程改革和訓練活動。

　　CCI的知識管理實務作業對於整合和經營效率有很大的助益，尤其是在面臨裁員問題的期間。CCI-Links的核心架構是各地通用的。每個地區都能列出這些傳統功能，譬如財務、資產，和人力資本，只不過內容很在地化。經理人可以靠精密的分析去抓出這些不同地區的差異性，了解這其中績效有別的根本原因。

■ 人力資本的未來

　　建立企業的人力資本和組織資本，人人有責。儘管如此，一般人還是認定人力資源組織應該肩負起領導的角色。我們的經驗指出，如果這些流程可以和策略結合，企業的人力資本價值就會大幅增加。我們曾在別的文獻中提過，策略整合和「策略

整備度」（strategic readiness）的衡量可以幫忙人資
主管管理這些流程。策略地圖則提供另一套工具，
可以配合策略整合人力資本。

　　顯然管理人力資本的這門技術正在崛起當中。
要活用這套技術，得靠全新的管理流程。根據平衡
計分卡團隊和美國人力資源管理協會（the Society
for Human Resource Management）的調查指出，雖
然有高達百分之四十三的人力資源組織會派出代
表，協助事業單位管理自己的人力資源關係，但只
有百分之十九會確實將自己的策略計畫和組織的策
略性計畫加以統合。相信這些新流程的發展勢必能
增加組織的無形資產價值。

個案研究： IBM 的學習經驗

　　長久以來，IBM 的員工素質、領導品質和公司
文化一向是 IBM 之所以能傲視群倫的原因，也是它
成功的立基所在。走過一九六〇、七〇，以及八〇
年代的 IBM 員工，已經在企業界創造出前所未有的
成功經驗。隨著新科技的演變，他們結合領導統御
與有力的行銷業務流程，建立起所向無敵的顧客忠
誠度。 IBM 一向不吝於投資開發員工的職能和領導

才能，這也是它之所以成功的眞正原因。

　　但這種成功卻在一九九○年代突然劃下句點。儘管IBM旗下的實驗室仍然不斷爲未來研發新科技，但企業本身卻無力改變它傳統的事業模式。IBM的強勢文化原本是它的最大資產之一，現在卻成了一種包袱，不願讓IBM在這個快速變遷的產業裡有任何改革的機會。一九九○年代初期，IBM的損失超過一百六十億美元。很多人都認定這家公司一定會分崩離析，最後落得脫手求售。

　　當時被IBM延聘來的最高執行長葛斯納（Lou Gerstner）卻不這麼認爲。他相信顧客要的是一家可以統合各方資訊科技的公司，而IBM就是最好的統合者。歷史證明他的眼光是對的。二○○○年的IBM再度重回產業龍頭的寶座。如今在帕米沙諾（Sam Palmisano）的領導下，全新的IBM仍然在進步中。即便到了今天，領導、文化和員工學習仍是IBM的策略重心。

　　二○○一年五月，霍夫曼（Ted Hoff）加入IBM擔任學習副總裁，協助開發這些無形資產。同時身爲IBM學習執行長的霍夫曼必須負責公司內部的學習性計畫，其中包括管理訓練、員工職務指南、技術人員和業務人員訓練，以及科技學習。他

成了IBM高階領導團隊和全球人力資源領導團隊的
成員之一。

　　霍夫曼甫到任便發現IBM仍然熱衷於員工的學
習，在這方面的投資從來不手軟，每年支出高達十
億美元。但儘管投資可觀，但部門經理卻不知道自
己的錢是怎麼花的，也不知道成效如何。學習對他
們來說是「人力資源部在管的事」。公司沒有任何策
略性規劃流程可以將學習和事業統合在一起。學習
不被當成是事業成功或組織成功的主要驅動因素。
而霍夫曼的責任就是去改變這個觀念。

　　IBM配合策略整合投資十億美元的學習計畫，
它的辦法就摘要在圖4-8裡。誠如圖左邊欄位所
示，IBM有一套清楚的策略制定流程和一套領導導
向執行辦法。至於右邊欄位則列出這些有利於策略
的學習投資金額。IBM過去一直沒有有效的對策來
確保這些投資的確實整合，而中間欄位所出現的事
業單位策略地圖正好可以彌補這個缺憾。事業策略
會被轉化為策略地圖，這個步驟可以促使學習性組
織將投資焦點擺在策略性優先要務上。

　　IBM發展出一個「五步驟式的策略性學習規劃
辦法」（five-step Strategic Learning Planning
approach），然後運用在各大事業單位身上。但在開

始這套流程之前，一定得先和部門經理建立穩固的合夥關係。霍夫曼會從他的組織指派一名「學習領袖」前往各單位。這個人的角色是整合者，他必須一、先了解各BU的策略；二、然後再發展一套適當的學習策略：

步驟（1）**了解和確認企業的優先要務**。學習領袖必須負責BU策略的研究與分析。他的參考來源很多，包括策略文件、市場資訊、預算、營運計畫、網路，甚至直接找BU討論都可以。學習領袖為了貫徹自己的使命，會找其他後援團隊如人力資源、財務和策略團隊等合作。

步驟（2）**將企業優先要務轉化為策略地圖**。學習領袖會根據研究和討論結果，草擬出一份BU的策略地圖。這份草案可確認一些特定議題、目標和策略性主題。學習領袖會等主管複審之後，才確定最後的策略地圖。主管的複審作業可以幫忙找出學習專案所應側重的關鍵領域。至此，策略地圖才算生效。

步驟（3）**確認企業量度**。接著從策略地圖中找出平衡計分卡的量度與指標。學習領袖會利用這個流程去教育客戶有關無形資產和有形事業成果之

圖 4-8 IBM 事業單位的策略性學習整合

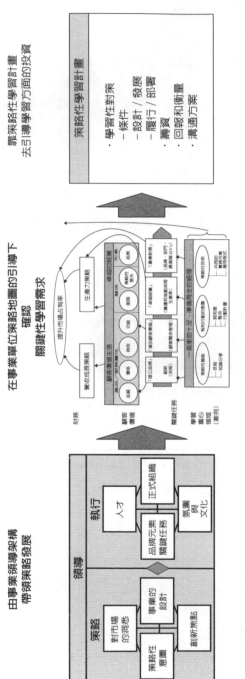

由事業領導架構
帶領策略發展

在事業單位策略地圖的引導下
確認
關鍵性學習需求

靠策略性學習計畫
去引導學習方面的投資

策略性學習計畫

- 學習性對策
  - 條件
  - 設計／發展
  - 履行／部署
  - 籌資
- 回報和衡量
- 溝通方案

發展學習性計畫的各個步驟

步驟 1	步驟 2	步驟 3	步驟 4	步驟 5
了解和確認企業優先要務	將企業優先要務轉化為策略地圖	確認企業量度	確認和排定學習性對策的優先順序	發展和執行策略性學習計畫

和各事業單位建立合夥關係

間的關係。

步驟（4）**找出學習性對策**，訂出其中的優先順序。這套規劃流程的高潮在於發展一套可以支援策略的學習性對策。圖4-9呈現出可能對策的整合，目的是要促成關鍵性企業任務確實被執行。每一項計畫的BU發起人是誰都要確認。至於那些非學習性領域裡的對策（譬如氛圍和獎勵誘因），也需要一一找出來，才能和人力資源主管和基層主管進行後續討論。每一項可能對策的研發成本和部署成本都要精算出來，再根據計分卡量度上的預估效應為它們做投資排名。這份名單可作為BU支援性計畫在做架構時的最後參考。

步驟（5）**發展和落實策略性學習計畫**。步驟1到步驟4的事業分析與規劃過程會在最後一個步驟的策略性學習計畫中加以固實。為了執行對策，籌資動作不可少。此外還要發展一套溝通方案去支援這套計畫的部署，並針對它做出一套進度衡量、回報和檢討的流程。

透過策略地圖和平衡計分卡的運用，IBM的學習投資現在得以和企業目標在「同在一個視線」裡進行整合。這套辦法讓IBM組織的整合有了實質改

圖 4-9 IBM：配合事業合夥人，整合績效對策

策略性主旨	關鍵性任務	企業量度	企業量度指標	可能的學習性對策	預估成本	優先順序
	鎖定明確的實用辦法和顧客成長機會	新產品的到位	較前年度同期有 20% 的成長	- 結合訓練課程、新產品（ e 化學習），和為期三天的機會工作營。 - 將顧客模組放進銷售學校的課程	- e 化學習模組：10 萬美元；工作營的設計與研擬：5 萬美元；平均一個人的研發與部署成本是 500 美元 -5 萬美元、不含額外研發成本	2 4
「建立品牌」	和基層辦公室共同合作，帶動銷售	營收	增加 16%	- 在美國、中歐和東南亞進行十五場的流動展覽	-5 萬美元	1
	強化事業合夥人的關係	事業合夥人滿意度衡量	年底前滿意／非常滿意的比例要達到 85%	- 利用網路授課課和全新的指南手冊去訓練地區性銷售代表有關通路行銷行作業事宜 - 獎勵那些在多元顧客作業上績效最佳的員工	- 8 萬美元的研發費用外加一本手冊平均 3 美元的印刷和配發成本 - 非學習性對策	3 不適用

註：管理指標和成本預估值僅供圖解之用

變。誠如霍夫曼所言：「現在我們和這個企業平起平坐。」學習型組織可以參與策略規劃、預算編列、和投資／報酬的討論。必要時，霍夫曼的團隊還可以找高階主管溝通。學習型組織的員工現在對成果也有了該負的責任。最重要的是，IBM正將這種最無形的資產（學習性專案計畫）轉變成最具體的事業成果。

利用共同的策略主旨完成整合

在產品和區域上都採多元化經營的大型組織，總想利用分權化單位所集結起來的規模經濟去達到競爭優勢的目的。這種任務非常艱鉅，因為旗下事業單位得一邊看好自己的市場，解決自己的問題；還得一邊配合其他事業單位的作業，達成總公司對規模經濟的要求。由於這些分權化的事業單位肩負多重任務，所以很難為績效成果和責任分工界定清楚的行動準則。

這一百多年來，不斷往新產品線、新市場和新地域延伸觸角的公司已經試過各種組織架構。我們曾在第二章討論過幾種，其中有依功能、產品、顧客和市場區隔的不同所形成的組織架構，也有依地

理位置不同所搭建的架構。但沒有一個是十全十美的，於是企業界又試了若干新組織形式，包括矩陣型組織、科技型組織、通路型組織、網路型組織和虛擬組織。儘管這些架構和形式都很創新，但還是沒能解決協調、整合和責任分工的問題。

　　許多複合式組織都曾利用總公司層級的策略地圖和平衡計分卡，爲旗下分散各地的事業單位創造整合和統合。一般來說，這兩種計畫可以協助企業統一制定高階層的策略性主旨。這些企業利用的是原來的架構，但又不免認爲這種重新整合各營運單位權力、責任和決策權的修修補補工作，並無法眞正提供他們想見到的企業綜效。與其繼續尋找一個永遠不可能完美的結構，倒不如在總公司計分卡上統一制定策略性主旨，因爲他們相信這些主旨起碼提供了某種資訊性對策，使分權化的單位在顧及自己利益的同時，也不忘爲總公司目標效命。

　　透過策略性主旨整合單位眾多的組織，對公營機關來說尤其重要。公營機關要解決的問題，都是極度複雜和麻煩的問題，包括毒品非法交易、非法移民、無家可歸、貧窮、社會福利依賴現象、青少年懷孕、環境污染、國土安全、犯罪、情報、結構性失業等多種問題。任何一家公營單位、機關或部

會都不可能具備足夠的權限、資源和知識去獨自解決這些問題。

　　此外，若想為解決特定問題而重新整合現有的政府機關與部會，這個工程絕對比民營機構的結構重新整合來得困難，因為這其中的成效不可能當下立見。每個部會或機關都有自己的利害考量，它們的支持者隱身在地方級或國家級的立法機關裡。若是為了有效達成某些任務而試圖調整結構或合併不同機關，通常會碰到很大的阻力。

　　因此政府要想有政績，得利用手邊現有的單位來運作，而這些單位都是在時間的累積下應運而生的。政府的真正挑戰在於如何帶動機關之間的合作──讓擁有不同使命、不同歷史文化，以及不同後援基礎的機關，如何靠集體力量去達成比各機關分散運作還要好的成果。層級不同、權限不同的公家機關，若想真正拿出政績，就得協調彼此的腳步，而別再一意孤行政府官僚作業。

　　從這個角度來看，平衡計分卡倒是一個理想機制，它可以制定統合性高階目標，讓多頭機關共同合作，達成使命。因此我們希望能見到為多元化組織性辦法或策略性主旨所發展出來的公營領域計分卡。它能為來自不同公營機構的代表提供必要的背

景和流程，以利各方的討論與合作。

　　我們會利用三件個案研究來說明當我們統合不同組織單位的作業時，總公司層級的策略性主旨將扮演什麼角色。杜邦工程聚合物公司（DuPont Engineering Polymers）正是民營機構的典型代表，它活用了五種依時間順序排列的策略性主旨。相對於杜邦工程聚合物公司，加拿大皇家騎警（Royal Canadian Mounted Police）則是公營機構的最佳代表，它也是利用五種策略性主旨去整合旗下的跨國、全國、各省和各市的警務單位。至於「華盛頓州鮭魚復育計畫」（Washington State salmon recovery effort）這個專案則可用來說明高階性平衡計分卡的建立會如何整合來自不同部會和政府單位的機關，促使它們共同合作，解決重大的公共政策議題。

個案研究：杜邦工程聚合物

　　杜邦的工程聚合物部門（EP）每年都創造二十五億美元營業額，在全球共有三十家工廠設施和四千五百名員工。EP和許多產品多元化的跨國性組織一樣，曾為了想在八個全球性事業單位和六個共同後援單位裡共同落實一套策略而吃盡苦頭。

EP像許多矩陣式組織一樣，也曾對角色和權責大惑不解。他們發起的行動不是未得到各事業部之間的協調，就是財力不足和人力不夠，以至於最後還是回到老路。EP在還沒採用平衡計分卡之前，曾花了五年的努力才達到每年百分之十的盈餘成長，但主要是靠減少成本和提升生產力這類辦法，因為它每年的營收成長只有百分之二點五。集團副總裁兼總經理內羅（Craig Naylor）知道可以怎麼利用平衡計分卡去整合所有員工、事業單位和共同後援單位，以營收成長為目標去落實共同策略。至於後續的計分卡量度則可提供回饋，持續檢驗策略。

　　這套新策略有一個最高目標：結合生產力的改善和可能的成長機會達成極大化股東價值。生產力的改善則涉及流程功能的持續性改善和階段性改革。此外，公司也希望能為顧客提供更多整合性的產品和服務，藉此製造可能的成長機會。杜邦的EP高階管理團隊根據五個依時間順序排列的策略性主旨，建立一套部門級的平衡計分卡策略地圖，藉此說明各單位要如何整合行動，實現營收成長和成本降低的財務目標。這五個主旨如下所示：

（1）**卓越的經營**：啓動像六標準差和成本縮減之類

　　的流程改善工具，大幅改善生產力。

（2）　**後援與服務**：透過出色的後勤作業爲顧客提供
　　　　有別其他競爭者的差異化服務，進而縮短「訂
　　　　單轉現金週期」（order-to-cash cycle）。

（3）　**產品組合和應用辦法的管理**：將重點擺在利潤
　　　　最高的產品和產品用途上，不斷推出各種新產
　　　　品和新用途。

（4）　**顧客管理**：提供目標顧客群最完善的對策，端
　　　　出品質一流、成本低廉的全套產品，產品供應
　　　　必須不虞匱乏。

（5）　**設計全新的商業模式**：設計全新的方法去接觸
　　　　和服務最終顧客。

　　　　這些主旨的順序是根據成果落實的所需時間來
排定：改善營運流程和後勤作業可以很快看見短期
（九到十五個月）成果。創造產品組合，爲顧客提供
更完善的對策，則得花兩到三年時間。至於與顧客
之間的全新交易模式，從發展到落實，再到開花結
果，恐怕得花掉三到四年時間。

　　　　EP發展了策略地圖，並指派經理人負責這五個
策略性主旨。舉例來說，圖4-10出示了第一個主旨
下的策略地圖：卓越的經營。這個主旨強調你給顧

客的產品必須更好、更快、更便宜。這個主旨的量
度與指標關係到成本、品質、利潤和設備可用性的
改善與否。它的策略性行動措施包括六標準差專案
計畫以及在各事業單位之間分享最佳實務經驗，目
的是要盡量加快整個部門的學習和改善速度。圖4-
11則出示了整個EP的策略地圖，這個策略地圖是
根據順序排列的五個策略性主旨而制定。

　　EP把這五大主旨當成策略的DNA，因為它相
信這種基因密碼會深植在每個事業單位和共同後援
單位裡。EP要求旗下三大區域單位和五個產品線單
位建立自己的計分卡，藉此層層串聯這些策略性主
旨。這些事業單位計分卡會強調如何在各區域和產
品線裡落實這五大主旨，以及各單位在地策略的特
定目標和行動方案。

　　同樣的，全球的功能性單位——製造、資訊技
術、財務、人力資源、行銷和研發等，也都會建好
自己的計分卡，施展卓越的專業技術，協助落實全
球、各區域和各產品線的策略。各事業單位的主旨
內容可能不一樣，但所有事業單位都會根據這五大
主旨建立自己的策略（請參考圖4-12）。這套辦法使
企業更能清楚看見事業單位之間有哪些機會可以發
揮槓桿作用和產生綜效。

圖 4-10 杜邦 EP 的卓越經營主旨：策略地圖、量度與行動

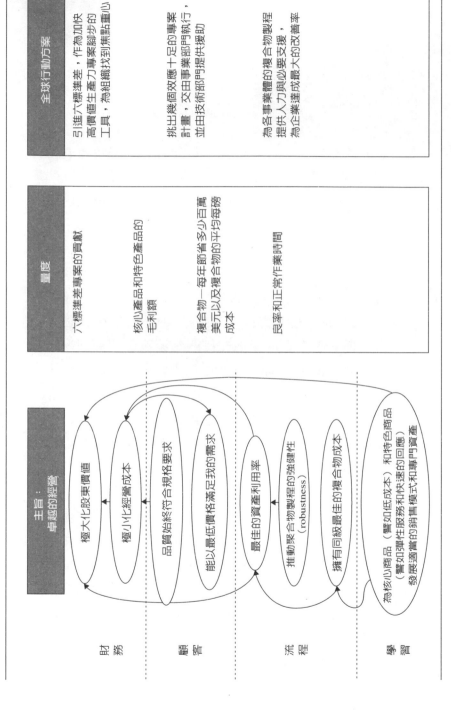

財務

顧客

流程

學習

主旨：
卓越的經營

極大化股東價值

極小化經營成本

品質始終符合規格要求

能以最低價格滿足我的需求

最佳的資產利用率

推動聚合物製程的強健性（robustness）

擁有同級最佳的複合物成本

為核心商品（譬如低成本）和特色商品（譬如彈性服務和快速的回應）
發展適當的銷售模式和專門資產

量度

六標準差專案的貢獻

核心產品和特色產品的毛利額

複合物一每年節省多少百萬美元以反複合物單位的平均每磅成本

良率和正常作業時間

全球行動方案

引進六標準差，作為加快高價值生產力專案腳步的工具，為組織找到焦點重心

挑出幾個效應十足的專案計畫，交由事業部門執行，並由技術部門提供援助

為各事業體的複合物製程提供人力與必要支援，為企業達成最大的改善率

　　請注意，只有少數事業單位必須對五大主旨都
要有貢獻。有些事業單位只需專注兩個主旨。每個
單位在建構自己的策略地圖和平衡計分卡時，都會
說明它將如何為這些主旨盡一己之力，也會說明它
要如何和其他事業單位或後援單位合作，以達到跨
單位的綜效成果。圖4-12的架構能讓EP的資深管
理階層清楚知道各事業單位和共同後援單位的獨特
之處，以及有哪些目標需要在許多單位之間進行對
策的統合。

　　EP也像多數組織一樣會面臨到典型的難問。地
方上的事業單位和員工都希望能有效率地經營自己
的本業，所以很難要求他們把注意力放在與區域性
策略行動有關的整合作業上。為了喚起他們對此的
重視，經理人會從其他正在進行中的專案和行動方
案裡撤掉許多對五大主旨毫無助益的地方性計畫，
這樣即能騰出空間給有利於五大主旨的全新行動方
案，使它們成為員工每天的例行作業。

　　矩陣型組織的致命缺點往往出在各事業單位、
功能性部門和區域單位總是對資源的分配爭執不
下。根據EP的說法，五大策略性主旨如果能明白了
當，可以完整分割各事業單位、區域單位和服務共
享單位，擺明各種要務的優先順序，讓資源的分配

圖 4-11　杜邦 EP 的策略地圖和五大企業主旨

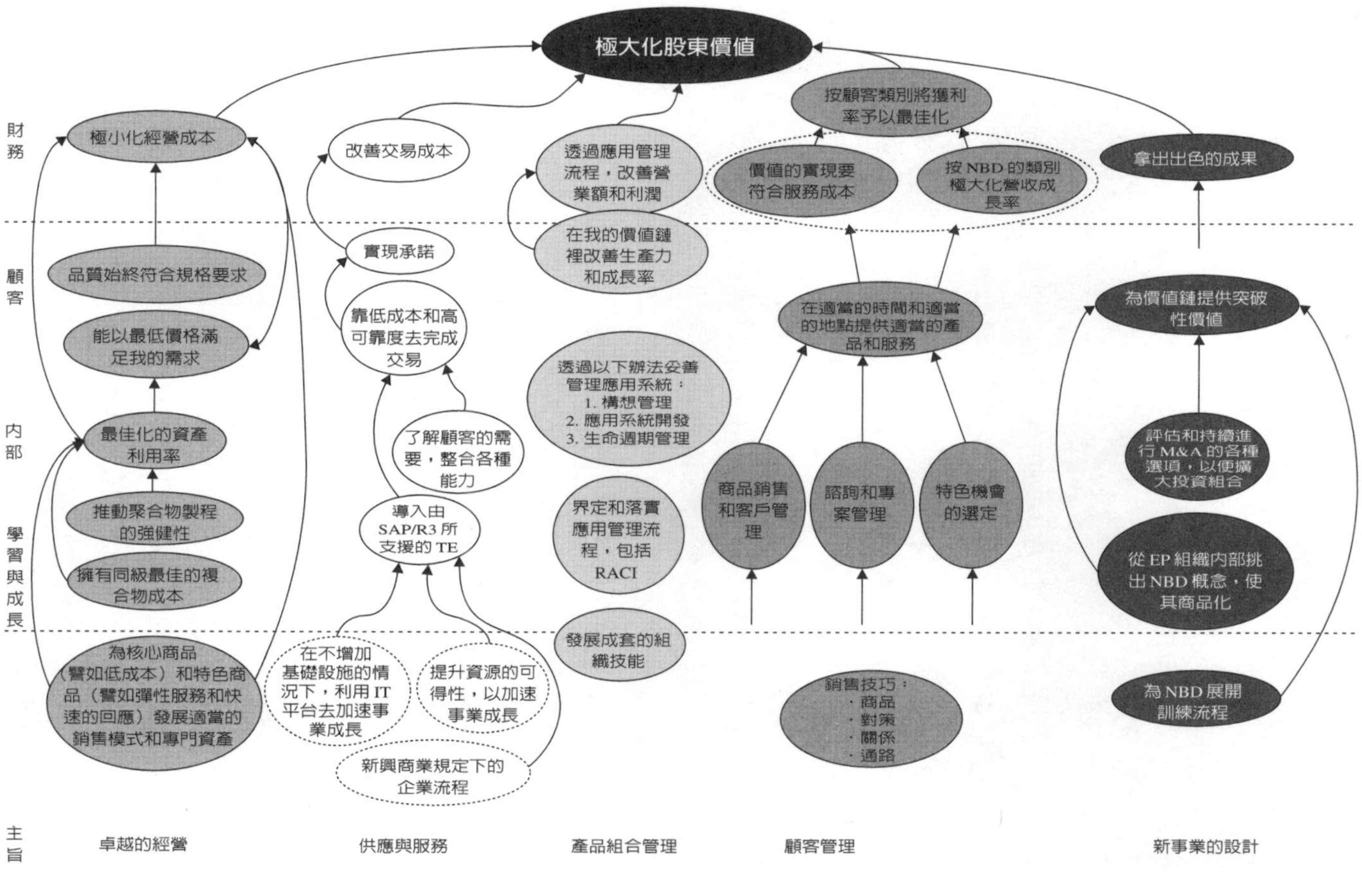

NBD 是指全新商業模式的設計，SAP/R3 是一種企業資源規劃系統，TE 是一種供應鏈品質標準，RACI 是指執行者、負責者、諮詢者及資訊掌控者的權責組成模式。

圖 4-12　杜邦 EP：配合五大策略性主旨整合事業、區域和後援部門

EP計分卡 (企業價值主張) 主旨	事業單位								後援單位					
	A	B	C	D	E	F	G	H	營運	資訊科技	財務	人力資源	行銷	研發
1 卓越的經營	xx		xx	xx	xx	xx		xx	xx				xx	
2 後援服務／訂單轉現金	xx		xx	xx	xx	xx	xx	xx	xx		xx		xx	xx
3 產品組合和應用管理	xx	xx	xx	xx	xx	xx	xx	xx		xx	xx	xx	xx	xx
4 顧客管理	xx	xx	xx	xx	xx		xx	xx		xx	xx	xx	xx	xx
5 系統對策／全新的商業設計	xx		xx	xx				xx					xx	xx

工程聚合物

由 EP 計分卡來界定所有策略性要務

每個事業單位都要配合 EP 策略性議程，發展長程計畫和 BSC

各功能部門、團隊和個人都要配合 SU/BU 的策略，發展計分卡

作業更透明，使各單位的溝通與對話變得有建設
性，因為它們對企業整體績效的驅動因素已經有了
共識。每個人都會利用計分卡的架構和量度去爭取
工作上的支援。組織上下開始瀰漫正向的熱烈討論
氛圍，只因對策略有了共識。

　　在杜邦工程聚合物公司裡，策略性主旨所提出
的策略並不會因身處高度激烈的競爭環境而稍有改
變。雖然戰術和行動方案可能每兩個月做些調整，
但EP的策略性主旨仍只強調組織的基本目標：改善
供應鏈、和經銷商更密切合作，與最終顧客建立新
的交易關係。

　　這些主旨不會曇花一現，它們會長年穩住組織
的方向和重心——而不是只有幾個禮拜、幾個月或
幾季而已。

個案研究：加拿大皇家騎警

　　旗下員工多達兩萬三千名，每年預算高達三十
億加幣的加拿大皇家騎警（RCMP）是加拿大的全
國警政機關，但同時也為加拿大各省級、地區和市
級組織提供承包式的保安服務。RCMP的經營層面
共有四個：國際、全國、省級／地區（八個省和三

個地區）和地方（超過兩百個自治市和一百九十個
原住民社區）。RCMP剛跨入二十一世紀時，曾面
臨到幾個挑戰。但這些挑戰絕對和警政組織進入全
新千禧年所需用到的財務與資源無關。新的騎警總
長薩卡德利（Giuliano Zaccardelli）誓言繼續改善
RCMP的管理。他有一個願景：RCMP可以成為以
策略為導向的卓越組織。可即便他有強勢的領導風
格和遠大的願景，但仍不免面臨一個挑戰：如何配
合總部的優先要務整合RCMP旗下所有單位，而這
些單位可是遍布在廣漠無邊的加國土地上。

　　RCMP的高階專案團隊開始將願景和使命——
「安全的家園、安全的社區」，轉化成比較屬於作業
方面的東西，希望能得到全國的共識。該團隊發展
出一套高階警政主管委員會（Senior Executive
Committee；SEC）的策略地圖（請參考圖4-13）。

　　在圖4-13最上層的構面（客戶、合夥人和利害
關係人）是在向它服務的核心團體傳達RCMP價值
主張，這些核心團體包括：資金供給機關、其他層
級的政府機關（包括國內和國際的），以及接受警政
服務的市民。舉例來說，資金供給機關要求的價值
主張是RCMP必須成為「一流管理的政府機關」，
至於對地方上的合夥人來說，其價值主張則是「實

現核心價值，使我們成爲值得信賴的合夥人」。這些
目標都得和首要目標「提供最先進的警政服務」緊
密結合。就本質而言，RCMP的價值主張是以合理
的成本，爲合夥人、利害關係人和市民們提供最先
進的一流警政服務。

　　內部流程構面則是根據三個主旨建立而成，每
一個主旨都有目標，可完整支撐RCMP價值主張的
三大樑柱。「橋樑的建立」這個主旨清楚提到溝
通、合夥關係和聯盟等過程，目的就是要協助完成
「成爲值得信賴的合夥人」這個目標。

　　至於警務作業行動的主旨強調的是如何利用
「警務作業行動模式」（指的是一種RCMP的作業辦
法，要求所有活動和調查作業都以情資爲起點）。這
個主旨的核心是要爲顧客提供最好的服務，因爲只
有精通服務流程，才能提升所有警政作業的品質。

　　最後「卓越的管理」這個主旨則可滿足資金供
給機關／監督機關所要求的條件。

　　至於人員、學習與創新構面則提到RCMP強調
的重點：爲員工提供安全的工作環境，而這背後自
然得要靠先進的科技和領導人才的培養方能做到。

　　警政策略的全新精神被涵括在內部的作業行動
主旨中，它說明了五大共同要務，完全超脫日常的

圖 4-13　個案研究：加拿大皇家騎警

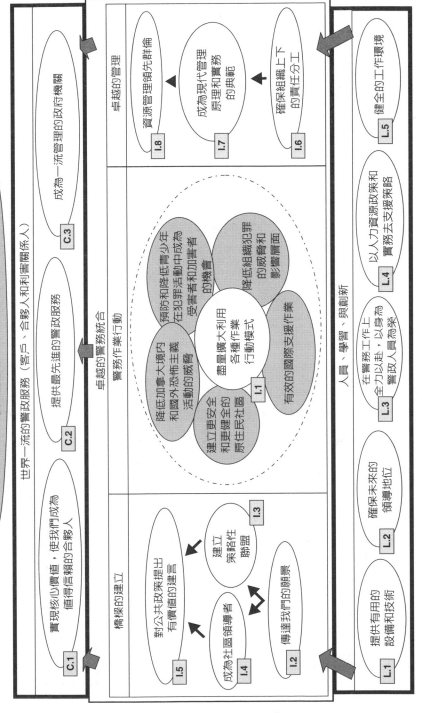

警政工作：

（1）　降低組織犯罪的威脅和影響層面。

（2）　降低加拿大境內和國外恐怖主義活動的威脅。

（3）　預防和降低青少年在犯罪活動中成為受害者和加害者的機會。

（4）　有效的國際支援作業。

（5）　建立更安全和更健全的原住民社區。

　　　　RCMP知道這五大策略要務一定得靠全國性的策略協調作業才能辦到，因此它針對各要務發展出五套「虛擬」策略地圖（圖4-14是其中一個策略要務的策略地圖，展示了如何建立更安全和更健全的原住民社區）。每一個要務的地圖都有自己的量度、指標以及執行要務時所需用到的行動方案。每一個策略性要務都會指派一名RCMP高階警官負責推動。他會先找一群RCMP警官定期開會，根據指標檢討進度。這也是如何在「虛擬組織」裡運用策略地圖和平衡計分卡的最好例子，因為這裡的策略性要務，根本不是任何一個組織單位可以完全負責和處理的。

　　　　完成總公司策略和五大策略性主旨專用的策略

地圖和計分卡後，便可層層串聯到地方單位。為了
確保這些策略性要務的整合和貫徹執行，「虛擬」
策略地圖上的每個目標都得交由一個事業群（或共
同服務群）負責執行，並放進相關的策略地圖裡。
地方單位會仔細思考這些全國性要務與自己何干，
然後再根據實際作業條件去客製化上級派下來的策
略性要務。

　　除此之外，地方性策略地圖也會具體說明該單
位平常的警務職責（請參考圖4-15的部門級策略地
圖）。換言之，位在加拿大西北地區的RCMP單
位，由於當地沒有什麼恐怖主義活動、組織型犯罪
或國際性犯罪，所以並不需要為這類要務設定目
標。但它絕對會把「青少年犯罪」以及「為更安
全、更健全的原住民社區盡一份力」這類目標放進
來。反觀位在多倫多的RCMP單位可能不像西北地
區的警政單位一樣那麼重視原住民社區的事情，反
而是以降低組織型犯罪、國際性犯罪和恐怖主義活
動等威脅為目標。換言之，所有單位除了堅守當地
警務的日常作業之外，也都得為RCMP策略性要務
的執行盡一份自己的力量。

　　有了BSC在RCMP管理系統中心坐鎮，高階警
政主管委員便可把心思盡量放在策略性要務上，因

圖 4-14 以「更安全和更健全的原住民社區」為目標所做的策略地圖

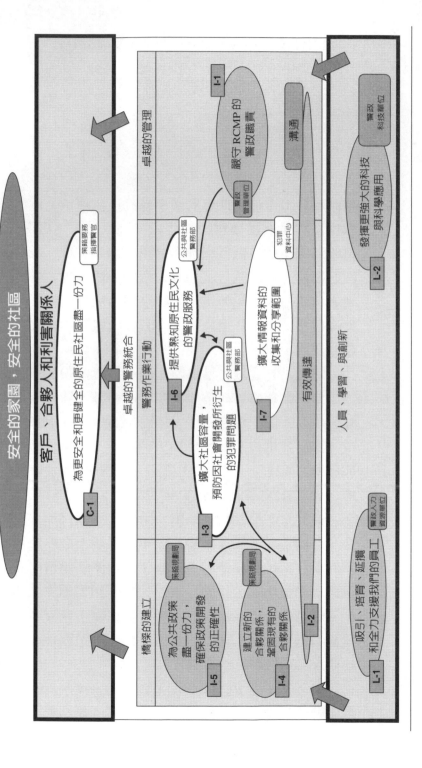

為各地單位會做好自己的日常警務。由於策略性目標每六十天更新一次資料，因此高階警政主管可以隨時掌握這些要務的各地執行現況。

個案研究：華盛頓州鮭魚復育計畫

RCMP堪稱是公營機關整合最徹底的範例。但有些問題並不屬於單一政府機關或單一管理機構的權限範圍，譬如華盛頓州的鮭魚復育問題。聯邦政府通過〈瀕臨絕種動物法案〉（*Endangered Species Act*），要求該州大幅改善當地河川與大海鮭魚數量銳減的問題。如果美國聯邦政府不滿意華盛頓州的復育計畫和復育成果，它將有權拆除當地水力發電用的水壩，停止或縮減所有林業、農業、水力發電生產作業、交通運輸改善工程、土地使用變更作業，以及釣魚和划船之類的娛樂活動，直到華盛頓州能提出一套復育鮭魚的可信計畫，並加以落實。

該州州長羅基（Gary Locke）曾要求各機關設計績效量度，以便證明鮭魚的復育成果，但他又不免懷疑這些分散的機關就算把成果加總，也未必真的有利於鮭魚復育計畫的目標。因為沒有任何一家機關有足夠的權限去全面掌控影響鮭魚生態的各種

圖 4-15 「G」部門的策略地圖

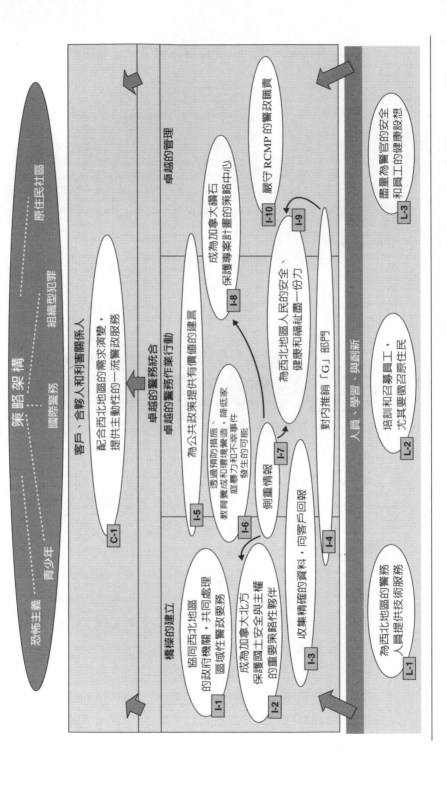

環境因素。這整個統籌管理結構四分五裂，裡頭包括與華盛頓州比鄰相連的六個州，還有別的國家（加拿大）、八個美國機關、十二個州立機關、三十九個郡、兩百七十七座城市、三百個自來水區和污水排放區、一百七十家當地自來水供應廠，以及二十七座愛好打獵與釣魚的印地安自治區。

　　當然這種事也可以交由這些機關、單位自己去處理，由它們各自訂出可供衡量的目標，在自己的權限範圍內去努力復育鮭魚的數量。但問題是多頭馬車的做法往往會失敗，因為各自獨立作業的機關在策略上都是各彈各的調，完全沒有一套步調一致的全面性策略。

　　目前華盛頓州已經在進行一套跨機關部會的策略性流程，可以為鮭魚復育工作排定計畫。從這個行動方案來看，又何嘗不能為鮭魚復育的策略性主旨建立一套平衡計分卡，即便這世上沒有所謂的鮭魚大王，也沒有任何一家機關是以復育鮭魚作為自身的首要職責。學有專長的高階主管在利害與共的情況下攜手組合而成鮭魚復育任務小組，集合眾人的專業知識，創造一套能在鮭魚復育議題上提出完整策略的平衡計分卡（圖4-16）。更重要的是，這種公開透明的流程可以讓與會成員對自己所屬機關的

做法和各單位之間的聯合作業產生信心，進而全力
以赴，達成復育鮭魚的終極目標。

　　這些機關代表回到自己的所屬單位之後，會開
始著手制定有利此策略性主旨的績效量度、指標、
計畫和行動方案。這些計分卡不只會擬妥可受它直
接控管的行動方案，更重要的是，也會加進一些和
其他政府機關、平民百姓或民間團體的合作計畫，
試圖靠集體的力量達成目標。

　　鮭魚復育小組會針對每一個平衡計分卡量度指
定一名執行發起人（an executive sponsor），籌組跨
機關部會的後援工作小組，確保能為這個量度收集
足夠資料，回報流程。這名執行發起人有權召開會
議討論需要的資金挹注，有利改善量度的行動方
案，或者討論和量度績效有關的進度與問題。

　　這樣一來，平衡計分卡便能提供一套機制，使
不同機關單位的員工可以在共同的行動計畫上達成
共識，落實必要的管理作業，包括資料的收集與回
報、資源的分配、進度會議和動腦會議的召開，以
及根據過去經驗和新出爐的資訊來調整策略內容。

　　儘管是從策略制定流程開始，但平衡計分卡卻
能提供一個可和公眾討論進度指標的方法。更重要
的是，因為計分卡的關係，才能理所當然地邀集多

圖 4-16 鮭魚復育計畫：計分卡目標

目標：復育鮭魚、鐵頭魚和鱒魚的數量，做到魚體健康、漁獲不缺的程度；改善魚類賴以生存的棲息環境。

顧客：積極保護對華盛頓州生活品質有影響的重要因素……

　　　．未來會有產量豐富、種類繁多的野生鮭魚。

　　　．我們將完全遵守〈瀕臨絕種動物法案〉和〈淨水法案〉。

流程：在棲息環境、漁獲量、魚苗放養和水力發電等作業活動的考量上，都要顧及野生鮭魚的利益。

　　　．保持淡水區和入海口等棲息環境的健全狀態，以利鮭魚進出。

　　　．河川和溪流必須保持流動狀態，以利鮭魚生存。

　　　．水質必須乾淨，水的冷度必須適合鮭魚生存。

　　　．透過有效的漁獲管理辦法，保障野生鮭魚。

　　　．遵守資源保護法。

合作：我們會和市民以及鮭魚復育夥人共同合作

　　　．邀請市民加入我們的行動。

　　　．為參與鮭魚復育計畫的成員界定角色，強化合夥關係。

財務和基礎建設：要成功就得靠：

　　　．讓究成本效益的復育工作，有效利用政府資源。

　　　．妥善運用市面上的最佳科技技術，在規劃與執行過程中整合監控與研究作業。

　　　．市民、鮭魚復育夥人以及州政府員工都能及時能及時取得所需資訊、技術援助、和資金，以便達成成功復育鮭魚的目標。

元化組織裡（事實上這是一種虛擬組織）的各級單位人員說明重要的策略性主旨。

這套計分卡囊括了想達成的成果（也就是如何衡量策略性主旨成功與否）和各種績效驅動因素，尤其在內部流程和學習與成長構面上，它們可都是團隊成就策略性主旨的必備條件。接著各組織單位會界定自己的策略和計分卡，並在策略性主旨的計分卡上明確指出它們對這些目標的貢獻何在。這種以主旨為基礎的計分卡可以提供一個會議召開的機制，有利來自不同機關或選區的代表結合彼此力量，共同解決問題，而不是各走各的路。

總結

舉凡是企業可集中化處理的關鍵流程——譬如生產、配銷、採購、人力資源管理或風險管理等，總公司就可創造可觀的規模經濟，為旗下多元化的事業單位謀取利益。共同流程要不要集中化，這個決策得由總部來做，所以會成為企業價值主張的構成要素之一。此外，如果企業鼓勵旗下事業單位統合過去分散的服務或產品，為目標顧客群提供完整的對策，這種做法也能創造價值。

　　企業若能給員工機會到不同事業單位或區域單位磨練，累積工作經驗，也等於提升自己的人力資本，擴大員工的事業前景。此外，在各事業單位和後援單位之間分享知識和最佳實務，將使企業裡新點子的傳播與吸收速度，快過於獨自發想新點子和獨享新點子的單位。

　　最後要說的是，當企業在統一制定策略性主旨，提升各事業單位之間的連結和協調作業時，也會創造綜效。

　　策略主旨會明明白白顯示在企業的策略地圖和平衡計分卡上。它們提供了另一種有別於矩陣式組織的選擇，因為事業單位主管現在從自己的策略地圖和平衡計分卡上看到了目標，這些地圖和計分卡連結了在地的目標，也連結了全企業的優先要務。事實上，事業單位主管的工作就像具有雙重身分的市民，得同時為地方單位和總公司效力。

　　在公營機構的領域裡，策略地圖和平衡計分卡可以為了成就更高層次的目標而被發展出來──譬如鮭魚的復育、國家情報工作、國土安全，或毒品管制作業等。因為要想完成這類公共目標，就得協調和統合眾多實體組織的力量。

第 5 章

整合後援功能部門

內部後援單位需要一套新的管理辦法，才能和內部的顧客建立合夥關係和展開整合作業。這種整合將給公司一個經濟上的正當理由去保留內部的服務共享單位，不再將它們委外出去。

　　第三章和第四章告訴了我們，企業如何配合策略整合事業單位，創造股東價值。但其實組織也可以根據事業單位的策略去整合後援單位，藉此創造價值。先讓我們看看FMC公司總裁賴利‧布萊迪（Larry Brady）所倡導的辦法：

　　「我不相信很多公司在面對員工『要怎麼提供競爭優勢？』這個問題時，能立即給你一個答案……我們才剛要求我們的人力部門解釋清楚，他們究竟能不能提供低成本或差異化的服務。如果這兩者都做不到，我們恐怕得把他們的工作委外出去。」

　　我們曾在第二章提過服務共享單位（譬如人力資源、財務、採購和法務）在十九世紀功能型組織裡的起源過程。這些單位裡的員工都具有專業知識和技術，可以被部署在公司的每一個層面，負責包括設計報酬升等辦法、操作資訊系統、管理國際金融作業以及處理法令和訴訟等事宜。為了達到「臨界質量」（critical mass），後援單位往往會被集中化，而且合計下來，這些單位的營運支出幾乎占了營業額的百分之十到三十。

　　數十年來，高階主管一直取決不下一個問題：

究竟該用什麼方法去監控和評估這些後援單位，以確保它們的獲利大於成本支出。像Hackett集團這類組織就會提供標竿性資訊，用來比較同類型組織花在後援單位上的支出。然而這種標竿的作用不大，除非你的目的是要盡量節省後援單位的支出，而不是把它們視為競爭優勢的可能來源。

　　後援單位所端出的「成果」──譬如專家的意見、一名訓練有素、幹勁十足的員工、一份報告、某關鍵性流程的設計和操作、抑或和某事業單位的合夥關係等，往往都是無形的東西。當組織試圖去評估某個單位的效率和效能時，無形成果是很難量化的。傳統的管控學文獻總是將後援單位稱為「經常性支出中心」，藉此和一般的成本中心（cost center）做對比，至少後者的預算支出是和標準產品或服務的生產量有關係的。

　　後援單位通常都有專家坐鎮，這些專家的習性和營運單位主管不太一樣。也因此，後援單位常常被其他事業群孤立。事業單位主管譴責他們活在總部的象牙塔裡，完全不懂地方上的營運需求。在我們所做的兩場調查中，根據受訪者的說法，約有三分之二的人力資源和資訊科技組織完全與事業單位或企業策略脫節。唯有矯正這種脫節的現象，重新

凝聚後援單位的重心 ── 「配合內部顧客的需求」，才能給它們機會實際增加股東價值。

後援單位的流程

　　後援單位可以遵照一套系統化流程，透過整合去創造價值（請參考圖5-1）。首先它們可以配合事業單位和總公司的策略去整合自己的策略，決定自己所要提供的策略性服務。整個過程先從了解企業和事業單位的策略開始，它們都明明白白地寫在企業和事業單位的策略地圖與平衡計分卡上。然後各後援單位再決定自己要如何協助事業單位和總公司實現策略目標。舉例來說，如圖5-1所示，人力資源、資訊技術，和財務等組織會找出一套對策略的成功落實有最大影響效應的「策略性服務組合」（portfolio of strategic services）。

　　然後，後援單位再整合內部組織，以利策略執行。它們會發展策略性計畫，說明自己將如何取得、開發和落實有利各營運單位的策略性服務。這個計畫將會成為後援單位策略地圖、平衡計分卡、策略性行動方案，以及預算的背後支援基礎。

　　最後，後援單位會利用像服務層面合約、內部

圖 5-1　配合企業策略整合後援單位

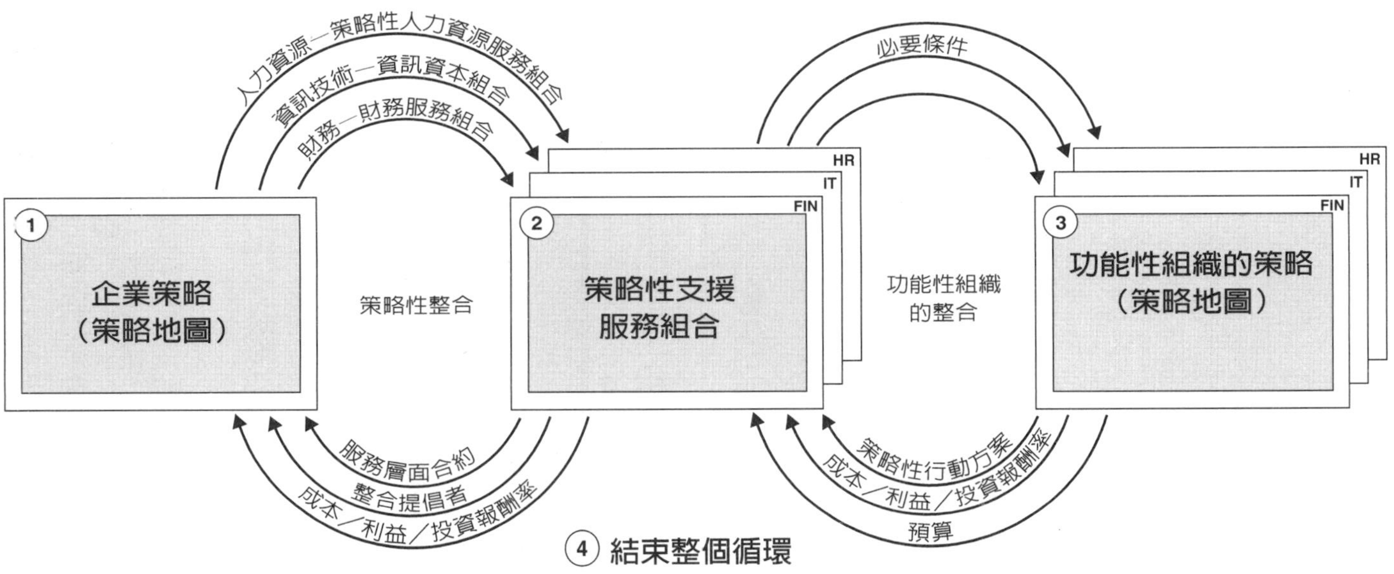
人力資源—策略性人力資源服務組合
資訊技術—資訊資本組合
財務—財務服務組合
必要條件
1
企業策略
（策略地圖）
策略性整合
2
HR
IT
FIN
策略性支援
服務組合
功能性組織
的整合
3
HR
IT
FIN
功能性組織的策略
（策略地圖）
服務層面合約
整合提倡者
成本／利益／投資報酬率
策略性行動方案
成本／利益／投資報酬率
預算
4 結束整個循環

顧客回饋、顧客評分和內部審核之類的技術去評估
自己在行動方案上的績效，然後結束整個循環。

　　舉個特別的例子來說，美國佳能公司是市場上
首屈一指的相機、影印機、專業光學產品製造商兼
配銷商，它每年會舉辦策略研討會，供事業單位和
後援單位共同協調來年策略。一開始事業單位先向
後援單位提出自己的策略，並說明後援單位可以如
何協助它們。後援單位主管則檢討自己單位過去的
表現，再提出未來的目標、指標和行動方案。然後
事業單位與後援單位主管會展開一場生動的對談，
直到雙方同意後援單位所提的功能性計畫，包括策
略地圖、平衡計分卡的量度、指標和行動方案。這
些討論會與預算編列動作同時進行，此舉將使後援
單位所提供的核可資源和策略性行動完全被納入預
算決策中。

後援單位的策略

　　假如布萊迪在本章一開始的說法屬實，那麼後
援單位究竟要用什麼策略才會有用？事實上，後援
單位只要使出事業單位常用的那些策略——低廉的
成本、領先市場的產品，或完善的顧客對策，就能

創造出競爭優勢。毫無疑問地，後援單位的某些作業活動的確應該盡量壓低成本，包括像薪資發放的處理、津貼管理和電腦網路維修等例行作業。這類例行作業對企業的運作來說很重要，但後援單位若只一心強調自己會用嚴謹的態度去執行這些作業，完全沒想到去壓低成本，又怎麼可能為組織提供具有競爭優勢的差異化服務呢？

　　反過來說，只顧著以低成本策略來提供服務的後援單位，很可能最後落得委外經營。因為內部單位再怎麼努力在例行作業上維持成本優勢，都不可能贏得過外面的委外公司。後者通常有龐大的規模經濟，而且會選擇到成本低廉的國家去經營。

　　對服務業來說，產品要在市場上保持領先地位，是很難做到的一件事。因為新推出的技術能力很快會被別人學走。雖然領先性的產品一直是很被看好的一種策略選項，但和我們合作過的組織，沒有一家曾要求過它的服務部門一定得擅長創新，反而大多是以「為顧客提供對策」或「體貼顧客」作為策略。它們試圖靠卓越的經營能力，提供可靠又便宜的基本服務，同時也不忘提供幾個自己最擅長的重要服務，使顧客因這幾個重要服務而能真正落實自己的策略，甚至得到有別於其他競爭者的優

勢。

　　不管策略是走體貼顧客的路線抑或為顧客提供
對策的方式，後援單位都得和內部顧客建立夥關
係。這也是在要求員工必須善於關係管理，強調合
作的文化，凡事以顧客為重。這對以前被關在總部
象牙塔裡獨自埋頭苦幹的後援單位來說是很新的經
驗。將功能專家變身為可靠的顧問和事業夥伴，已
經成了後援單位新策略上的重要潛能。

策略性服務的組合

　　後援單位可透過自己所提供的服務組合去提升
事業單位和總公司策略的品質（請參考圖5-2）。每
種後援性組織都會發展一套客製化的策略計畫。一
般典型的策略性服務組合會內含十到二十種行動方
案。我們將借用三個重要後援單位（人力資源、資
訊技術和財務）的例子來說明這種策略性服務組合
的形成過程：

■ 人力資源部的策略性服務組合

　　根據我們和數十家人力資源組織合作的經驗來
看，人力資源的策略性服務組合通常有三個要素：

圖 5-2 策略性支援服務組合為企業策略和功能性策略搭起橋樑

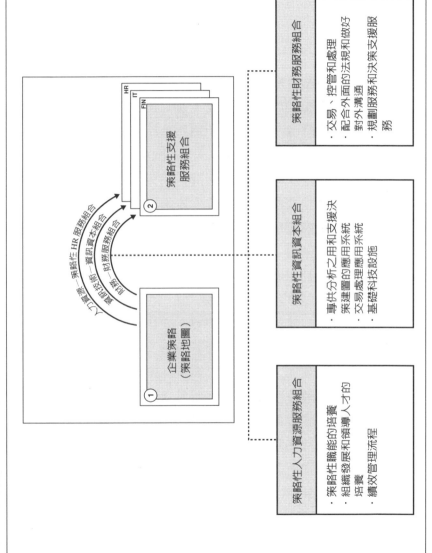

（1）**策略性職能培養計畫**：這些計畫會先找出對組織有利的個人職能，加以培養。其中包括確認策略性工作群組；為這些工作群組擬妥職能資料分析（competency profiles）；了解工作所需條件和現有職能之間的差距；以及為員工準備訓練課程，縮減前述差距。

（2）**組織發展和領導人才的培養**：這些計畫可以培養領導人才、帶動團隊合作、促進組織綜效、提升組織氛圍和價值。其中的行動方案包括：發展「領導職能模式」、落實領導人才培育計畫、接替人選的培養、安排重要員工的輪調事宜和未來事業發展、發展文化與價值、分享最佳實務，以及向內部所有員工傳達策略。

（3）**績效管理流程**：這些計畫會界定、激發、評鑑和獎勵個人和團隊績效成果。尤其還包括：協助個人和團隊設定績效目標、落實個人和團隊的績效評鑑、配合策略性目標整合員工的獎勵報酬辦法，以及促進改革管理。

我們接下來利用漢多曼公司（Handleman Company）的例子來說明企業是如何發展它們的HR策略性服務組合。

　　營業額高達十三億美元、員工人數多達兩千三百名的漢多曼公司，向來以音樂市場的管理者和配銷者自居。在沃爾瑪和「最佳購物商場」（Best Buy）等這類大型商場都可見到它的蹤跡。音樂這門產業充斥著一連串的挑戰，包括科技的變革、盜版問題、顧客的過於集中，以及市場的衰退。漢多曼公司在董事長兼執行長史卓曼（Steve Strome）的領導下，開始採用平衡計分卡作為釐清策略和執行策略的架構。

　　圖5-3的上半部是漢多曼公司的企業策略地圖（不含學習與成長構面）。為了成為藝術家／品牌（音樂製作公司）和零售商（向消費者販售音樂的公司）這兩方之間不可少的連結者，漢多曼公司必須對消費者的需求瞭若指掌，成為這方面專業知識的權威。

　　漢多曼公司擅長經營關係管理和供應鏈管理裡的關鍵性內部流程，這一點足以使它比其他競爭者更有能耐提供品質卓越的服務。它利用策略性交易去跨足各種有成長潛力的事業，槓桿運用自己的核心技術能力和商場知識。漢多曼將企業策略地圖層層串聯到三個地區性分公司（美國、加拿大和歐洲）和三個服務共享單位：人力資源、資訊技術與財

圖 5-3 漢多曼公司：策略性 HR 服務組合

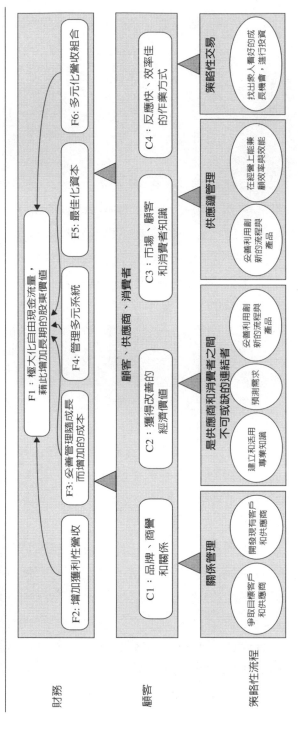

策略性 HR 服務組合

策略性職能培養	組織發展和領導人才的培養	績效管理流程
Ⓐ 策略性工作群組的確認 Ⓑ 職能資料分析 Ⓒ 訓練課程和職能培養	Ⓓ 接替人選的培育計畫 Ⓔ 組織整合	Ⓕ 績效與發展流程 Ⓖ 報酬與獎勵 Ⓗ 策略的溝通

務。

　　圖5-3的下半部告訴我們，漢多曼公司的人力資源組織爲了支援總公司策略，會如何發展策略性行動方案。HR主管從圖5-3的「行動方案A」開始著手，先與事業單位主管共同找出一、兩個能爲總公司的四大策略性主旨帶來影響的工作群組。整個過程下來，總共會製造出九個策略性工作群組，悉數列在圖5-4的後半部。而加總下來，這九個工作群組的員工總數只占兩千三百名員工的百分之十不到，也因此十分方便HR組織針對這群重要的策略性員工展開人才培育計畫。

　　就圖5-4裡每一個策略性工作群組而言，HR主管的標準作業方式是：先面談重要員工和經理人，確認他們的職務必須具備哪些的核心職能（圖5-3下面的的「行動方案B」）。圖5-3的下面欄位摘要了每一種工作群組的職能資料分析。舉例來說，好的業務代表必須具備足夠的產業知識，並善於關係管理、溝通和協調。產品經理必須具備各種技術能力（譬如定價、產品採購和存貨管理）以及人際互動能力（譬如協調和廠商關係的經營）。有了職能資料分析的幫忙，再加上對員工現有職能的評鑑，便能從中找出個人和組織內部有待填補的職能缺口。

　　至於圖5-3的「行動方案C」，則是由訓練單位利用職能資料分析去發展一套訓練課程，填補策略性工作群組在技術能力上的缺口。它會先找出所有工作都得必備的全球核心職能（請參考圖5-5第一列的標題）：商業智慧、規劃、組織能力、溝通技巧、團隊作業、公司價值和領導才能。然後再找出十三種對特定工作很有幫助的職能：最佳實務作業能力，消費者、顧客、和產業知識，財務分析，創新，在商言商，協調技巧，精通流程，專案管理，品質導向，關係管理，強調成果，策略性思考，以及技術性知識。

　　接下來訓練組織會一系列推出九種管理開發課程，協助員工取得和強化工作所需的特定職能（請參考圖5-5的第一排標題）。如此一來，訓練計畫便得以和組織的策略性要求完美結合，至於訓練的預算與資源也都能集中在具有最大投資報酬的地方。

　　此外，人力資源組織與「績效管理中心」（Center for Performance Management；也是漢多曼公司的平衡計分卡小組）的聯手，也能帶領落實圖5-3後半部的各項行動方案：

● 行動方案D：接替人選的培育計畫。找出具有成

圖 5-4　漢多曼公司的策略性工作群組和職能側寫

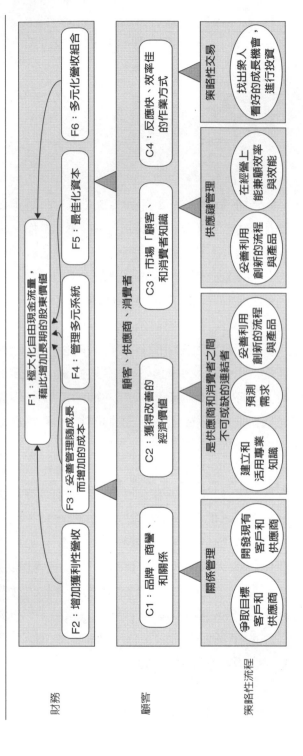

財務

F2：增加獲利性營收　　F3：妥善管理隨著成長而增加的成本　　F4：管理多元系統　　F1：極大化自由現金流量，藉此增加長期的股東價值　　F5：最佳化資本　　F6：多元化營收組合

顧客

C1：品牌、商譽和關係　　C2：獲得改善的經濟價值　　C3：市場「顧客」和消費者知識　　顧客、供應商、消費者

關係管理
爭取目標客戶和供應商　　開發現有客戶和供應商

是供應商和消費者之間不可或缺的連結者
建立和活用專業知識　　預測需求　　妥善利用創新的流程與產品

供應鏈管理
妥善利用創新的流程與產品　　在經營上能兼顧顧效率與效能

C4：反應快、效率佳的作業方式

策略性交易
找出來人看好的成長機會，進行投資

策略性流程

Ⓐ 策略性工作群組

業務主管
- 能夠建立和維繫業內外關係
- 在繁忙解決顧客問題時，會用「有志者事竟成」的態度來面對
- 會施展專業的溝通技巧
- 能施展極具競爭力的產業知識
- 善於協調

現場業務人員
- 對市場上的消費者趨勢有深入的了解
- 對於如何刺激消費氣氛有獨到的創意性思考
- 會施展專業的溝通技巧
- 能夠算出大概的銷售數字
- 做事主動，一向抱著「有志者事竟成」的態度

產品經理
- 積極展現產業知識和專業知識
- 為了達到企業最佳成效，會視存貨限額決定定價格政策
- 能分析各種定價、擬安各種產品採購方案
- 善於協調
- 能和供應商建立和維繫良好關係

內部顧問
- 做事主動，一向抱著「有志者事竟成」的態度
- 能夠看見「遠大的願景」，提出全面性對策
- 瞭若指掌公司內外的最佳實務經驗
- 能建立和維繫良好的內外關係
- 知道如何發揮影響力，拿出對策解決問題

Ⓑ 職能資料分析

分析師
- 能在必要技術找出有待調整之處
- 了解供應商的定價模式
- 注重細節品質
- 對產業和顧客知之甚詳
- 精通各市場的消費者趨勢

經理
- 注重結果，能在最短時間內解決問題
- 能很快速應各種改變
- 能夠分析對產品所帶來的衝擊效應
- 對於可預期的後果，能提出清楚的方向
- 能激勵和鼓舞不同文化背景的人共同努力，追求成果

供應鏈經理
- 非常清楚「從產品的發想後交到消費者手上」的整個過程
- 能在供應鏈中著手改善的空間
- 善於分析，能想出創新對策
- 善於解決問題、能主動找出問題和對策
- 瞭若指掌公司內外的最佳實務經驗

策略規畫者
- 能夠看見「遠大的願景」，找出其中的機會點
- 能透過財務分析去評估機會的可行性
- 願意在創新上做一些冒險
- 能勤進管理階層，讓進管做實的行動作
- 善於協調
- 能建立和維繫良好的內外關係

專案經理
- 能夠看見「遠大的願景」，重視組織的最大利益
- 能條理分明地匯整和共享資訊
- 能研擬和貫徹可行的專案計畫
- 善於解決問題、能主動找出問題對策
- 能帶領團隊成員，準時交出一流成果

圖 5-5　漢多曼公司：視策略要求下的核心職能整合訓練計畫

課程	全球性職能					特定工作所要求的職能											
	商業智慧	規畫和組織能力	團隊溝通技巧	公司價值	領導才能	最佳實務作業能力	最佳顧客知識、消費者相關業方面	財務分析	創新	任商言商	精通協調技巧	專案管理	品質	關係管理	強調成果	策略性思考	技術性知識
管理開發課程																	
成功必備的說服力和影響力			X														
非財務主管的財務需知	X	X						X								X	X
專案管理有效入門		X	X								X	X		X			
訓練與指導技巧			X		X	X											
領導與倫理				X	X	X											
商用寫作技巧				X	X	X							X				
領導多元化、尊重差異化				X	X		X							X			
如何為領導人制定變革				X	X									X		X	
衝突管理			X		X										X		

長潛力的員工，加以培養，爲每一種重要職務擬妥接替人選的培育計畫。

● 行動方案E：組織整合。帶動計分卡的設計，再層層串聯到組織各階層。

● 行動方案F：績效與發展流程。協助主管和員工發展個人目標、計分卡、未來發展計畫以及和策略有關的績效評鑑。

● 行動方案G：報酬與獎勵。擬定新的績效獎勵計畫，激勵員工全力實現策略性財務和非財務目標。

● 行動方案H：策略性溝通。透過各種管道（譬如遠距討論會、社訊、管理會議和訓練課程）向組織傳達策略，並或教育有關策略的事宜。

漢多曼公司連續用了三年的平衡計分卡之後，被《Grain's》雜誌評選爲「二〇〇三年密西根州東南部最佳工作職場」，並連續四年榮登「底特律都會區一〇一家最佳績效和最有前途公司」的排行榜。此外，漢多曼公司也被連續三年被選爲「全美零售協會年度最佳批發商」（National Association of Retail Merchants Wholesaler of the Year），這個獎項肯定了漢多曼公司傑出的成就以及在音樂產業供應

鏈裡的統合角色。

■ 資訊技術的服務共享組合

　　資訊技術的崛起與不斷演變，使得每家組織都有機會突破現狀，取得競爭優勢，因爲它們懂得配合企業和事業單位的策略，有效整合這類資源。無法在IT方面取得領先地位的公司，很可能得把這個寶座拱手讓給競爭對手。所以就算做不了第一，起碼也得跟上潮流，隨時開發和部署新的IT功能。

　　每家組織都應該找出有利執行策略的資訊技術組合，並加以落實。這些資訊技術組合就像HR組合一樣擁有三個要素：

（1）企業分析和決策支援：它的應用程式必須能分析、詮釋和分享各種資訊或知識。
（2）交易的處理：系統必須能將組織裡重覆進行的基礎作業予以自動化。
（3）基礎設施：在專門技術和管理知識上做到彼此分享，才能有效運用和發揮資訊資本。

　　圖5-6是SMI公司的策略性組合辦法。該圖上半部屬於SMI的策略地圖，下半部則是該公司策略

性應用系統的組合。由於零售業的交易密集，因此可以透過交易系統的自動化來達到作業節省的目的。

　　沃爾瑪之所以能成為全球最大型的零售商場，部分原因就在於它把從顧客購買到供應商供貨的這條供應鏈給重新定義和改造了。SMI找出了三種和交易處理有關的應用系統。應用系統（B1）是一套店面管理系統，可以自動化處理銷售點的資訊；應用系統（B2）則是一套存貨控管系統，可以確保SMI核心商品的存貨不虞匱乏；至於應用系統（B3）則是一套配銷系統，可以調動各地物流中心的存貨，為各零售店快速補貨。

　　這些交易動作會產生許多資料，於是零售組織可以利用企業分析和決策支援應用系統去分析這些資料，進一步了解和因應消費者的行為。SMI已經找出八種應用系統可以支援整體策略底下的各種主旨。譬如，有兩種專門追蹤顧客行為模式的應用系統，是用來支援「品牌發展」這個主旨。市場調查應用系統（A1）則可分析市場區隔和各種價值主張。至於顧客分析應用系統（A2）則專門檢視顧客獲利率、交叉購買和每年的採購週期。

　　之所以有能力發展這些專用於交易分析的應用

圖 5-6 運動人 (SMI) 公司的策略性資訊資本

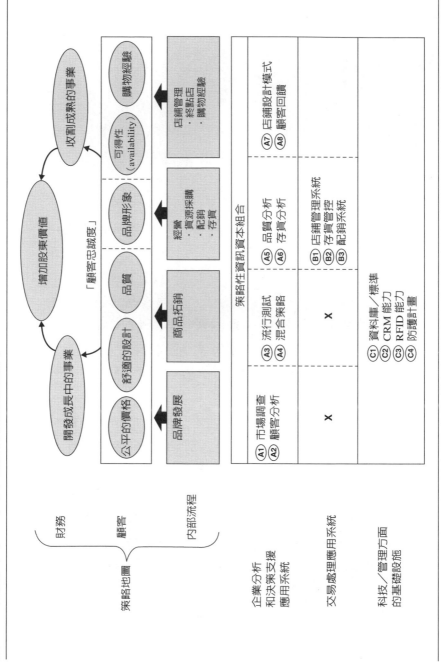

系統，全是靠良好的基礎設施。而IT預算有一半以上是花在這類基礎設施上。SMI已經找出四種基礎設施的應用系統：（C1）是一種資料庫，可以用在分析和決策支援程式上；（C2）是一種顧客關係管理平台，可支援店鋪管理；（C3）是在投資有利供應鏈管理的無線辨識系統微晶片技術；而（C4）則是資料中心防護系統的升級。

IT組合就像HR組合一樣，通常得用上十到二十種應用辦法去支援總公司策略，再加上其他行動方案去支援各事業單位的策略。然後再把行動方案轉換成一套計畫，以便為這些應用程式的發展方式和管理辦法作出界定。

■ 策略性服務的財務組合

財務部門對總公司負有一定法定責任和營運責任，包括財務交易管理（譬如應收帳款、應付帳款和薪資總額）、監管報告（包括投資者報告、管理和內外審計者的關係、董事會報告），以及管理報告（譬如每月的財務和預算差異報告）。

這些責任也是所有組織必須承擔的。只不過財務部門若沒有制定一套價值創造策略，那麼遇到任何狀況都只能從法定責任和營運責任的角度去著

手。財務部門在執行營運和法定責任的同時，也可以和事業部門主管建立策略性合夥關係，幫忙創造價值。這代表策略性後援服務單位可以協助資深事業主管了解和顧客或產品獲利有關的報告，和事業部主管共同研擬行動計畫，將毫無獲利的產品和顧客關係轉變成有利可圖。企業的策略性服務單位可以將這種跨事業性的行動方案和計畫納入定期的預算編列與規畫流程中。

　　回到圖5-2裡，我們幫策略性服務裡的財務組合找到了三個要素：

（1）　交易的控管與處理：改善交易系統的架構與效能，譬如對事業單位的資產生產力和風險管理策略十分有幫助的營運資本管理及風險分析。

（2）　配合外面的法規和對外溝通：完全配合法規條件，對外公開溝通，確保對外的說明和報告能充分反映公司的策略。

（3）　規劃和決策支援：可以提升組織上下策略管理品質的各種分析活動業、諮詢服務和系統作業。

　　圖5-7利用零售公司（Retail, Inc.,）的例子（這

是一家化名的組織，它在結構上很類似稍早前的漢多曼公司）告訴我們財務性服務組合的發展方式。圖的上半部代表部分的策略地圖，裡頭清楚界定財務目標、顧客目標和內部流程的四個主旨。這個財務單位會在研討會上和事業部主管共同界定它的服務要怎麼為策略增加價值。策略地圖上有陰影的部分都屬於這部分的目標。

　　該圖的下方是策略性財務服務組合。這個組合裡的規劃和決策支援部分共有三個行動方案：

（A）一套統計模式，可用來處理過去的資料，改善預測的準確度。
（B）作業基礎（Active Based Costing）成本分析，可計算供應商和產品線的獲利率。
（C）精密的財務規劃軟體，可協助公司的合併和收購作業。

　　至於其餘的行動方案比較像是基礎設施，並未和特定的策略地圖流程有任何關係。另外還有四套策略性行動方案在支援交易、控管和處理作業，它們分別是：

圖 5-7 零售公司：策略性財務服務組合

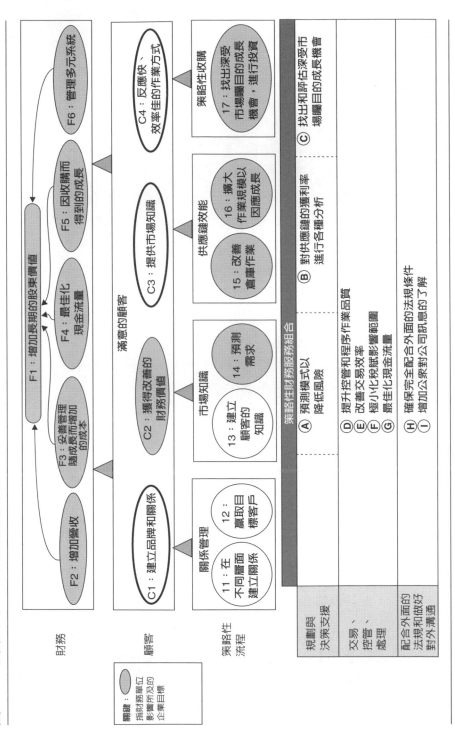

財務

F1：增加長期的股東價值

F2：增加營收　F3：妥善管理隨成長而增加的成本　F4：最佳化現金流量　F5：因收購而得到的成長　F6：管理多元系統

顧客

滿意的顧客

C1：建立品牌和關係　C2：獲得改善的財務價值　C3：提供市場知識　C4：反應快、效率佳的作業方式

策略性收購

17：找出深受市場矚目的成長機會，進行投資

策略性流程

關係管理

11：在不同層面建立關係　12：贏取目標客戶

市場知識

13：建立顧客的知識　14：預測需求

供應鏈效能

15：改善倉庫作業　16：擴大作業規模以因應成長

C：找出和評估深受市場矚目的成長機會

策略性財務服務組合

Ⓐ 預測模式以降低風險
Ⓑ 對供應鏈的獲利率進行各種分析

Ⓓ 提升控管和程序作業品質
Ⓔ 改善交易效率
Ⓕ 極小化稅賦影響範圍
Ⓖ 最佳化現金流量

Ⓗ 確保完全配合外面的法規條件
Ⓘ 增加公眾對公司訊息的了解

規劃與決策支援

交易、控管、處理

配合外面的法規和做好對外溝通

關鍵：
指財務單位的
影響所及的
企業目標

（D）改善控管。

（E）交易處理的效率。

（F）稅務管理。

（G）現金流量最佳化。

（H）配合外面的法規和做好對外溝通，這也是一套配合美國〈沙氏法案〉（*Sarbanes-Oxley*）所制定的行動方案。

（I）建立一套更好的溝通辦法，可以將公司訊息清楚傳達給投資者，意圖達成圖中的財務目標F6「管理多元系統」。

以上這九個行動方案便構成零售公司財務方面的一套策略性服務組合，由財務單位負責管理和執行。

整合後援組織

一旦後援單位的策略性服務建立起來，它就會開始發展策略，落實自己所建議的服務。然後這套策略再轉化成策略地圖和平衡計分卡，轉而向後援單位裡的所有員工傳達策略，同時協助監控後援單位在這些策略性目標上的成果表現。

　　後援單位也像事業單位一樣有自己的宗旨、顧
客、服務和員工。有些後援單位（譬如金融服務組
織的資訊技術部門）所擁有的預算額度足以使它們
晉身《財星》（Fortune）雜誌前一千大公司排行榜
中。只不過後援單位在某些方面和事業單位是完全
不同的。後援單位的存在目的不是為了賺取利潤，
而是要協助多元化組織裡的事業單位增加營收和製
造利潤。此外，後援單位的顧客幾乎都是公司內部
的顧客，而非外面的顧客，換言之，就是內部的事
業單位及其員工，他們都會使用後援單位的服務或
者受惠於這些服務。

　　在制定後援單位的策略地圖和平衡計分卡時，
最好把後援單位想像成「事業單位裡的一門事業」。
只不過最高層級的後援單位應該像企業一樣擁有相
同的整體指標──也就是某種貢獻股東價值的量度
（或者非營利機構裡的等值量度）。最重要的是所有
員工（不分事業單位或後援單位）都得把焦點放在
和成功有關的量度上，如果他們自認是公司整體團
隊的一份子的話。

　　後援單位策略地圖的財務構面有兩個要素：效
率和效能。「後援單位效率」（support unit efficien-
cy）通常是指服務的成本以及對預算的配合度。

「後援單位效能」（support unit effectiveness）則是指後援單位對企業策略的影響效應。有時候也被稱作為「連鎖計分卡」（linkage scorecard）的效能目標，可以清楚告知企業計分卡上有哪些目標和量度會直接受到後援單位的影響。

　　舉例來說，某HR組織或許可以藉由領導人才的培育計畫，幫忙企業透過收購作業達到成長目標。於是「透過收購作業達到成長目的」的這個目標就會出現在HR的連鎖計分卡上。即便HR無法直接掌控這個目標——因為它或許還得靠公司其他部門的努力才能成功完成此項目標，但HR組織一定會因連鎖計分卡上的這個目標而被衡量（或者說被獎勵）。此舉能確保後援單位不要忘了自己的存在目的和追求目標——也就是協助落實企業和事業單位的策略。

　　我們注意到有些後援單位在制定策略地圖時，會把自己當成是非營利機構，因為它們把顧客構面放在最上面，至於強調效率、生產力和資源管理的財務目標則成了次要構面。雖然我們贊成這種做法，但根據我們的觀察，多數的後援單位還是希望能被當成是對企業組織的價值創造頗有貢獻的單位，因此它們會刻意把一些企業層面的財務目標放

在策略地圖和平衡計分卡的前面位置。它們想要帶動企業價值的創造，不甘只做一個處處受到制肘的內部後援單位。

　　一般來說，後援單位都有兩類顧客：一是接受它們直接服務的事業單位主管；以及享用和受惠於該服務的員工或外面的顧客。後援單位的策略不是要求「體貼顧客」，就是要「為顧客提供全面性對策」，因此都得和顧客建立商業合夥關係。每一個後援單位都得了解顧客的策略，利用自己的專業知識去創造和提供各種有利顧客成功的辦法。

　　接下來，後援單位的內部流程構面共分三個主旨。第一個主旨強調該部門的卓越經營，它可帶動財務構面的效率目標。其中的主要量度包括每筆交易的平均成本、品質以及回應時間。

　　第二個主旨關係到這個部門如何管理它和內部顧客之間的關係。像 IBM、埃森哲顧問公司以及資訊服務大廠 EDS 等這類服務型組織，都會花很多時間去設計有助關係管理的流程與技術，畢竟這是它們客戶開發策略的核心重點。

　　而公司內部的後援單位員工也一樣，因為他們也屬於服務型組織，他們也應該為客戶管理流程的設計花同樣多的時間。而這其中技巧包括了：指定

一名關係經理來統籌負責、統合性規劃，和客戶簽訂服務合約，以及反映顧客檢討等。這些都被證明是很有效的方法。

第三個主旨關係到對事業單位的策略性支援。這個主旨會帶動策略裡的效能要素，為顧客提供新的功能，增強他們的策略。這個主旨的結構會隨不同部門而有變化。整個架構會反映出策略性功能服務組合裡所見到的各種類別和特定條件，而這些都是以前討論過的。

最後，學習與成長構面會反映出部門員工對訓練、技術以及工作氛圍的需求。

總而言之，後援單位策略必須配合企業和事業單位的策略做調整。策略性服務組合（請回頭參考圖5-1）會清楚界定後援單位該如何配合多元化組織整合自己的目標。這種關係會明確反映在後援單位計分卡的顧客構面上。定期的顧客檢討作業必須衡量策略性服務組合裡各種行動方案的落實進度。計分卡裡的內部流程構面則會界定如何為事業單位提供策略性支援。

現在我們要示範如何在人力資源、資訊技術和財務部門的策略地圖及平衡計分卡發展過程中套用這個架構。

整合HR組織

　　圖5-8是人力資源單位的策略地圖藍本；圖5-9則是配合圖5-8所做的人力資源平衡計分卡藍本。這兩個藍本經證實都是很有效的起點，HR組織可以視自己的實際狀況再做調整。

　　HR計分卡的財務構面有兩個要素：HR效率和HR效能。一般而言，效率是指和服務的相對成本有關的各種作業性議題。這裡經常會用到一些「標竿」，這些標竿都和外面的標準脫不了關係。舉例來說，為了不斷強調生產力，你可以和外面的供應商比較「平均員工效益管理成本」（benefits management cost per employee）。

　　HR的效能可以透過連鎖計分卡來衡量，這個直接取自於企業計分卡的一套量度，雖然不受HR組織的直接掌控，卻會被它影響。譬如，如果企業策略明白指出要透過收購作業來達到成長目標，HR的連鎖計分卡就會去衡量「重要員工的留任率」、「來自交叉銷售的營業額」，或者是「合併後的可得利潤」。

　　人力資源組織有兩類顧客：與HR合作的事業單位，以及員工本身。而員工正是HR服務的接收

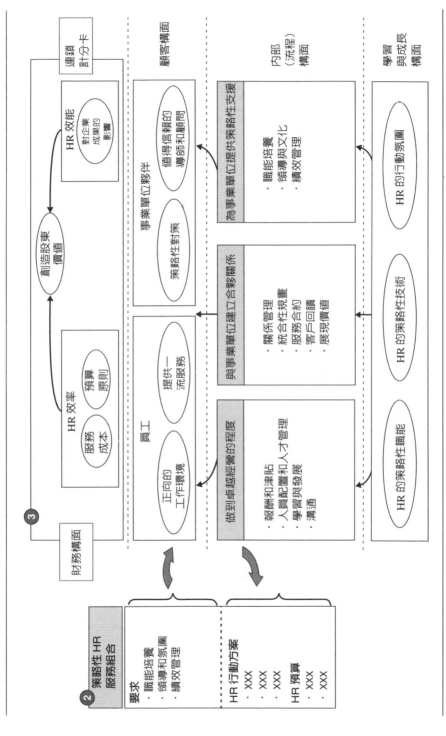

圖 5-8　HR 組織的策略地圖藍本

圖 5-9　HR 組織的平衡計分卡藍本

	策略性目標	策略性量度	指標	策略性行動方案	預算
事業連結	創造股東價值 M1. M2. M3. M4. 〔企業計分卡上受 HR 影響所及的目標〕	股價 〔企業計分卡上受 HR 影響的量度〕	・極具競爭力的標準		
財務	F1. 改善 HR 效率	・預定成本 vs 實際成本 ・員工的平均 HR 成本	・100% ・達到 90% 的標準		
顧客	C1. 創造正向的工作環境 C2. 建立策略性合夥關係 C3. 確保人力資本已充分就緒	・員工滿意度調查 ・服務合約的回饋 ・人力資本就緒率	・評價達 80% ・評價達 85% ・75%	・員工調查 ・客戶檢討計畫 ・人力資本就緒率報告	$CCC $BBB $AAA
內部	I1. 做到 HR 卓越經營的程度	・平均每筆交易成本 ・週期時間 ・失誤率／抱怨數量	・降低 5% ・21 天 ・降低 50%	・作業基礎成本分析 ・流程再造 ・為 HR 流程落實全面品質管理	$NNN $OOO $PPP
	I2. 和事業單位建立合夥關係	・已經簽定和執行的服務合約 (%) ・已經執行的 HR 策略性計畫 (%) ・花在顧客身上的時間	・90% ・90% ・平均每週 10 小時	・服務合夥專案計畫 ・HR 策略性規畫流程 ・關係管理專案計畫	$KKK $LLL $MMM
	I3. 為事業單位提供策略性支援 (a) 培養策略性員工的職能	・人力資本就緒率	・100%	・策略性工作群組的確認 ・職能資料分析 ・訓練和培養	$DDD $EEE $FFF
	(b) 培養領導人和營造合作氛圍	・領導階層的整合 ・文化的整合	・100% ・100%	・領導才能的培養 ・使命、願景、價值 ・策略性溝通	$GGG $HHH
	(c) 創造一家高績效組織	・員工的整合	・100%	・績效管理專案計畫	$III $JJJ
學習與成長	L1. 提供策略性 HR 資訊 L2. 培養策略性 HR 競爭力 L3. 填補 HR 領導人才的缺口 L4. 擴大最佳實務的轉移分享 L5. 確保策略的整合 L6. 創造共同願景和文化	・HR 應用系統的就緒率 ・HR 競爭力：就緒率 ・重要職務成就表 ・最佳實務的轉移數量 ・和 BSC 有關的個人目標 (%) ・策略認知度 (%)	・100% (vs. 計畫) ・100% (vs. 計畫) ・80% ・50% ・80% ・80%	・HR 系統規劃 ・HR 職能規劃 ・HR 領導人才培育計畫 ・知識管理計畫 ・BSC 的廣泛串聯 ・策略性教育和溝通	$QQQ $RRR $SSS $TTT $UUU $VVV
				總計	$XYZ

者。事業單位期待 HR 以專業的合夥人角度提供必要的支援。有些公司則爲了完整呈現這種專業的合夥關係，會刻意將顧客（customer）構面改成委託客戶（client）構面。

　　HR 組織得負責執行策略性服務組合裡的各種對策。和事業單位合夥關係有關的計分卡量度包括：針對共同發展計畫裡的「可執行事項」所做的的回饋內容（我們常在後援單位和事業單位所簽定的服務合約中看到「可執行事項」這幾個字）；以及事業單位主管對 HR 員工專業能力和服務態度所做的評估。至於 HR 和其他顧客（員工）的關係，則可從員工滿意度調查中看中端倪，就能知道員工對 HR 的課程和服務滿不滿意。

　　HR 計分卡的內部流程構面通常建立在三個主旨上。主旨一：「做到卓越經營的程度」強調的是企業級 HR 課程的執行效率。這會影響 HR 的財務目標，而其目標是「推出一流服務組合的同時，也要守住預算底線」。換言之，要確實衡量每筆交易的平均成本以及 HR 服務的品質和及時性，譬如報酬和津貼計畫、人才招募、訓練以及每年的績效評鑑成本如何等。

　　主旨二：「和事業單位建立合夥關係」時常被

忽略。它是指發展一套正式流程，用來管理 HR 和事業單位之間的關係。事業單位是利用顧客管理流程（規劃、客戶管理和回饋、檢討）來管理它和外部顧客之間的關係，HR 可以直接採用這套流程。這個主旨裡的計分卡量度可能包括「現況指標」（status indicator）：用來說明目前的關係狀況（譬如有多少比例的事業單位已經參加 HR 策略性支援計畫）；以及「客戶開發量度」（譬如花多少時間為公司內的顧客提供諮詢服務）。

主旨三：「為事業單位提供策略性支援」會把 HR 組織和策略性服務組合連結起來。誠如圖 5-8 所示，它的目標通常可以從三個領域來看：建立策略性員工職能、培養領導人和改善組織文化，以及灌輸績效管理觀念。由於 HR 策略性服務組合的落實需要一些特定條件，因此 HR 組織會設計一些具體的課程和行動方案，滿足企業單位策略的條件要求（包括行動方案的預算），也會擬妥一份服務合約，清楚定出時間表、可執行事項和人員配備。

HR 策略地圖的學習與成長構面會糾正 HR 組織常犯的一個毛病：「鞋匠的小孩通常不穿鞋」。人力資源專家就像公司其他員工一樣，也需要接受訓練，也需要資訊系統、整合作業和績效管理。尤其

當 HR 組織改變了自己的價值主張，靠提供客製化諮詢服務和事業單位建立關係時，HR 員工就更需要學習全新的技能。HR 員工的內部課程，其標準應該等同於事業單位員工所上的課程。在提供服務時，也應該把 HR 的員工當成 HR 的顧客，這些服務也包括策略性計畫、關係經理和回饋流程。

　　HR 平衡計分卡（圖 5-9）的第四欄是策略性行動方案，可用來支援 HR 單位的策略性目標、量度和指標。這些行動方案都是可以用來成功落實策略的手段和辦法。它們都需要編列預算，才能達到預定的經濟效果。雖然圖 5-9 提出的行動方案多是在支援 HR 組織的內部管理，但圖中內部流程（I3）方面的行動方案卻是爲事業單位提供策略性支援。這裡的流程和行動方案均是以 HR 的顧客爲對象。事業單位必須審核通過這些行動方案的預算，儘管它們是用 HR 單位年度計畫裡的一部分來呈現。

個案研究：英格索公司的人力資源

　　我們曾在第三章介紹過英格索（IR）公司的企業策略和策略地圖（請回頭參考圖 3-4）。IR 的總公司層級策略是要將原本「產品部門各自爲政」的多

角化經營公司轉變成「以統合性對策見長」的組織。他們要以團隊姿態在市場現身，配合不同顧客的需求，統合各事業單位的產品。這意謂它的組織和文化都要做很大的改變。它的策略性主旨「利用雙重身分，發揮企業的槓桿力量」一語道破他們需要有全新的職能、全新的價值、知識的分享，以及更寬廣的員工視野。他們不能再只看見自己的產品，而是要以IR整體組織為考量。

　　IR公司的執行長要人力資源組織協助貫徹雙重身分的主旨。該公司人力資源全球服務部副總裁萊斯（Don Rice）一肩扛起責任，開始針對這個議題發展策略地圖（請參考圖5-10）。前三個「卓越流程「主旨（培養領導人、帶動組織績效和建立策略性員工職能）就是針對這個策略議題。第四個主旨「做到HR流程卓越的程度」則強調HR作業服務的品質與效率，譬如報酬和津貼辦法的施行。

　　總而言之，這四個卓越流程的主旨都是在向它的兩種顧客傳達人力資源的價值主張：「提升事業單位合夥人的領導效能」以及「成為英格索公司員工心目中的最佳雇主」。而該公司HR策略對財務成果的影響會出現在財務構面上的有：

圖 5-10　英格索公司的 HR 組織策略地圖

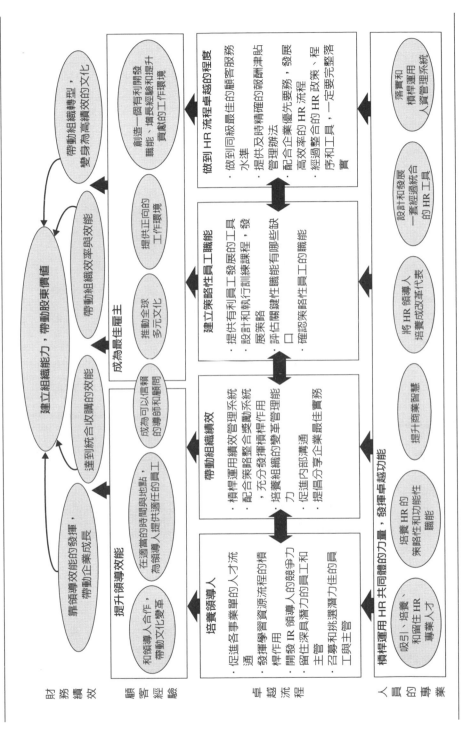

（1）　靠出眾的領導所帶來的企業成長

（2）　靠團隊文化所得到的收購效能

（3）　靠有效管理HR流程所帶來的效率改善

英格索公司的執行長亨科針對IR人力資源團隊所用的辦法發表他的看法：「我從來沒見過一種東西可以這麼清楚地闡明後援單位加諸在事業單位身上的價值。我們應該好好利用它，當成HR專業人員的招募工具。不同意這套辦法的人，就不准進我們公司。」

整合資訊技術組織

我們根據過去和多家資訊技術組織合作的經驗，整理出一份IT部門策略藍本，如圖5-11所示。這份地圖點出了IT組織必須維持的均衡態勢即是：有能力提供基本的必備服務，同時能配合各事業單位開發新的技術能力，靠客製化的服務、對策和技術去提升事業單位的策略。這種策略性定位能使原本的爭議（資訊技術得花多少錢？）轉變成共識（得在IT身上投資多少，才能有利落實組織的策略性議題？）。

　　財務構面的目標是要壓低基本IT服務的單位供應成本，同時也要透過IT產品和服務的有效部署去提振企業成果。IT單位的策略必須透過策略性IT服務組合來配合企業策略。這些服務組合都是從企業策略衍生出來，也經過各事業單位的協商討論。

　　基礎設施和應用程式的組合運用成不成功，得從顧客構面的兩個層面去衡量。

　　一是基本競爭力：能否以極具競爭力的成本去提供一流可靠的IT服務？

　　二是對附加價值的貢獻：IT組織能否協助事業單位成為更有生產力和獲利力的單位，甚至讓自己成為各事業單位在差異化策略上成功致勝的重要推手？

　　而IT部門內部流程由三大策略性主旨構成：

（1）卓越經營的執行程度，方法是以合理的成本取得及時精確的資訊和電腦資源。IT單位可以提供一套具有成本效益的核心科技設施組合（可以為員工提供運算服務的共同科技管理技術）以及基礎的科技應用系統，包括ERP規劃以及其他交易處理系統，它們都能將企業裡會反覆進行的基本交易加以自動化。

圖 5-11　資訊技術組織的策略地圖藍本

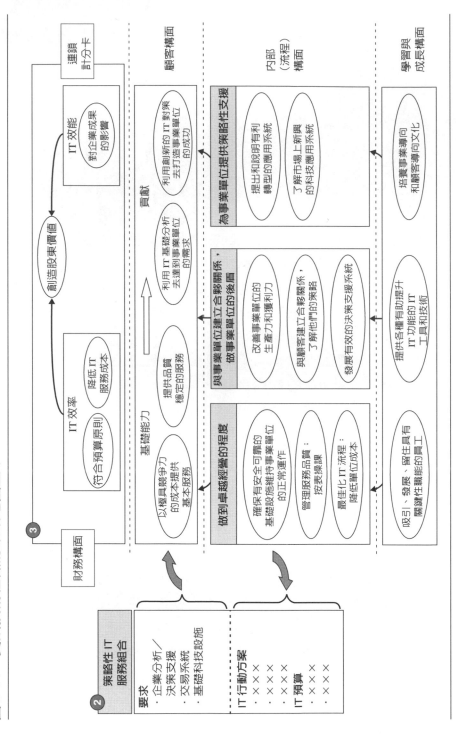

（2）和事業單位建立合夥關係，成為它們的後盾。IT單位要成為營運主管可以信任的顧問，告知他們如何靠資訊科技的部署來改善事業單位的獲利力和外部顧客的滿意度。其中包括各種分析性應用系統：亦即各種系統程式與網路──譬如顧客關係管理和作業基礎成本分析，它們都有利於資訊和知識的分析、詮釋及分享。

（3）為事業單位提供策略性支援。IT單位能供應各種創新和市場新興的技術導向性對策，相當有助於事業單位取得競爭優勢。它還會引進有利轉型的應用系統，改變企業慣用的交易模式。

　　第一個主旨是在說明這個小組除了提供品質穩定的可靠服務之外，也能以極具競爭力的成本為各事業單位供應各種基本的IT技術能力。第二個主旨是指IT小組會針對各事業單位的需求研擬對策，成為事業單位的策略性夥伴，協助事業單位創造和執行策略。至於第三個主旨──亦即「領先性對策」，是指IT小組可提供有利產品勝出的電腦應用技術，成為事業單位落實差異化策略的後盾支援，為顧客和供應商提供創新的資訊基礎對策。

　　資訊技術後援單位有可能只採用第一個主旨底

下的行動方案：以較低成本提供更可靠和更有用的
基礎IT設施和應用系統。只不過母公司也可能決定
將這些功能委外出去，以便以最有效率的方式取得
這些基礎IT產品和服務，在IT資源的取用和操作上
享受規模經濟和全球經濟的好處。因此內部的IT部
門可能會想和外面的IT供應商做出區隔，於是向它
的事業單位夥伴提出策略性合夥關係和領先性對策
這類主旨，這等於需要在IT資源上做更多投資，但
卻能透過高附加價值的產品、服務和對策，提供更
多等量報酬。

　　我們計分卡團隊的同仁古德（Robert Gold）認
為，典型的IT組織會採用循序漸進的做法，一步步
滿足事業單位的層層需求。它一開始會先證明自己
能以可靠、低廉的做法，穩定供應各種基本資訊功
能和服務，如同上述主旨一所列舉的服務。基本服
務做得好固然重要，但仍無法完全滿足事業單位對
IT的需求。它們雖然讓人挑不出毛病，卻無法為事
業單位創造價值。

　　IT組織的基礎能力確定之後，就能往第二和第
三個主旨所要求的功能邁進。首先，它會和事業單
位結盟，為它們提供客製化的行動方案和應用系
統，協助它們改善生產力和獲利力。而最厲害的IT

支援行動自然是由IT單位為事業單位量身打造出市場上最新的技術能力，使事業單位擁有絕對的競爭優勢。

　　而IT計分卡在學習與成長構面裡的員工目標，是必須找出IT員工在這三部曲策略當中（卓越經營、事業合夥關係、領先產業的對策）所需必備的關鍵技能。IT單位當然得靠自己的技術支援去管理和供應IT服務。它不能把自己關在技術的象牙塔裡自得其樂，它得從顧客的角度去看待技術，了解事業單位的作業與策略，才能提供正確的產品、服務和對策組合，為顧客（也就是內部的事業單位）締造成功。

　　我們會利用洛克希德馬丁公司裡的大型資訊系統組織來說明IT策略地圖和平衡計分卡的發展過程。

個案研究：洛克希德馬丁

　　洛克希德公司（Lockheed）和馬丁公司（Martin Marietta）於一九九五年合併為洛克希德馬丁公司（Lockheed Martin Corporation；LMC），一躍而成全美最大的防禦武器承包公司。二○○四

年，它的營業額高達三百五十五億美元，儲備金多達七百六十九億美元。最大客戶（占總營收的62％）是美國國防部，至於其他客戶則包括非國防性政府機關（含國土安全單位在內），這部分占了16％的營收；國際買賣占18％；國內商業客戶則占4％。

LMC公司的企業資訊系統（EIS）員工人數超過四千名，分布於佛州奧蘭多（Orlando）的公司總部以及全美各地數十個單位，其中包括華盛頓特區、華茲堡（Fort Worth）、加州森尼維耳市（Sunnyvale）、和丹佛市。「我們正設法讓策略成為每個人的職責之一。」該公司企業資訊系統作業副總裁米漢（Ed Meehan）如是說道。

自從一九九五年兩家公司合併以來，各事業單位主管就一直憂心忡忡，因為公司裡的各IT單位一向各自為政。「網路中心式」（net-centered）的資訊技術能力是該公司積極追求的策略目標，而能否成為這方面的領導者就得看公司的IT技術能力如何，因此上述問題格外令人憂心。洛克希德馬丁公司希望自己的技術能力可以成為資訊時代軍方組織作戰的樞紐，換言之，它得有辦法連結不同系統與感應器，使它們的連結運作遠勝過於系統各自運作的結果。

　　EIS相信自己對公司有很高的附加價值，為了達成這個任務，它全面採用「顧客解決方案式策略」（customer solution strategy），意圖成為該公司的IT服務最佳供應者。此外它也希望能為公司以外的顧客服務，協助洛克希德馬丁公司拿到政府的IT訂單，譬如來自美國國土安全部的生意。

　　因此EIS推出平衡計分卡計畫，目的是要配合EIS整體策略和總公司策略，整合旗下不同營運單位。BSC可協助EIS成為各種先進技術能力的創新者及供應者。圖5-12是EIS的策略地圖。地圖左邊由下往上讀的那排文字（「我們擁有充分授權的多元化人力……」）就像某EIS領導人所說的，有如策略地圖的《讀者文摘》版，換言之，若是遇到對策略地圖概念不熟的觀眾，就可利用這排文字快速理解地圖的架構與內容。

　　EIS領導階層把洛克希德馬丁公司裡的事業單位和技術單位主管全都當成自己的重要顧客，再以顧客的角度寫出顧客的五大目標。從左到右來看，這些目標等於是從「基礎條件」（「保證提供安全、可靠、一流的對策」、「讓我看見價值」、「實現承諾……」）開始，一路走到最終目標：徹底落實洛克希德馬丁公司的潛在價值（「了解我的生意和我的顧

圖 5-12 洛克希德馬丁公司的資訊系統策略

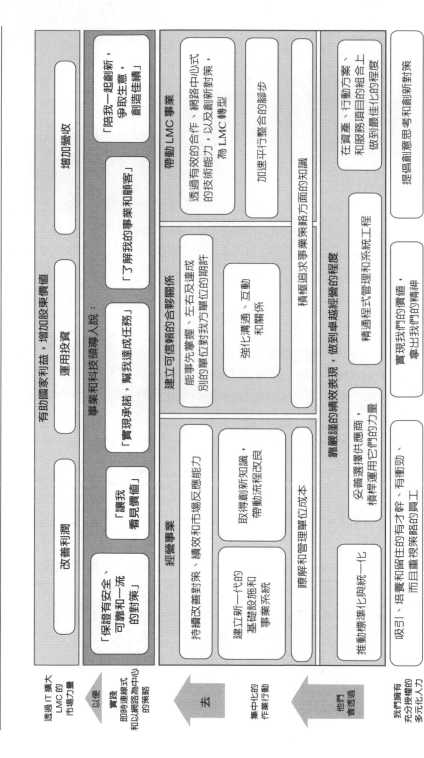

有助國家利益、增加股東價值

改善利潤	運用投資	增加營收

事業和科技領導人說：

「保證有安全、可靠和一流的對策」　「實現承諾，幫我達成任務」　「了解我的事業和顧客」　「陪我一起創新，爭取生意，創造佳績」

「讓我看見價值」

經營事業

建立可信賴的合夥關係　　**帶動 LMC 事業**

持續改善對策、績效和市場反應能力

建立新一代的基礎設施和事業系統

瞭解和管理單位成本

取得創新知識，帶動流程改良

能事事先掌握、左右反達成別的單位對我方單位的期許

強化溝通、互動和關係

透過有效的合作、網路中心式的技術能力、以及創新對策，為 LMC 轉型

加速平行整合的腳步

積極追求事業策略方面的知識

靠嚴謹的績效表現，做到卓越經營的程度

交善選擇供應商，積槓運用它們的力量

精通程式管理和系統工程

在資產、行動方案、和服務項目的組合上做到最佳化的程度

推動標準化與統一化

吸引、培養和留住的有才幹、有衝勁而且重視策略的員工

實現我們的價值，拿出我們的精神

提倡創意思考和創新對策

透過 IT 擴大 LMC 的市場力量

以便實踐即時連結式和以網路為中心的策略

去集中化的作業行動

他們會透過

我們擁有充分授權的多元化人力

客」以及「陪我一起創新，爭取生意，創造佳績」）。EIS領導階層很清楚，只有先打好基礎條件，建立好自己的技術權威性，內部顧客才有可能當它是做生意的好夥伴，不再只是服務提供者。

　　EIS內部流程構面的四個主旨架構是建立在「有衝勁的員工」等目標上，我們可以從左至右地看出它從「職能」一路慢慢轉變成「貢獻」。至於「嚴謹的績效表現」這個主旨則涵蓋EIS上下員工的所有目標和各種努力，目的是要帶動EIS整體績效的不斷改善，推動標準化和統一化的作業成果，妥善管理和槓桿運用外面的供應商，善用程式管理與系統工程原理，最佳化各種組合，以便為「經營事業」、「建立可信賴的合夥關係」和「帶動LMC事業」等主旨目標打好基礎。

　　要做好事業的經營，EIS認清一件事實：它的顧客最在意的是品質與成本。EIS靠著對單位成本的了解與管理，試圖將成本隔離於需求之外，妥善控制這些需求對IT總成本的影響所及。至於新一代基礎設施的研發與升級、流程的改良，以及對策、績效，和市場反應能力的改善，則被當成主要目標來強調。只不過這些目標的實現仍只是一個開端而已。

　　EIS領導階層靠著對各種企業策略知識的積極追求而得以強化自己和合夥人的關係，甚至能預想到對方的期許，並加以滿足。有了良好的關係，EIS準備在洛克希德馬丁公司裡頭進行水平式的整合動作，以便在整個企業裡確實拿出網路中心式的技術實力。「我們會設法透過資訊技術去擴大洛克希德馬丁公司的市場力量，」米漢說，「我們要讓所有的人都能順暢無阻地取得資訊。」

　　最後，EIS領導人將價值構面置於策略地圖的頂端位置，目的是在強調EIS組織為洛克希德馬丁公司所帶來的財務貢獻：透過成本管理，改善利潤；槓桿運用對現有IT技術能力的各項投資；還有能增加營收。

　　二○○五年中，EIS已經將這套策略地圖層層串聯到旗下十個功能單位，全體員工對於EIS策略的認知度和參與度也有了明顯的上揚。

整合財務組織

　　財務部門是我們是第三個要提到的單位，它或許是所有後援單位裡頭最有權力的單位。它可以衡量和控管組織的財務資源，它要負責詮釋和看守各

種會計標準，它得確實遵守外面監管機構規定下的各種條件。此外，它也得負責和企業的各種顧客溝通，包括股東、分析師、董事會、稅務機關、監管人員和債權人。

過去十年來，財務部門歷經劇烈變革。因企業財報的醜聞不斷，美國，〈沙氏法案〉應運而生，這項條款要求對組織的申報作業、內部流程和控管做更嚴謹的稽核。而電子科技（譬如網路）也全面改變了付款、開帳單、存貨以及供應鏈等作業流程。以知識爲基礎的新經濟體（百分之八十以上的企業價值是從無形資產中衍生出來）需要的是一套有別於傳統預算和財務報表之外的衡量辦法和管理系統。除此之外，附加經濟價值、需求滾動預測（rolling forecasts）、作業基礎成本分析管理以及平衡計分卡等全新衡量辦法也紛紛出籠。現代的企業財務單位在面對新發布的外在限制條件之餘，還得同時懂得運用新的衡量和管理辦法去協助組織落實策略，迎向未來。

財務單位面對這些挑戰的方法是：擴大自己原有的功能，和事業單位或總公司主管建立新的合夥關係。最近有個研究是以「首席績效顧問」（chief performance advisor）這幾個字來形容財務長。漢米

頓顧問公司（Booz Allen Hamilton）所做的研究顯示，「執行長會把財務長視作為推動公司全面改革的重要左右手」。寶鹼公司的財務長達利（Clayton Daley）認為今天的財務長必須扮演兩個角色：「我認為自己戴了兩頂帽子。一方面我得負責處理傳統的會計工作，譬如現金流量、資本和成本架構；另一方面，我的角色又愈來愈和策略、營運扯上關係。」

誠如圖5-13所示，我們會利用常見的財務部門策略地圖來說明這些責任。它的財務目標是以有效率的方式去經營財務部門，看緊各種監管、履約、控制和決策支援等活動的預算荷包。此外和效率有關的主旨還包括：透過有效適當的預算編列過程、嚴謹的資源分配和投資流程，以及各種作業報告和回饋，來協助企業達到降低成本和提升生產力的目標。至於它的效能目標則是從深受財務部門影響的企業平衡計分卡目標衍生而來，它會使用營收成長、股東權益報酬率，以及經濟利潤等量度去衡量企業的成功與否。

財務策略地圖反映出兩種顧客：外面的顧客和內部的事業夥伴。外面的顧客如股東、董事會、分析師和監管人員等，會要求財務部門提供詳盡的財

務季報、年報和各種公開資料；對總公司做好風險
管理；配合外面的法規行事，做好確實的控管工
作，保證公司的營運作業不會逾越法律和道德界
線。內部顧客則要求他們按時提供低成本的會計財
務作業（薪資發放、應收和應付帳款、每月的結算
作業和財務報表的匯整），以及向管理階層報告財務
現況，提供財務建議，支援策略作業。

　　至於可為內外顧客帶來各種好處的內部流程，
則是建立在四個主旨上。

（1）配合外面的法規，做好對外溝通：包括遵守法
　　　規內容，達到外部顧客的要求；有效溝通公司
　　　的經濟狀況與策略；定期向董事會報告，提供
　　　有利決策的支援；以及做好內外的稽核，滿足
　　　內外顧客的需求。
（2）交易的處理和控管：在交易的處理、紀錄的保
　　　存、財務申報、稅務和風險管理，以及內部的
　　　控管和法規的遵守上，都要做到卓越經營的程
　　　度。這些全是一般企業對財務部門的最起碼要
　　　求。
（3）規劃和決策支援：和事業單位共同研擬策略支
　　　援計畫；成為事業單位主管最信賴的財務顧

圖 5-13 財務組織的策略地圖藍本

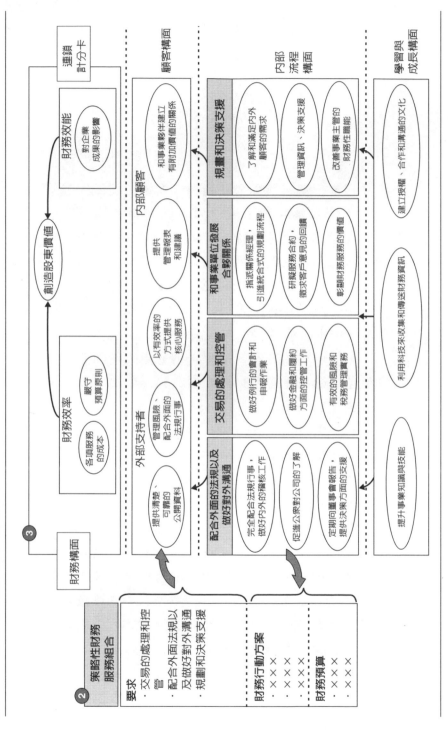

問，為他們提供財務和非財務資訊，詳細解說
數字背後的含義，提供各種分析工具，以利他
們作成決策、監控管理效能、和落實策略。

　　至於財務部門的學習與成長目標說明了這種全
新角色需要他們做哪些改變。在會計作業、財務報
表、法規和控管作業上，財務部門仍得扮演好以前
的角色。然後它必須以此為基礎，為員工培養新的
職能，要求他們確實了解事業主管的經營內容和策
略，成為他們的得力幫手。現在許多公司都要求財
務主管必須多花點時間在營運單位上。像嬌生公司
就要求財務部門展開為期兩年的訓練計畫，希望從
此財務主管能更重視顧客、了解市場、培養團隊作
風，以及勇於改革。
　　如今所有的例行交易和申報作業幾乎都已全面
自動化，因此財務人員也必須具備資訊技術能力。
他們要確保財務系統的正確性與整合性，提高交易
處理系統的價值（譬如ERP系統），利用更高階的
分析應用程式，將原始交易資料轉化成可供主管參
考的資訊與知識。
　　若想在內部流程裡扮演好規劃和決策支援的角
色，財務部門絕不能以「場外記分員」的角色自

居。它需要建立新的文化與氛圍，使部門裡的財務
專家成爲經理人和執行主管心目中最有附加價值的
財務顧問。

　　雖然財務主管都很努力轉型，想當稱職的「首
席績效顧問」，但誠如某前聯邦準備理事會主席在談
到自己角色時所言，他們必須隨時做好「潑人冷水」
的心理準備。財務經理必須擁有一套很堅定的價值
觀念，這樣一來，無論你是以一名忠貞的團隊成員
自居，還是代表外部顧客要求公司誠實申報、做好
風險管理、爲股東創造長期價值，都能在這兩個角
色之間取得平衡。

個案研究：漢多曼公司的財務部門

　　我們要繼續利用漢多曼公司的例子來說明財務
部門的策略地圖（圖 5-14）和平衡計分卡（圖 5-
15）。漢多曼公司財務單位的策略地圖使我們清楚看
見財務部門的整體作業，其中包括提供建言、稽
核、投資者關係、稅務、查帳小組、出納，以及各
種內部財務服務。

　　漢多曼公司的財務單位有四個重要的顧客目
標：

圖 5-14　漢多曼公司：財務單位策略地圖

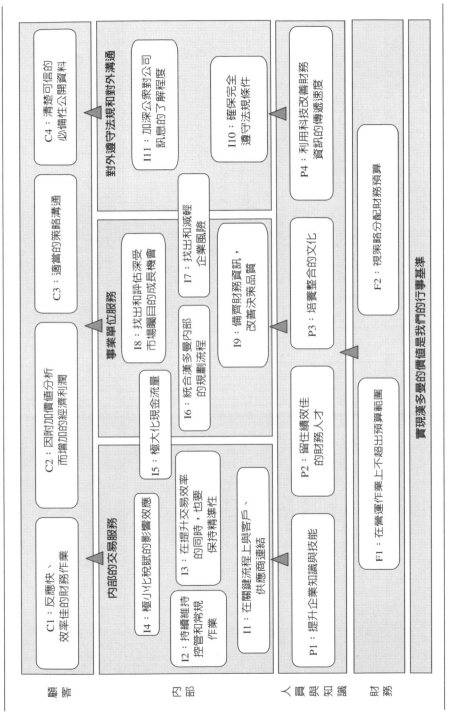

顧客

C1：反應快、效率佳的財務作業

C2：因附加價值分析而增加的經濟利潤

C3：適當的策略溝通

C4：清楚可信的必備性公開資料

內部的交易服務

I1：在關鍵流程上與客戶、供應商連結

I2：持續維持控管和常規作業

I3：在提升交易效率的同時，也要保持精準性

I4：極小化稅賦的影響效應

I5：極大化現金流量

I6：統合漢多曼內部的規畫流程

事業單位服務

I7：找出和減輕企業風險

I8：找出和評估深受市場矚目的成長機會

I9：備齊財務資訊，改善決策品質

對外遵守法規和對外溝通

I10：確保完全遵守法規條件

I11：加深公眾對公司訊息的了解程度

內部

人員與知識

P1：提升企業知識與技能

P2：留住績效佳的財務人才

P3：培養整合的文化

P4：利用科技改善財務資訊的傳遞速度

財務

F1：在適當運作業上不超出預算範圍

F2：視策略分配財務預算

實現漢多曼的價值是我們的行事基準

圖 5-15　漢多曼財務部門的平衡計分卡

	策略性目標	策略性衡量度
顧客	C1：反應快、效率佳的財務作業 C2：因附加價值分析而增加的經濟利潤 C3：適當的策略溝通 C4：清楚可信的必備性公開資料	C1A：事業單位滿意度調查 C1B：相較於總營收，財務部門 SG&A 總支出（一般費用）是多少 C2A：與原始計畫相較下的部門經濟獲利率 C3A：溝通計畫的執行比例 C4A：綜合評分量度
內部交易服務	I1：在關鍵流程上與客戶、供應商連結 I2：持續維持控管和常規作業 I3：在提升交易效率的同時，也要保持精準性 I4：極小化稅賦的影響效應 I5：極大化現金流量	I1：行動方案的完成率 I2：流程、控管和常規作業的歸檔比例 I3A：截止時間與計畫精確度 I3B：全體員工的每人平均交易完成數量 I4：最有利於公司的稅率 I5：與預算相較下的實際現金流量
事業單位服務	I6：統合漢多曼內部的規劃流程 I7：找出和減輕企業風險 I8：找出和評估深受市場矚目的成長機會 I9：備齊財務資訊，改善決策品質	I6A：各種管理建構案的整合進度 I6B：年度計畫的總工作天數 I7：企業風險緩和計畫的完成比例 I8：有多少供投資的機會點 I9：新模式的發展數量
對外履約和溝通	I10：確保完全遵守法規條件 I11：加深公眾對公司訊息的了解程度	I10：文件及時歸檔的比例 I11：溝通計畫的規劃進度人員與知識
人員與溝通	P1：提升企業知識與技能 P2：留住績效佳的財務人才 P3：培養整合的文化 P4：利用科技改善財務資訊的傳遞速度	P1A：技能缺口填補計畫的完成率 P1B：財務員工/嚙輪調的比例 P2A：優秀人才的留任率 P3A：財務部門內人員任的整合比例 P4A：在期限內完成執行事項的數量 P4B：策略性請求事項的落實比例
財務	F1：在營運作業上不超出預算範圍 F2：視策略分配財務預算	F1：預算變動金額 F2：SG&A 費用花在本交易作業的相對比例

（C1）反應快、效率佳的財務作業。財務單位在作業
　　　上必須反應快，效率佳。它會盡量縮短日常交
　　　易的作業時間，增加分析的作業時間，以便提
　　　升決策品質，在精確性和控管作業上保持一定
　　　水準。

（C2）因附加價值分析而增加的經濟利潤。爲了維持
　　　和增加公司的獲利力，財務部門可以支援事業
　　　單位的各種營運作業。而所謂的支援是指幫忙
　　　調查和分析事業相關資訊，以及幫忙推動行動
　　　方案。財務部門必須把自己的有限資源盡量集
　　　中可幫顧客提升價值的領域上。

（C3）適當的策略溝通。只要財務部門的溝通計畫可
　　　以清楚勾勒公司的策略，就能提升公司的本益
　　　比。

（C4）清楚可信的必備性公開資料。財務部門會爲投
　　　資者和債權人提供可信的財務資訊，以利他們
　　　決策之用。這些資訊必須精確、及時，符合法
　　　規標準。

　　　尤其第二個顧客目標（C2）是將財務部門的援
助和事業單位的成功畫上等號。在這樣的目標下，
財務部門才可能全力配合事業單位，以經濟夥伴的

身分協助它們提升經濟獲利力。

　　這四個顧客目標會受十一個內部流程目標所驅動，而後者是依三大主旨組織而成，這三大主旨分別是「內部的交易服務」、「事業單位服務」，以及「對外遵守法規和對外溝通」。以「事業單位服務」這個主旨來說，要成為得力的經濟夥伴，得靠以下的重要內部流程：

（I8）找出和評估深受市場矚目的成長機會。如果漢多曼想藉由收購或合夥的途徑快速有效地取得新顧客、新市場或新內容和新供應商，財務部門就得在前頭帶路，協助漢多曼完成這些作業。此外，財務部門也要幫忙找出有利公司跨足新事業的其他策略性交易，譬如重新整合現有服務、擴大網路生意、進入其他娛樂或非娛樂產業。

（I9）備齊財務資訊，改善決策品質。為了幫忙提升事業單位主管的決策品質，財務部門會盡量把重心從交易作業轉移到分析作業上，為他們可以提供有事實根據的即時財務資訊。

　　而在財務部門的策略地圖裡，前兩個「人員與

知識」層面目標是要培養必要職能，以利全新策略的執行，同時留住經驗老到和訓練有素的財務人才。第三個目標「培養合作的文化」，則是企圖和事業合夥關係這個主旨搭上線，強調財務部門人員必須共同合作，協助事業單位達成獲利和成長目標：

（P3）培養整合的文化。財務部門若想全力協助公司落實策略，就得在步調行動上完全配合，不能再有自掃門前雪的心態：「我們屬於同一個團隊，團隊裡的每一個人都是策略執行過程中不可或缺的要角。我們必須了解我們對財務策略地圖有什麼幫助，我們要負起應負的責任。為了創造這種整合的文化，必要時，我們必須調整自己的流程，包括報酬系統、內部溝通流程和組織架構。」

漢多曼公司的策略地圖和平衡計分卡是二十一世紀財務組織在面臨各種挑戰時的最佳典範代表。它除了繼續做好原本的份內工作之外（包括交易的處理、內部控管、溝通和遵守法規），也不忘培養新的技能和新的文化，與事業單位建立策略性合夥關係，協助他們創造更高的股東價值，並繼續保持下

去。

建立完整的循環

　　我們已經說明過如何發展策略地圖和平衡計分卡，配合事業單位和總公司去整合後援單位。但整合這種動作必須靠持續的流程來管理，不能只在地圖和計分卡上說說而已。誠如圖5-16所示，後援單位的有效整合流程不脫以下幾點要素：

● 由來自後援單位的關係經理負責整合事宜。
● 整個統合性規畫流程必須邀後援單位一起參與，再共同界定後援單位該以什麼角色去協助事業單位達成目標。
● 在「服務合約」裡界定後援單位的可執行事項、服務範圍，以及成本多寡，包括指定誰來擔任「行動主導者」（initiative owners），確保為客戶（事業單位）有效落實策略性服務組合裡的各個行動方案。
● 根據服務合約舉辦「內部顧客回饋」研討會
● 評估成本與利益，以確認後援單位的貢獻。

圖 5-16 結束整個循環：後援單位的整合流程

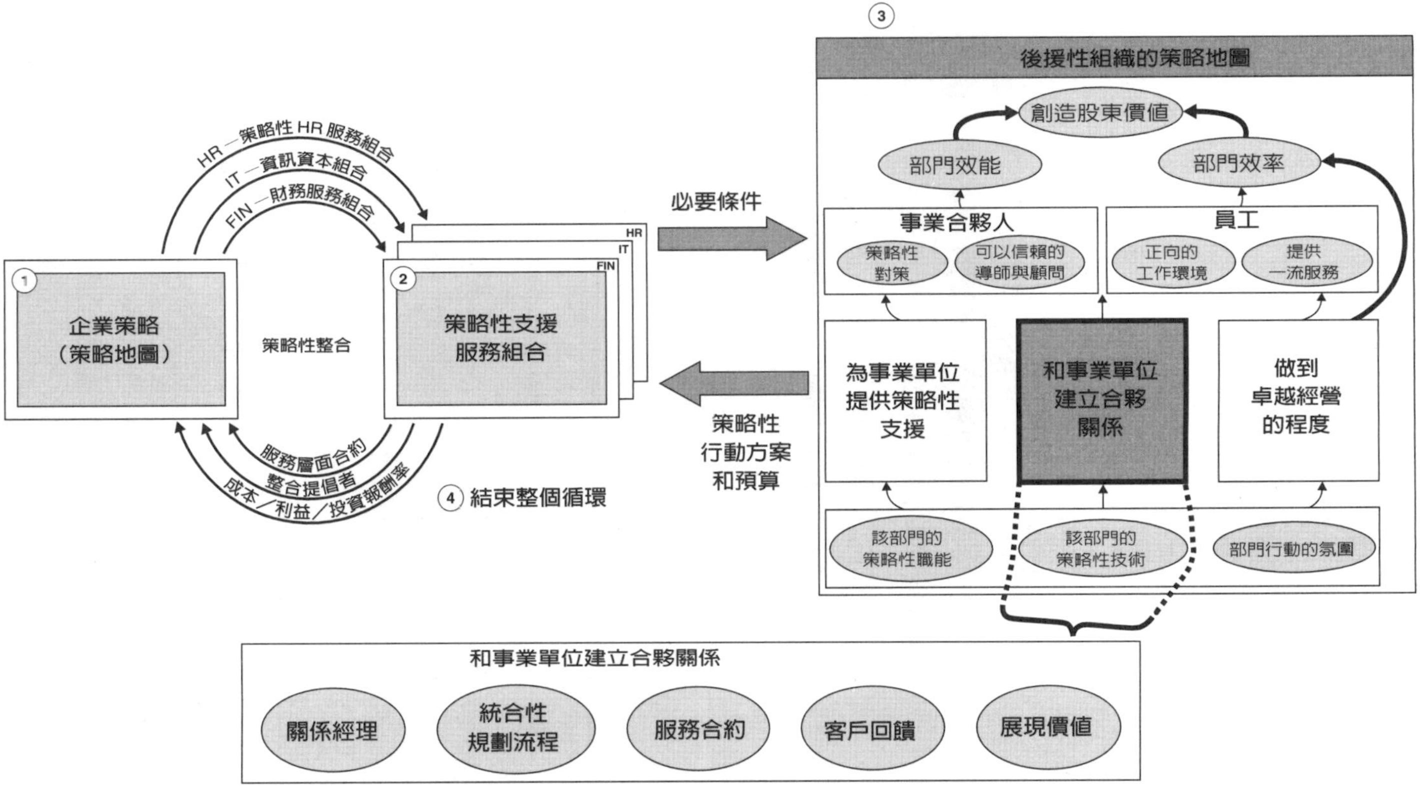

③ 後援性組織的策略地圖

員工
- 部門效率 — 提供一流服務
- 正向的工作環境
- 做到卓越經營的程度
- 部門行動的氛圍

創造股東價值

事業合夥人
- 部門效能 — 可以信賴的導師與顧問
- 策略性對策
- 和事業單位建立合夥關係
- 為事業單位提供策略性支援
- 該部門的策略性技術
- 該部門的策略性職能

必要條件

策略性行動方案和預算

② 策略性支援服務組合

HR
IT
FIN

- HR—策略性 HR 服務組合
- IT—資訊資本組合
- FIN—財務服務組合

策略性整合

① 企業策略（策略地圖）

- 服務層面指標
- 整合客戶
- 投資報酬率
- 成本／利益／投資報酬率

④ 結束整個循環

和事業單位建立合夥關係

- 關係經理
- 統合性規劃流程
- 服務合約
- 客戶回饋
- 展現價值

■ 關係經理

要和事業單位建立合夥關係，必須先指派人選全權負責關係的建立與管理。相信你一定也很難想像休依特人力顧問公司（Hewitt）或埃森哲顧問公司會在不指派任何關係經理的情況下就妄想和顧客建立良好的關係。

然而根據我們的調查，企業內只有百分之三十三的IT組織和百分之四十三的HR組織會特別指派關係經理處理這類業務。

IBM學習部門（曾在第四章說明過）一開始和事業單位展開整合過程時，是先指派「學習領袖」和各事業單位一起合作。學習領袖先了解事業單位的策略，將這些策略轉化為策略地圖，再教導事業單位利用各種訓練課程去加速策略的落實。學習領袖會著手展開規劃過程，在過程中找出學習性對策，協調各對策的發展事宜和執行作業。學習領袖會因這些作業過程而和事業單位主管建立起良好的策略性合夥關係。

厄文公司（J. D. Irving）是一家多角化經營的家族性企業集團，總部位在加拿大的新伯倫瑞克省（New Brunswick）。該公司曾為旗下八個事業單位各

指定一名「整合提倡者」（alignment champions）。
當事業單位在研擬、溝通，和評估計畫、量度與獎
勵辦法時，整合提倡者都會全程參與。他們會協助
事業單位主管發展出自己的領導作風、分享最佳實
務，並配合企業目標整合事業單位。

■ 統合性規劃流程

　　圖5-17的步驟1、2、3為後援單位呈現出有效
的統合性規劃流程。但其前提是事業單位已經擬妥
策略地圖。

　　如果事業單位沒有一套清楚的策略——即一套
可以轉化為策略地圖的策略，那麼要想找後援單位
整合恐怕很難。關係經理可以當事業單位的顧問，
協助沒有策略地圖的事業單位制定策略地圖。策略
地圖的制定是一套分析和架構的過程，關係經理不
難學會。

　　曾有某機構人力資源部的主管在協助事業單位
主管建立好策略地圖之後，讓後者有感而發地說：
「這是我見過最棒的策略說明。我從沒想過可以從我
們的人力資源單位身上學到這樣的東西。」整個規
劃過程清清楚楚，雙方在互相尊重的基礎下建立起
專業的合夥關係。

圖 5-17 服務層面合約和顧客回饋流程

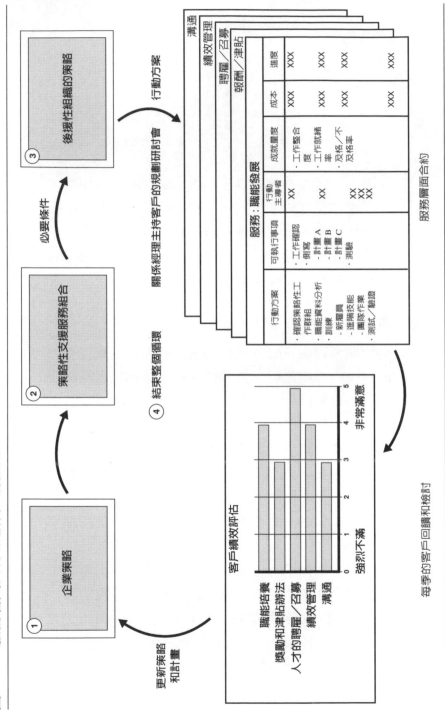

■ 服務合約和客戶回饋

策略性規劃流程會為後援單位製造出一套行動方案，讓它做事業單位的左右手。這些可執行事項都是事業單位成果背後的基本驅動因素，譬如，如果未能及時備妥有用的訓練課程，員工就學不到必要技能，新課程的目標成果（譬如品質或業績）也將因此達不到。

承諾全力實踐行動方案下的各種服務與課程，這樣的保證往往被轉化成「服務合約」，他們會利用合約來界定後援單位的可執行事項有哪些。服務合約是事業單位和後援單位這兩者關係的管理根據，也是各種成果責任的根據。

「行動主導者」的派任是為了協助後援單位集中力量完成服務組合裡的行動方案，確實履行服務合約。行動主導者會和來自事業單位的發起者（sponsor；或稱顧客）共同合作。後援單位的執行團隊會把它的策略性行動方案組合當成統合性組合來管理，就像創業投資經理人主動管理他們的策略性投資組合一樣。這個執行團隊會每個月檢討策略性服務組合的最新現況，而且至少每季檢討特定的行動方案。

　　這些例行月會非常有助於專業意見的交換，大家可以在會中互相討論後援單位的績效表現以及它能為事業單位分攤什麼責任。有位事業單位的經理說：「每季的檢討會議讓我們比以前更提早預見問題的發生。我們因此而培養出團隊合作的精神，不再只是交相指責。這證明採購績效的良好與否其實是大家的共同責任。」

■ 成本與利益

　　關係經理必須確保後援單位的服務絕對能達成事業單位所訂的目標。所以他不能光只證明雙方同意的行動方案會按時進行，不超出預算。後援單位必須在關係經理的監督下接受「願和事業單位共同承擔後果」的責任。換言之，如果服務沒有成效，後援單位也得負擔一部分的責任。

　　我們通常會建議組織在設計獎勵報酬辦法時，可以把一半獎金撥給對成果有功的後援單位員工。這樣一來，每個人都會把注意力放在成功這件事情上，而成功的定義自然是由企業來界定。

■ 更多延伸

　　我們已經談過策略性服務組合以及三大後援單

位的策略地圖（幾乎所有組織都有這三大後援單位）。其實我們也可以寫一本書來好好討論其他後援單位（譬如採購、研發、法務、會計出納、不動產、環保、安全、品管和行銷部門）要如何配合事業單位和企業策略進行整合作業，而不是只有短短的一章。雖然我們已經在這一章裡囊括了三大後援單位（人力資源、資訊技術和財務），但它們的旗下也有很多專司不同功能的部門。

舉例來說，某家企業的IT單位，旗下仍有各自分工的部門，譬如營運、技術、系統、應用程式、和保全部門等。因此大型後援單位往往需要以自己的策略為基礎，將策略和計分卡層層串聯到各作業部門，就像企業策略被層層串聯到各事業單位的策略一樣。

總結

當後援單位為了配合事業單位和企業的優先要務而整合自己的作業活動時，就是在為組織綜效盡一份力。這個說法看似簡單，但大部分的組織都做不到。

內部後援單位需要一套新的管理辦法，才能和

內部的顧客建立合夥關係和展開整合作業。這種整合將給公司一個經濟上的正當理由去保留內部的服務共享單位，不再將它們委外出去。

在本章，我們說明了「後援單位配合企業和事業單位策略進行整合」的一些基本原則。一開始必須先了解和找出策略上後援單位可以著力的部分。然後，這些目標會出現在後援單位計分卡（連鎖計分卡）的上層目標裡，形成一條共同的引線，貫穿於事業單位和後援單位之間。

顧客策略是用來和顧客建立合夥關係（後援單位一般都是採用顧客對策式策略）的，它會把客戶的目標當成策略地圖上的終極成果。內部流程目標則通常會用三種策略性主旨來代表，第一個是成本低、品質優又可靠的一般基礎服務；第二個主旨著重於它和事業單位建立合夥關係；第三個主旨強調創新服務的創造與提供，協助事業單位在策略上勝出。

學習與成長目標則強調後援單位員工必須同時具備知識、技能與經驗，才能成為事業單位主管賴以為重的左右手。

以左右手角色自居的後援單位員工，會全力開發 IT 服務和應用系統，以更有效能和更有效率的方

式提供各種服務；把過去強調功能導向的文化轉變為以顧客為導向的文化；提供對策，為以夥伴相稱的事業單位創造更高價值。

　　謹記這些基礎原則之後，組織便能整合內部的後援單位，召集它們一起加入行動，為企業創造更多的價值和更大的綜效。

第 6 章

串聯總體策略

組織可以由上往下或由下至上地串聯平衡計分卡和策略地圖的管理系統，但最後的平衡計分卡回報、分析和決策作業一定要能兩邊進行。

　　前幾章旨在說明理論，並借用幾個例子來討論如何配合企業策略整合事業和後援單位。其實企業有各種辦法可以達成公司整合的目的。有的是從頂端開始，也就是從總公司層級開始，再順序串聯到組織各層級。有的則在還沒建立總公司計分卡和策略地圖之前，先從中間攔腰著手（事業單位層級）。有的則打從一開始便在公司上下推行全套的行動方案。也有的會先在一、兩個事業單位身上實驗過後，才往其他單位推廣。

　　從我們的經驗來看，這中間沒有所謂最好的答案。我們看過很多方法，每一種方法到最後都有不錯的成果。在這一章裡，我們會說明我們從這些串聯過程中所看到的一些規則，並舉出幾個很成功的例子。

　　一開始先以兩個簡單但截然不同的例子做開場：加盟經營商（擁有共同價值主張的分權化單位）和控股公司（旗下各營運公司各自擁有自己的策略及價值主張）。然後我們再來討論比較複雜的狀況，譬如營運單位雖然分散運作，但其策略卻能同時反映出總公司的要務和地方現況。

　　最後我們會以東京三菱銀行的延伸案例作為這一章的收尾。這個案例看似打破許多慣例，但仍成

功落幕。它的例子足以說明，雖然串聯過程有原則可循，但還是可以、也應該視組織的文化及現況作調整。

加盟業：由上至下的共同價值主張

先讓我們看看由同質性零售單位或地區單位（譬如速食連鎖店、飯店和汽車旅館、銀行分行以及各地區的配銷中心）所組成的企業組織是如何發展計分卡。在這類企業裡，是由總公司專案小組負責研擬計分卡，再交由分權化單位使用。這份共同計分卡會為各零售點制定財務衡量標準，包括營收成長和成本改善之間的關係變化；滿意度、保留率和單店業績成長率等顧客量度、顧客價值主張、關鍵性內部流程、員工滿意度、留任率和能力衡量辦法、資訊系統的部署，以及組織文化。一旦完成之後，這份共同的計分卡就會傳達給所有單位，並放進它們的回報和獎勵系統中。

為同質性單位提供共同的價值主張和計分卡，其中好處很明顯。第一，整個過程很簡單，只要總公司專案小組決定好策略地圖和平衡計分卡裡的量度與指標，便能快速發布到各單位。而這些分權化

的地方單位根本不需要再做分析。

　　第二，總公司可以透過各種管道清楚傳達共同的訊息，這些管道包括演說、會刊、網站，以及布告欄上的公告。各駐點的員工都能收到同樣訊息。

　　第三，共同量度可以帶動內部競爭的氛圍。這些量度會制定內部的標竿，鼓勵大家分享最佳實務。由於每個單位都遵循同一套策略，使用同一套衡量標準去檢驗策略的成功與否，因此總公司可以從各種量度裡去找出表現最好和最差的單位，藉由績優單位的經驗談來共同提升眾人的表現。

　　但這種做法也有缺點。無可諱言，這種流程給人一種上壓下的獨裁感覺，地方單位沒有任何置喙餘地。對總公司各項規定早就疲於應付的地方單位，在接到命令的當下反應通常是持否定態度：「這個一定也是曇花一現啦，等著瞧吧！」他們總是對總公司能否力行新平衡計分卡裡的行動方案感到懷疑。

　　但如果總公司的主管持續推動這些行動方案，他們就會從否定期進入「用藥」期：當我們被強迫服下很苦的藥物時，父母和醫生往往會說良藥苦口，趕快吞進去就沒事了。在這個階段，地方單位是很唯命是從的，他們會乖乖地定期回報結果，由

總公司去做績效衡量。其實它們認為這個方法對自己沒什麼好處。因為就算績效不錯，也只是暫時通過這一期的考驗，而且為了幫新的績效量度準備資料，還得多花一筆錢。但萬一績效低於標準，就會被總公司緊迫盯人，要求給一個解釋，還得接受矯正。

不管是否定期還是用藥期，這些分權化單位都不會善用策略地圖和平衡計分卡的功能為自己製造利益，也不會動員旗下員工全力成就總公司目標，更遑論配合共同策略去整合各部門功能，或者教育和激勵員工確實落實總公司策略，抑或將策略重心悉數擺在規劃、預算編列、資源分配、回報、評估和改造等循環性管理流程上。

換言之，總公司主管面臨的挑戰是：如何讓這些分權化單位的主管願意利用共同的策略地圖和平衡計分卡去整合自己的流程、部門和人員，實現共同的價值主張。總公司主管必須說服地方主管相信，如果每個單位都能幫忙其他單位創造價值，好處將無可限量。

安‧泰勒公司（Ann Taylor）是一家女性服飾連鎖店，它旗下的各單位都會要求員工根據共同計分卡的策略性目標及量度發想一些個人創作。有些

員工會寫詩，有些員工會排一場迷你舞台劇來說明
目標顧客以及購買經驗，也有人會製作饒舌歌組團
表演。這樣一來，等於每個員工都仔細研究過這個
策略，吸收了這個策略，再用自己的方法表演出
來，同時也欣賞到其他員工和主管的創意演出。雖
然總公司已做好共同價值主張的決定，但這些地方
性的表演和遊戲卻使主管和員工眞正動了起來，爲
這套共同價值主張注入自己的活力。

控股公司：由下至上

　　相較於連鎖零售企業那種由上至下式的層層串
聯做法，多角化經營企業反而是從營運單位層級開
始（至少要比總公司矮一級）。舉多角化經營的
FMC公司爲例，總公司的高階主管提議從旗下的營
運單位裡頭找出六家「志願」擔任先鋒的子公司，
由它們自行發展計分卡，總公司則會提供各種諮
詢。

　　幾個月過後，在一場FMC公司主管全員到齊的
會議上，各「先鋒」單位的總裁輪番上台報告心
得，結果引起在場其他營運單位的熱烈討論，它們
全都一面倒地希望落實這套新的管理系統。結果到

了同年年底，每家營運單位都已經有一套總公司核可的計分卡。

從此之後，FMC營運單位的計分卡成了它們和總公司之間的責任契約。總公司和營運單位的主管每季都要碰面開會，這時BSC就成了會中的議程和主題。

在計分卡還沒引進之前，FMC總公司和營運單位之間的討論僅限於財務量度，譬如使用資本支出報酬率（return on capital employed；ROCE）及底下的一些要素。如果營運單位做到了ROCE的指定目標，整個會議氣氛會很愉快，馬上就能散會。但萬一沒達成這個目標，討論時間會被拉長，感覺十分難熬。反觀有了計分卡之後，主管們除了討論財務表現之外，也能檢討非財務方面的量度，而後者更能預測未來的績效與成長。

其實各家營運單位的計分卡都不相同。不同的計分卡不可能集合起來變成總公司的計分卡，除了財務量度之外，因為財務量度是通用的。雖然各家的計分卡大不相同，但總公司主管還是認為有了計分卡之後，更方便自己和營運單位開會。現在他們只需要檢查該單位的策略和計分卡，再對照指標，評估該單位的現有表現。

　　此外，總公司主管也開始覺得自己其實也算是
各營運單位策略的「眞正主子」（owner）。因爲如果
該單位的執行長走了，不管自願走的還是非自願走
的，接手的執行長都不能隨意推出新的策略。他的
基本職責是繼續推動該單位以前就提出和通過的策
略案。新任執行長若想修改或推出全新策略，得先
和他的單位共同發展一套全新的策略地圖和計分
卡，再呈報給總公司核可。此舉等於爲組織上下提
供一套更系統化的做法，讓獨立運作的營運單位在
策略研擬上擁有自主權，而母公司也有辦法隨時監
控和評估各營運單位的策略績效。

　　FMC 靠這套辦法運作了許多年，後來才又製作
出一套總公司層級的計分卡，而且不出所料，裡頭
有許多財務量度和員工量度（學習與成長）。當然它
也涵蓋了內部流程量度，大多和風險控管有關，因
爲各營運單位都將這個量度放進它們的平衡計分卡
裡。

　　總而言之，高度多角化經營的企業，其計分卡
很少是從總公司開始，因爲根本沒有總公司策略這
種東西。每家營運單位自行發展自己的策略和計分
卡，再呈報總公司主管批示，爾後，總公司再利用
它們去監控營運單位的績效。等到了一定的時間，

總公司自然會發展出一套總公司層級的計分卡，上頭完整收集各營運單位的財務和員工量度，並明確界定出總公司的主旨（譬如在安全性、品質或環保上做到優於對手的地步），並將這些主旨併入各營運單位的計分卡量度裡。

綜合式的串聯過程

大部分組織在經營上都介於這兩種極端之間，所以它們的選擇有兩種。一種是由上至下的傳統做法：先由總公司制定策略地圖和平衡計分卡，再由各事業單位和後援單位制定自己的計分卡，以便落實總公司策略和計分卡量度。

第二個辦法比較偏向由下往上的方式：先由事業單位打頭陣，研擬地方性策略地圖和BSC。這些計畫會累積眾多知識，大家開始對這套管理工具愈來愈有信心，於是往上提升到總公司層級，終於有了明確的企業價值主張。

由上至下的個案研究：美國陸軍

說到由上至下的串聯過程，美國陸軍（U. S.

Army）想當然耳是最好的例子，它是高度階級化的組織，完全一個口令一個動作。被稱之爲「策略性整備系統」的美國陸軍平衡計分卡，是於二○○二年初推出的，當時已經得到包括陸軍參謀長和陸軍部長在內的組織高層核可。

第一份計分卡被稱爲「零級計分卡」（the level 0 scorecard），上面有全球的美國陸軍策略（請參考圖6-1），它是從兩種核心競爭力的角度去界定作戰任務，這兩種競爭力分別是「訓練士兵，提供必要裝備，培養軍事領袖」以及「爲作戰（戰地）指揮官及其聯合團隊提供重要且整備齊全的陸權作戰能力」。美國陸軍沒有顧客，只有利害關係人（美國公民、國會和行政部門），所以在這部分，它已經確認出六種關鍵作戰能力：打造安全的環境、迅速展開應變行動、動員軍隊、執行強行侵入行動、維持陸上主導權以及支援市政當局。

這份計分卡的內部流程構面則是由四大策略主旨構成：

（1） 調整全球足跡（footprints）
（2） 發展共生性聯合後勤架構
（3） 建立未來武力

圖 6-1　美國陸軍的策略地圖

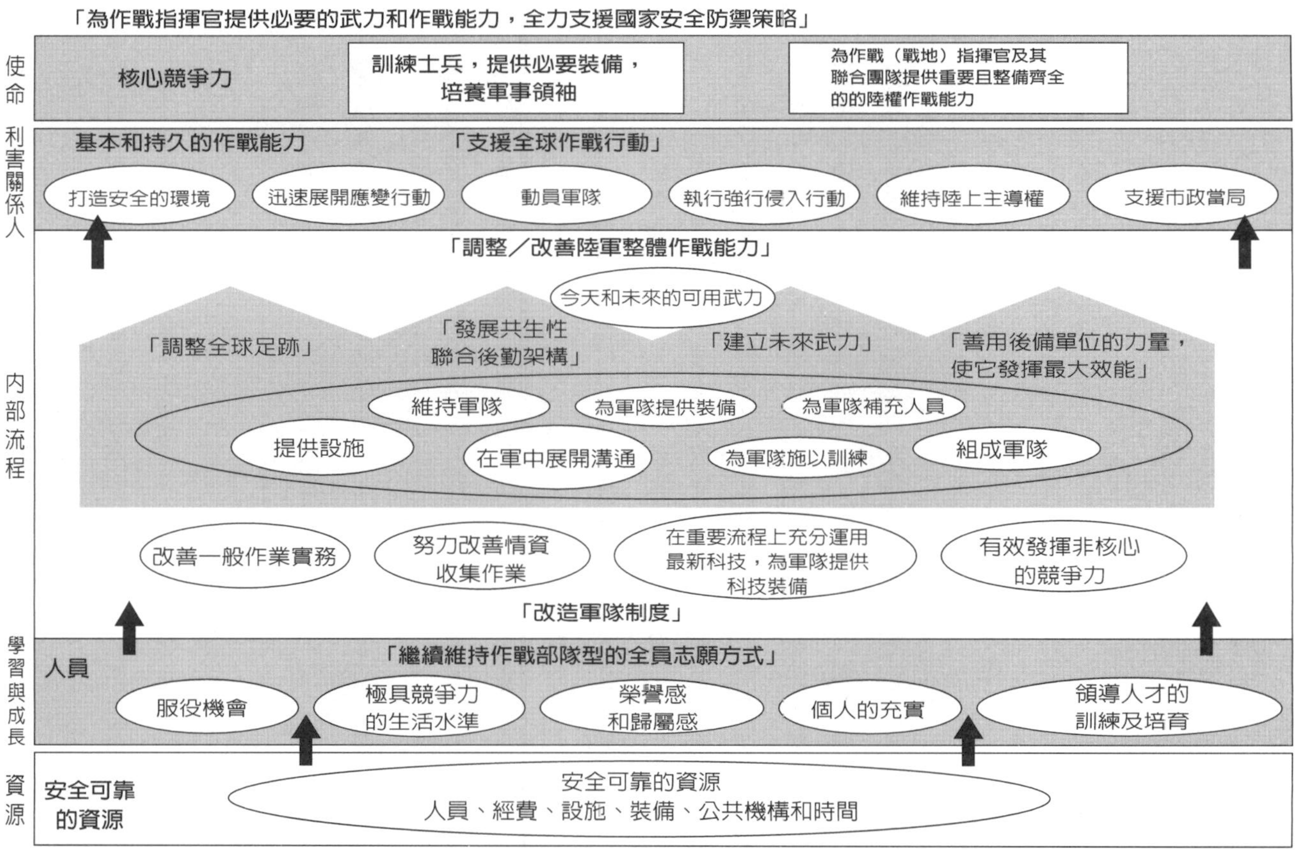

「為作戰指揮官提供必要的武力和作戰能力，全力支援國家安全防禦策略」

使命		「為作戰指揮官提供必要的武力和作戰能力，全力支援國家安全防禦策略」

訓練士兵，提供必要裝備，培養軍事領袖	為作戰（戰地）指揮官及其聯合團隊提供重要且整備齊全的的陸權作戰能力

核心競爭力

利害關係人

「支援全球作戰行動」

- 打造安全的環境
- 迅速展開應變行動
- 動員軍隊
- 執行強行侵入行動
- 維持陸上主導權
- 支援市政當局

內部流程

「調整／改善陸軍整體作戰能力」

「今天和未來的可用武力」

「建立未來武力」

「善用後備單位的力量，使它發揮最大效能」

「發展共生性聯合後勤架構」

- 提供設施
- 維持軍隊
- 在軍中展開溝通
- 為軍隊提供裝備
- 為軍隊補充人員
- 為軍隊施以訓練
- 為軍隊提供科技裝備
- 組成軍隊

「調整全球足跡」

- 改善一般作業實務
- 努力改善情資收集作業

「在重要流程上充分運用最新科技，為軍隊提供」

學習與成長

「改造軍隊制度」

「繼續維持作戰部隊型的全員志願方式」

- 服役機會
- 極具競爭力的生活水準
- 榮譽感和歸屬感
- 個人的充實
- 領導人才的訓練及培育

人員

「有效發揮手邊核心的競爭力」

資源

安全可靠的資源
人員、經費、設施、裝備、公共機構和時間

（4）善用後備單位的力量，使它發揮最大效能

　　學習與成長構面的目標完全以人員為主，希望繼續維持作戰部隊的全員志願役方式。美國陸軍用資源構面取代原來的財務構面，藉此證明它有能力在合理的時間範圍內取得人員、軍費、設施、裝備和公共機構，達成任務使命。

　　陸軍專案小組在三個月內完成零級計分卡，陸軍參謀長和陸軍部長於二○○二年四月批示通過，然後（請參考圖6-2）再被下達到直接對陸軍參謀長報告的一級單位。這些一級單位囊括各陸軍指揮部以及包括醫藥、人事、後勤在內的幕僚總部等共計三十五個單位。零級計分卡先為這些單位提供了一個策略性架構和方向，再由各指揮部和幕僚總部據此界定自己的策略性優先要務，其中包括了支援美國陸軍和完成在地任務。

　　整個串聯過程由新的總部單位主導，它的名稱是 SRS 作戰中心（SRS Operations Center；SRSOC），其角色有如這個專案的集中諮詢單位。SRSOC 是一個由平衡計分卡專家所組成的團隊，能為美國陸軍提供有關計分卡的各種指導、訓練、專業知識、技術支援及品質控制。SRSOC 曾舉辦為期

圖 6-2 計分卡在美國陸軍內部的串聯方式

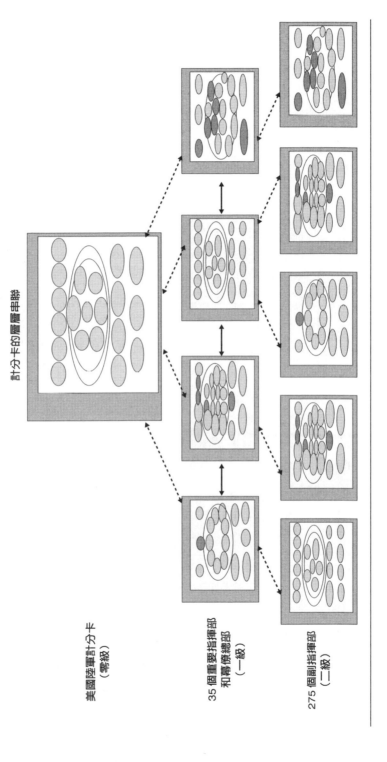

計分卡的層層串聯

美國陸軍計分卡
(零級)

35 個重要指揮部
和幕僚總部
(一級)

275 個副指揮部
(二級)

　　兩天的訓練課程，共計有四百名學員完成 BSC 和陸軍零級計分卡的基礎訓練，正式成爲 BSC 的專案領導人。

　　每個指揮部的 BSC 團隊都會和它的領導階層合作，共同找出策略性優先要務，利用一套名爲 SRS 設計中心快件（SRS Design Center Express）的線上工具去制定平衡計分卡。這套工具會提供多媒體的指示說明、藍本，並教導如何配合美國陸軍目標及量度進行整合。SRSOC 可以利用設計中心所設計的現況報告書，監督一級單位在一定時間範圍內完成作業。SRSOC 還會每週召開電話會議，展開問答式的座談會議。它會制定兩道關卡，各單位必須在此提出策略地圖和計分量度供同儕檢討。

　　每個作戰指揮部和幕僚總部的高階軍官都要先核可自己單位的平衡計分卡，再呈報給陸軍參謀本部審核。參謀長會利用這些資料和正在進行組織改造的指揮官們討論策略方向。

　　下一步的串聯目標則是兩百七十五個二級單位。整個執行過程和前面串聯一級單位的動作一樣，主要差別在於二級單位的背後支援完全來自於一級單位的作業中心。一級單位的作業中心必須負責品質控制、解答問題、支援設計中心、即時監

控，以及課程督導。當一級作業中心需要協助時，SRSOC總部（零級）會立刻提供支援。各一級作業中心紛紛成立後，可以加速這個專案的知識交流，將觀念快速傳播到基層單位。再加上配套的訓練課程和線上的SRS設計中心快件，兩百七十五個二級單位都能迅速發展出自己的平衡計分卡。至於最後一個串聯動作則是由各師旅部隊（這些單位旗下士兵人數高達一萬名）來發展計分卡。

現在陸軍軍官在與將領、民間領導人及其他團隊成員開策略性資源例行檢討會議時，都是靠平衡計分卡這個工具。SRS的平衡計分卡使團隊可以從整體的角度（包括後勤、作戰、醫療、訓練和其他幕僚領域）去評估單位的表現。各陸軍單位人員都能輕易取得計分卡的資料，然後再就相關議題進行快速整合。簡而言之，計分卡讓美國陸軍在遇到問題時，可以「找對人開會」。

陸軍平衡計分卡為領導階層提供了精確、客觀、一切都在掌握中的整備資訊，大大提升了策略性資源的管理作業。這是美國陸軍有史以來第一次運用企業管理系統去統合從現役、後備、到幕僚等單位的整備資訊，也因此使陸軍得以改善作戰指揮官的背後支援系統；為美國軍人及其眷屬提供最優

福利；找出和採用最周全的作業實務辦法；以及徹底改造美國陸軍。

　　由於這套回報系統能確切掌握及時資訊，再加上情資收集範圍得以擴大，因此能大幅改善陸軍衡量整備度的方式。現在美國陸軍正進一步擴大這套系統，以便充分利用各種領先性指標，做出精準預測，先行篩除還沒擴大的問題，以免影響日後的整備行動。

　　BSC除了對領導高層有利之外，個別將領也能受惠。各單位從此可以更有效地達成基本任務，同時也更注重整備度和全面改造作業，以期朝目標武力（objective force）的未來方向前進。

上至中，再由中往上的個案： MDS

　　一向採多角化經營的MDS公司採用的方法略有不同。MDS雖然也是遵循由上至下的作業方式，但因爲它的營運單位都是獨立自治的，所以在剛制定總公司平衡計分卡時，並無法完全擬妥企業層級策略。總公司得等到營運單位做好自己的地圖和計分卡，才能更新自己的計分卡，訂出可通用於所有單位的量度。

MDS公司總部位在多倫多，是一家國際保健生命科學公司，專門提供可預防、診斷和治療疾病的產品及服務。它的分公司遍布於全球二十三個國家，員工總數超過一萬人，二○○四的會計年度營收高達十八億美元。多角化經營的MDS，其營運觸角囊括四大事業領域：MDS同位素公司（MDS Isotopes）專門供應核子醫學專用的顯影劑、消毒系統專用原料，以及有利癌症療程規劃執行的治療系統；MDS疾病診斷服務公司（MDS Diagnositcs）負責提供實驗室資訊及服務，以利疾病的預防、診斷和治療；MDS科學儀器公司（MDS Sciex）專門供應先進的分析儀器，譬如質量光譜儀；MDS製藥服務公司（MDS Pharma Services）則負責承包製藥產業的各項研究和藥物開發工作，同時致力於功能性蛋白體（functional proteomics）的研究，希望找到開發藥物的新方法。

從一九七三年到二○○二年之間，該公司營業額的年平均複合成長率（CAGR）高達百分之二十，就連它的盈餘CAGR也高達百分之十六。顯然MDS不是一家狀況不佳的公司，本身並無任何燃眉之急。但MDS還是推出平衡計分卡專案計畫，要從「好還要更好」的角度去改造自己。因此它把焦點放

在更重要的價值創造活動上，同時積極整合各事業
單位的腳步。

　　MDS總公司的小組一開始先確認有哪些東西不
能被改變。譬如它會保留原來的核心價值——「誠
實經營、追求卓越、互相信任，以及對人類的由衷
關心與尊重」；並以此核心價值作為策略地圖的基
礎，深耕於公司各層面。

　　MDS將其願景：「成為歷久不衰的全球保健生
命科學公司」，放在總公司策略地圖的頂端位置。
MDS若想邁向全球化的目標，就得擴大基礎，從原
來的加拿大和北美市場往外擴展。此外，MDS也在
財務構面裡放進價值聲明：「熱情支持我們共同建
立的這家公司」（請參考圖6-3）。這些願景、價值和
目的聲明都能完全配合MDS想要帶動組織成長與改
革的新策略。

　　為了保持MDS原有的獲利力和高成長率，企業
策略地圖具體訂出明確的財務量度和指標。學習與
成長目標則反映出和人員、系統有關的總公司優先
要務。MDS總公司選定四個籠統的顧客主旨，每個
主旨背後都有顧客和內部流程目標做後盾。為了給
各事業單位足夠的空間去自行設計「價值創造」的
方法，MDS故意先不決定顧客和內部流程目標的量

圖 6-3 原始的 MDS 企業策略地圖

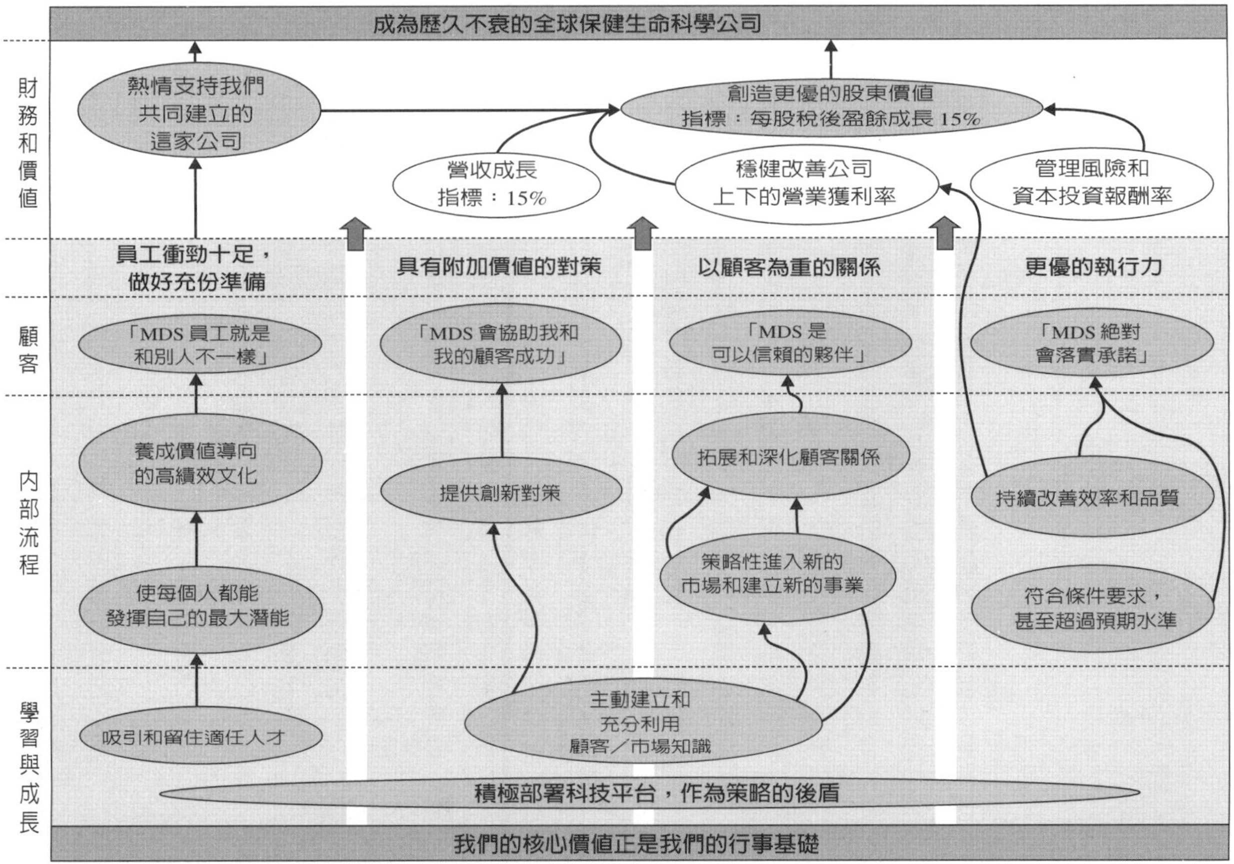

度。此舉等於透露總公司管理階層的確相信大部分
的價值必須靠各事業單位來創造,而非總公司。

在層層串聯策略地圖的過程中,有十一家事業
單位被MDS相中,視為它的策略重心。這些單位都
和委託者及客戶有直接接觸。總公司要求它們發展
策略地圖和平衡計分卡,再往下串聯到旗下部門和
各員工。MDS總公司的BSC協調領導者哈利斯
(Bob Harris)為各單位選出「BSC流程主管」,再和
這些流程主管合作,以確保格式與術語的統一,以
及分享專案執行過程中的學習經驗。每個事業單位
都得擬定自己的顧客價值主張,在低價、體貼顧客
和產品領先這三種主張當中選出一個作為自己的主
軸。

總公司一開始會先確定,除了靠這十一家策略
性事業單位之外,它和其餘單位又該如何為公司增
加價值?最後他們得出的結論是,總部若想增加價
值,得靠四大營運部門(同位素公司、疾病診斷服
務公司以及初期和晚期的製藥服務公司等)展開由
上至下的領導與管理;還有總公司必須直接支援基
礎研發工作,以及做好共同服務的基礎設施。

等到基本的整合架構就定位之後(請參考圖6-
4),總公司的專案小組就能重新修定總公司策略地

圖。在這次修正作業中，總公司會將地圖裡的目標數量，從十八個刪減為十二個（請參考圖6-5）。

第一次的總公司策略地圖太過詳盡，其中有幾家事業單位根本還沒為自己界定顧客價值主張，就先直接採用總公司的四個顧客目標。事業單位若提不出自己的顧客價值主張，自然無法制定任何差異化策略。新的總公司策略地圖明白承認總公司本身並無任何顧客，只有事業單位才有顧客。因此總公司只選定很籠統的顧客目標：「建立歷久不衰的顧客關係」，藉此清楚告知每一個事業單位要自己找出明確的顧客價值主張，才能和顧客建立歷久不衰的良好關係。

此外總公司的領導階層也為各種共同目標選定量度，並責成總公司裡的主管負責達成該量度的指定績效。總公司的量度與指標為各事業單位計分卡上的共同量度和相關指標提供了清楚的方向。總公司不會把事業單位當成它的「顧客」。而是當事業單位的老闆，為事業單位制定優先要務和指標，提供援助，協助它們單位達成指定績效。有時候總公司看到某項共同優先要務（譬如創新）不能單靠一個單位的力量，必須先展開跨單位或基礎性的研究計畫才能完成時，它就會適時出資援助。

圖 6-4 MDS 的全面整合

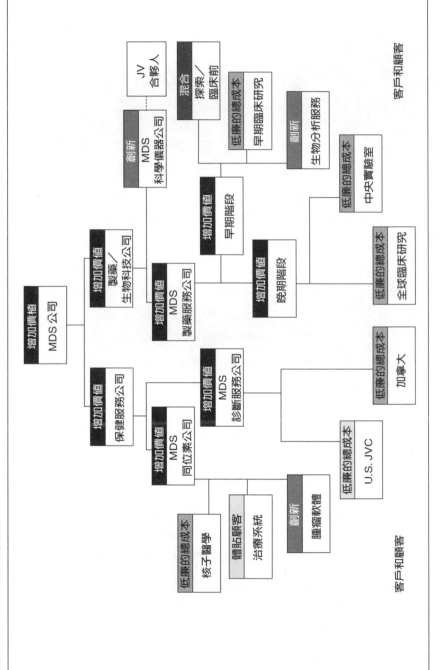

圖 6-5 經過修訂的 MDS 總公司策略地圖

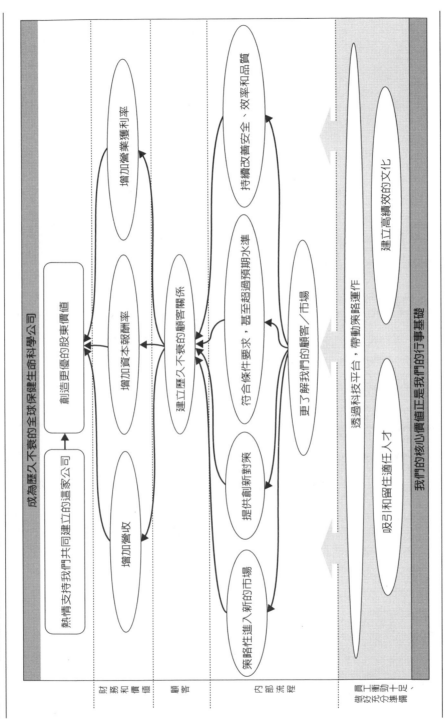

　　舉凡對多數事業單位有利的收購作業，總公司事業開發小組也會出資援助。這些介入舉動全都是總公司平衡計分卡上的目標或服務共享單位（譬如總公司事業開發小組）的目標。

　　MDS和美國陸軍這兩件個案的做法雖然不同，但都很對各自組織的胃口和文化。美國陸軍使用的是由上至下的傳統辦法。組織高層先決定好總公司策略，再下達串聯到基層作業單位，而這些分權化的單位會在自己的地圖和計分卡上反映出總公司的主旨和優先要務，以及自己的在地任務和挑戰。MDS則採用反覆循環的方式，先由總公司做出共同策略地圖的架構，再交由營運和後援單位各自發展自己的地圖與計分卡。等到第一回合完成之後，總公司再重新檢討修正自自己的策略地圖和平衡計分卡，然後將共同量度層層串聯到各營運和後援單位。

可以由事業單位先開始嗎？

　　許多平衡計分卡和策略地圖都不是從總公司開始。它們之所以由部門或事業單位帶頭建立第一份計分卡，可能是基於以下兩點理由：第一，這家公

司想在正式推出專案計畫，全面落實計分卡之前，先以地方單位進行實驗，取得這方面的知識、經驗，確定它的有效性和接受度。

至於第二個理由就更常見了：總公司本身或許根本沒有意願建立平衡計分卡，不想把它當成策略管理系統來使用。反而是旗下事業單位、各地駐點或後援單位對計分卡這種概念躍躍欲試。這本書的內容到目前為止，好像會讓單位主管覺得自己得先說服總公司高層接受計分卡系統的種種好處，屆時才能得到高層的背書和支援。但要說服高層接受這種全新的衡量辦法和管理概念，少說也得花很多年的時間。很少人有耐心等高層主管徹底覺悟，回心轉意。

所以我們建議只要有人願意帶頭去做，就可以直接建立第一份計分卡。這件事通常都是地方單位的人會這麼做。只不過循這種方法所製作出來的策略可能不盡完美。地方單位的策略或許可以反映出最有利於自己的思維角度，證明它會如何在所屬市場上透過各種機會管道的開發去創造價值，但卻無法為總公司帶來更大價值，畢竟它並未結合其他單位的力量，更忽略了和其他單位合作的機會。

要解決這種進退兩難的問題，其實很簡單。當

地方單位的專案計畫還處於資訊收集的早期階段
時，專案團隊的代表就應該前往總部辦公室拜會營
運長和財務長，向他們說明該單位剛推出的專案計
畫，請求給予指導。而在說法上可以這樣說：

「有什麼地方必須配合總公司的策略？當我們
在發展自己的策略地圖和計分卡時，有哪些總公司
的優先要務是我們必須先考量的？有哪些總公司主
旨是我們必須納入計畫的？在我們發展自己的策略
和績效量度時，需不需要和其他事業單位有任何連
結或統合？」

這些問題並不需要有總公司的策略地圖和平衡
計分卡才能回答。只要高層主管對公司本身有清楚
的策略概念，就能大概說明事業單位可以用什麼方
法為公司創造綜效。

換言之，他們的答案或許可以讓地方單位知道
自己必須傳達的顧客價值主張是什麼？必須重視的
全球顧客有哪些？有沒有必要和其他單位共享顧
客，進行交叉銷售？甚至能點醒地方單位要充分利
用中央資源或營運總處的技術能力，積極栽培員
工，建立一套各單位都能使用的資料庫和知識庫。

高層主管的回答內容可能會囊括一些總公司主旨，
譬如品質的卓越、安全性、環保問題，或電子商務
等。有了答案之後，專案小組就能回到所屬單位展
開作業，將總公司的優先要務、必要的連結作業。
以及各種整合機會，放進自己的策略地圖和計分卡
裡。

　　當然，高層主管也像可能這樣隨便打發你，認
為你提的問題不重要：

　　「別老拿什麼總公司策略和共同顧客價值主張
這種事來煩我們。我們這裡可不流行什麼MBA或
企管顧問之類的東西。我們只要你把錢賺進來！」

　　於是，事業單位團隊成員的結論往往是：「好
吧，他們沒有總公司策略，那就隨便我們自行發展
策略，只要財務結果讓他們滿意就好了。」因此地
方單位會在沒有總公司指導的情況下自行發展策略
地圖和平衡計分卡。雖然被打了回票，但至少他們
曾試著找出綜效機會。

　　不管是哪一種情況，地方單位都能發展出一套
很棒的計分卡去快速有效地落實自己的策略，及早
享受財務上的可觀成就。等到它們愈來愈了解計分

卡和策略之間的運作關係，對此愈來愈有信心之
後，再把這套概念水平轉移到其他事業單位或垂直
轉移給各部門、甚至總公司。當地方單位第一次發
展平衡計分卡時，一定要掌握一個重要原則：盡量
抓住各種有利價值創造的機會，想辦法和其他事業
單位或服務共享單位連結，以便透過有效的策略執
行方式，提升地方單位所創造的價值。

　　我們也曾見過由服務共享單位（譬如人力資源
單位或資訊技術單位）主動帶頭發起計分卡的例
子，而且結果也都不錯。但前提是服務共享單位必
須充分了解營運單位和總公司的策略，才可能為自
己設計出適當的策略去協助總公司和事業單位達成
目標。

　　以某國際汽車公司為例，它的第一份計分卡就
是由該公司歐洲分部的資訊技術單位所制定。這家
資訊技術單位本來就是該地區八條獨立生產線的作
業靈魂中心，因此它很清楚這些營運單位的策略。
當營運單位得知IT計分卡正在執行時，都很注意它
的發展，最後也決定要採用平衡計分卡。於是IT的
BSC專案團隊很快成為歐洲八家營運單位BSC專案
計畫的指導團隊。

　　最後這項行動方案的風聲傳到了總公司耳裡。

過去曾指導自己單位推廣BSC的IT人員被總公司指派爲代表，負責部署全球的平衡計分卡管理系統。雖然這種串聯順序並非我們推薦的方式，但也未必不可行，畢竟它能先得到基層的全力支持，而不是受制於上級的命令。

先從中間開始，再由上往下的BTM

　　我們的最後一個例子似乎打破所有慣例，但成效最後也不錯。東京三菱銀行（BTM）美洲總部的辦公室位在紐約，主要以推廣北美洲和南美洲的批發銀行業務爲主。它在該地區九個國家的二十三座城市裡都設有辦公室，旗下還有四個重要事業單位：全球共同銀行業務、投資銀行業務、財務和銀行管理中心，每個單位底下還劃分了許多部門和團隊。這四個單位在回報系統上是具有雙重身分的：它們除了得向東京總公司的上級單位做直接報告之外，也得向紐約地區總部匯報。

　　BTM美洲總部爲了克服日本文化和美國文化這中間的差異，特定採用平衡計分卡作爲共同策略的架構（請參考圖6-6）。此外，這份平衡計分卡也爲四個事業單位帶來水平式的整合，更爲整個美洲地

區的總部和地區分行做了垂直性的整合。

　　專案計畫於二○○一年第三季剛開始進行時，BTM 美洲總部高層主管非常反對一開始就先制定總公司策略和發展總公司策略地圖及平衡計分卡。即便 BTM 美洲總部旗下各部門及團隊都已有了共同的顧客死流程，高層主管還是堅持日本公司的傳統：由下往上制定策略，而非由上往下規定。BTM 的高層主管是這樣告訴專案團隊的：「如果你想知道策略是什麼，就先去問員工。」

　　於是 BSC 專案團隊成員只好先協助旗下三十幾個部門和小組各自建立策略地圖。通常一個部門得花三十天的時間才能完成這項作業，而且很多部門都是由一、兩個人獨自負責處理這項作業。

　　等到收集齊全三十幾份策略地圖之後，總部的專案團隊這才發現到，這些計分卡除了都有四個構面之外，架構根本不一。大部分地圖的內部流程目標，根本看不到和傳達顧客價值主張有關的必要流程。而且從它們的架構方式來看，也幾乎見不到這些策略地圖之間的共生關係。此外只有少數團體的計分卡會提到總公司的優先要務──風險管理。

　　一直到二○○一年第四季，總部專案團隊才從這麼多策略地圖當中整理出一些共同的觀念。其實

圖 6-6 美洲區東京三菱銀行必須為兩種不同文化搭起橋樑

日本公司		美國公司
不明確	使命與願景	明確界定
累進式	策略的制定流程	很棒的設計
作業效率	競爭優勢	差異化、獨特化
由下至上 （或由中至上，再往下傳達）	決策作成	由上至下
含蓄、不用言語表達、不願公開	溝通作風	很直接、很公開、用口語表達
重視過程	績效評估	重視結果
一元文化、合作的文化	工作文化	多元文化、競爭的文化

資料來源：摘錄自 I. Nonaka, "Essence of Failure," Tokyo: Diamond-Sha, 1984。

在這些策略地圖裡頭，絕對存在著某種策略，只不過你需要費點時間去整理出來，給它們一個標準的格式。因此專案團隊特別發展出一種四乘三的矩陣藍本，以便有一套共同語言可以方便整理四個構面的目標，（請參考圖6-7）。為了補強這些地圖對風險管理的不足，該團隊也在新藍本的財務購面裡放進和風險成果有關的議題，譬如降低信貸和訴訟損失。至於內部流程構面，則放進以風險管理流程為主的營運主旨。

該團隊還特別要求各部門一定要體認共生的重要性，務必在自己新修正的計分卡加上這一條。因此每個部門都會在新修正的策略地圖上寫下自己的目標，而這些目標都不脫以下三種類別：

（1）共同目標：全銀行的目標，組織上下所有計分卡都會對此目標做出明確規定。例如「提升成本效率」（財務構面的目標）。

（2）分攤目標：必須靠兩個以上的部門共同合作，才可能達成的目標。例如「簡化授信流程」（內部構面的作業效率目標）。

（3）特定目標：各部門自己的目標，亦即部門必須獨立完成的作業活動。例如「隨時掌握顧客的

圖 6-7 美洲區東京三菱銀行的總公司策略地圖藍本

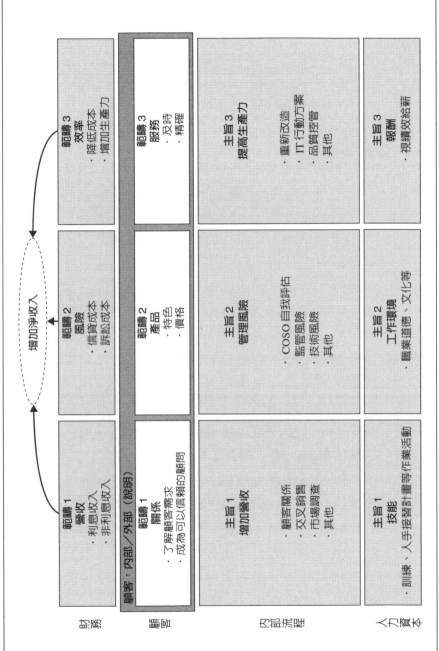

最新資料」（和財務目標主旨有關的內部風險
管理）。

　　舉例來說，「簡化授信流程」這種共同分攤目
標得靠信用分析小組和事業開發小組共同合作，才
可能真正落實。以前這兩個小組各做各的。信用分
析小組要盡量降低信貸損失，因此往往會否決掉事
業開發小組所提的新案子。現在這兩個小組有了共
同分攤的目標，於是終於明白它們的任務是去管理
風險，而不是一律排除否決。若想有效管理風險，
事業開發小組和信用分析小組得先聯手找出一套標
準來決定什麼是可以接受的風險，如此一來，才能
精準掌握新的事業機會，快速通過新的案子。
　　每個單位都會以圖6-7的基礎為起點，打造出
最適合自己狀況的策略。每個單位也都在重建自己
的策略地圖，以便能在目標上和總公司藍本裡的策
略性主旨相呼應，其中有全公司通用的共同目標；
只需和其他一、兩個單位配合的分攤目標；或者必
須靠自己運作的特定目標。
　　圖6-8便是BTM全球共同銀行業務單位新修正
的策略地圖。在總公司策略地圖藍本的催化下，所
有單位都開始套用總公司的風險管理流程（誠如本

圖 6-8 重新設計過的 BTM 美洲區總部策略地圖（以銀行業務單位為例）

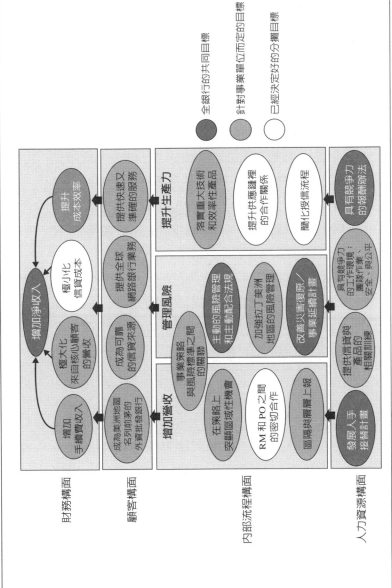

財務構面

顧客構面

內部流程構面

人力資源構面

增加淨收入

極大化核心顧客的營收

極小化信貸成本

增加手續費收入

提升成本效率

提升快速又準確的服務

成為可靠的信貸來源

成為美洲地區一名列前茅的外資批發銀行

提供全球網路銀行業務

增加營收

在策略上突顯區域性機會

事業策略與風險指標配合之間的關聯

RM 和 PO 之間的密切合作

區隔與層級上報

提升生產力

落實重大技術和效率性產品

提升快速應鏈裡的合作關係

簡化授信流程

管理風險

主動的風險管理和主動配合法規

加強拉丁美洲地區的風險管理

改善災害復原／事業延續計畫

員有競爭力的工作環境：團隊作業、安全、與公平

員有競爭力的薪酬辦法

提供員資與產品的相關訓練

發展人手接替計畫

全銀行的共同目標

針對事業單位而定的目標

已經決定好的分攤目標

RM: 關係經理；PO: 產品經理
資料來源：摘自於柯普朗 (R.S. Kaplan) 和諾頓 (D.P. Norton) 的
《策略地圖》（*Strategy Maps: Converting Intangible Assets into Tangible Outcome*）（Boston: Harvard Business School Press, 2004），圖 1-4

書第四章的討論）。二○○二年第三季，這些單位完成了流程的部署。到了第四季，平衡計分卡管理系統全數就定位，開始展開運作。

　　由於這整個專案的作業順序不同於一般做法（事業單位→到總公司→再到事業單位），因此整個作業時間拉長爲十五個月。還好這種作業順序頗符合 BTM 總公司文化 —— 策略必須由事業單位發起，而不是總公司，所以等到系統準備就緒，開始運作時，全公司上下都已經能接受了。

　　平衡計分卡在美洲地區成功的消息傳回到東京總公司。二○○四年，東京三菱銀行全球總部也開始推行自己的平衡計分卡。

總結

　　組織可以由上至下或由下往上地串聯平衡計分卡和策略地圖的管理系統，但最後的平衡計分卡回報、分析和決策作業一定要能兩邊進行。標準做法是先從企業的策略地圖和平衡計分卡開始做起，再配合企業策略整合組織裡的中階和基層單位。然而也有愈來愈多的企業選擇先在事業單位身上實驗它的可行性，趁還沒展開全公司的部署作業之前，先

取得事業單位和部門主管的支持與認同。

　　大部分組織最後都會採用反覆循環的流程：先訂定總公司策略，給事業單位的策略地圖和計分卡一個方向，再利用事業單位的構想去修正總公司的地圖與計分卡。在推動計分卡的過程中，如果動作太強硬或太急著推動，都可能引起反感和反彈。大部分組織已經發現到，初期進行策略串聯時，一定要有柔軟的身段。等到組織開始啓用正式的工具（採用定期回報和檢討策略成果的流程系統），大家就比較能接受上級命令下來的總公司優先要務。

第 **7** 章

面對投資人

儘管這項議題尚在早期發展階段，平衡計分卡正開始用於公司治理與報告流程。

　　我們在前面章節討論過，平衡計分卡如何橫跨內部事業單位與支援單位，來協助促成組織緊密結合與產生綜效（請參考圖7-1左邊的箭號）。隨著公司治理被與日俱增地強調，高階主管現在正利用平衡計分卡以追求更多企業價值，以強化治理過程及改善與股東的溝通（請參考圖7-1右邊的箭號）。

　　如同奇異的執行長伊梅特（Jeff Immelt）所說的：「我想讓投資人知道，他們可以信任我們，我們能有效地治理公司。然後他們可藉由我們的營運、我們的策略及我們的執行這三方面的品質，來評定奇異。」

　　當投資人將資本委託給公司經理人時，有效的治理、揭露與溝通，可降低投資人所面臨的風險。本章我們將展示公司如何利用平衡計分卡，來強化它們的公司治理流程與揭露流程。在舉例說明平衡計分卡的這項新應用之前，我們先介紹公司治理的基本觀念。

公司治理的大哉問

　　所有的市場體制，都要求中介者能協助將資本導向最有生產力的機會，並監督已由外部投資人將

圖 7-1 平衡計分卡協助組織在每個層級管理價值產生過程

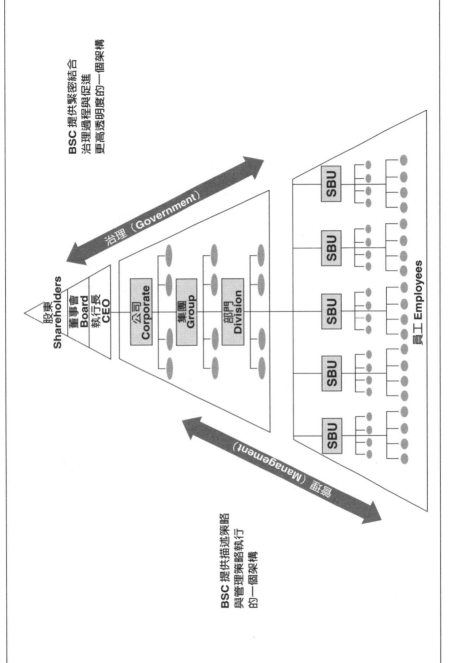

資本轉讓給他們的這些經理人的績效。而經理人與
創業者所提出的經營構想，並非全部都是值得提供
資金的好構想。在缺乏有關經營機會的有效資訊情
形下，投資人無法將公司經理人所提出的好構想與
壞構想將以分類。

　　這個資訊不透明的問題 —— 也就是其中賣方
（公司經理人）比買方（潛在投資人）在投資機會方
面有完整得多的資訊；也會在其他市場中出現。

　　想想二手車市場就是如此。一台二手車潛在的
買方通常無法從賣方取得有關車況的有效資訊，也
無法取得有關車子品質的獨立評估。在此情況下，
賣方擁有較多與所提供之商品或服務的品質有關的
資訊（經濟學者將這種情形稱為「逆選擇」[adverse
selection]問題）。

　　因此，二手車買主會理性地假定車況是不良
的，並依照必須付出修理瑕疵品所花費的成本出
價。將車況維持在極佳狀況的潛在二手車賣主，將
無法得到他們的車輛應有的價值，因此就不會在這
樣的市場提供他們的車做銷售。其結果是產生功能
不完善的一個市場，在此市場上只有低品質的商品
與服務，才會提供出來銷售。

　　如果我們將此範例擴大到資本市場的背景下，

若經理人在溝通他們提出的專案基本價值時，無法令人信服，投資人將不願意以擁有優秀專案的經理人而覺得這值得有吸引力的價格，並提供資金。因此，企業有很多高報酬率的投資機會將得不到所需要的金援。

資本市場也必須監督經理人如何運用投資人已提供給他們的錢。經理人與投資人的利益不會完全相同。經理人可能會做可增加公司規模的投資，而不做可提升獲利能力的投資。或者經理人不願意在沒有好投資案時發放股利，而可能保留現金，使他們免於必須替未來新專案的投資做辯護的這種懲罰。

藉由占用豪華的辦公室空間、使用一組公司「噴射機艦隊」及獲取過多報酬，經理人也可能消耗一部分「其他人的錢」。經理人也可能扭曲他們提供給投資人的財務報表與揭露事項，將公司的健康狀況描繪得比經濟現實中的情況還要好。這樣的扭曲可能會帶來更高的額外津貼，也協助他們避免掉若績效不佳的真實情況顯露出來時，會丟掉飯碗的可能性。這些都是關於經理人的隱匿行為或道德風險（moral hazard）的範例。道德風險即是指這種當經理人訴諸他們私人的利益，而不以公司擁有者的利

益角度行事的狀況。

　　特別是分散的個體投資人往往發現，他們要監督與認可經理人所做的揭露與決策，其代價甚爲昂貴，尤其是當經理人的行動並未完全向他們揭露時。若經理人隱匿行動的疑慮無法消減，投資人就不願意投資這些公司，以免他們的資本陷入風險。

　　在先進的市場經濟體裡，已經演化出各種公共團體來緩和資本市場中像逆選擇與道德風險那樣的問題。而更擅長緩和這些問題的經濟體，比那些無法吸引私有投資資本的經濟體成長更快，也帶給他們的公民更高的生活水準。

　　這類公共團體包括了資訊中介者與資本市場中介者，例如分析師與專業理財經理人（請參考圖7-2最上面這一行）。分析師詮釋公司的財務報表與揭露事項、分析公司前景，並對哪些公司代表有吸引力或無吸引力的投資機會提出建議。專業理財經理人──包括共同基金、創投家及私有股權投資客（private equity investor）；這些人從各種散戶與機構客戶匯集存款，並依據他們自己和外部分析師的財務與營運分析，而將資本提供給最具吸引力的投資機會。

　　散戶投資人（retail investor）與他們的專業經

圖7-2　資本市場中介鏈

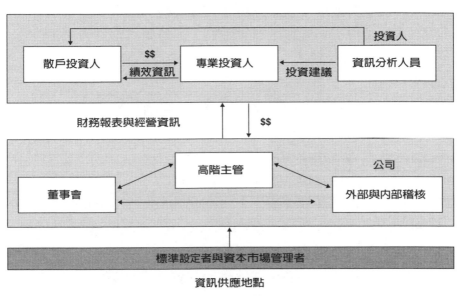

理人所做的分析、解釋與實際投資決策，是由公司
經理人所準備的財務報表與揭露事項為依據。為保
證這些財務報表與揭露事項合理地代表公司的營運
狀況，外部稽核員會檢視及測試報告的有效性，藉
此減輕當經理人報告自己的績效時所引起的道德風
險問題。

　　這整個中介與治理系統最重要的部分，可能就在於公司的董事會。一個積極又投入的董事會，是塑造與執行成功策略所不可或缺的一部分。當董事會履行下列五項主要責任時，就能對組織績效做出貢獻：

（1）　保證維持公司誠信的流程，包括：
　　　　財務報表的誠信
　　　　遵守法律與道德標準的誠信
　　　　對顧客與供應商關係的誠信
　　　　與其他利害關係人（stakeholder）之間的誠信
（2）　核准與監督企業策略。
（3）　核准主要的財務決策。
（4）　挑選執行長、評估CEO與資深主管團隊並保證有高階主管繼任計畫存在。
（5）　提供CEO忠告與支持。

　　接著我們就要詳細說明這五項責任。

■ 保證誠信與遵從規範

　　公司董事必須保證，公司的報告與揭露事項，真實代表了公司績效與關鍵風險因素的基本經濟要

素（underlying economics）。財務報告的誠信與規範遵從包括要遵守法律（例如美國〈沙氏法案〉）、會計原則與法規要求。內部與外部稽核員要協助董事會保證公司的報告、揭露與風險管理流程，都切實遵守這些規章條例。

董事也必須監督公司所承受的風險，且必須證實經理人有安置適當的風險管理流程，以便在無預期的事件發生時，能減輕不利的後果。

董事會必須保證公司有適當的內部控制系統，以防止公司在資產、資訊與聲譽方面的損失。董事會也必須保證，公司經理人在公司與供應商、顧客與公眾互相往來，及與員工互動時，都能在公司的行為準則規範下遵守道德運作。

並且，董事會要能證實，員工沒有違反會使公司資產甚至營運權招致風險的法律與規章。

■ 核准與監督企業策略

董事會成員一般不參與策略的形成與規劃，這是CEO與高階領導團隊的責任。但董事會成員要保證，公司領導人已規劃且正實施能長期替股東產生價值的策略，董事會成員還要核准或拒絕與實施此策略有關的主要管理決策。

　　為落實這項責任，董事會成員必須完全了解並核准公司的策略。一旦策略核准後，董事就要持續監督策略的執行與執行結果。基於這些目的，董事必須知道企業的關鍵價值與風險驅動因素。

■ 核准主要財務決策

　　董事會要保證財務資源正在有成效且有效率地用來達成策略目標。董事會也負責審核年度營運與資本預算，並核可大規模資本支出、新資金籌措或資金償還及主要的併購與資產分割（divestiture）等事宜。

■ 挑選與評估高階主管

　　董事雇用執行長並決定他的報酬。一般董事會也核准資深主管團隊其他成員的任用。每年董事會要評估CEO與高階主管團隊的績效，並核准適當的報酬與獎勵。此外，為保護公司免受任何關鍵高階主管無預警死亡、傷病或自行離職的影響，董事會也必須備好所有高階主管團隊成員的繼任計畫。

■ 向CEO建言並支持CEO

　　董事會要向CEO建言，並當CEO的顧問。董

事會個別成員可以運用他們在產業方面的特有知識，及在功能領域與管理方面的專業，依據公司歷史與競爭定位提供指導。當高階主管團隊描述策略性機會及即將發生的主要決策時，董事會即應分享他們的知識、經驗與智慧。

有限的時間，有限的知識

　　為落實董事會的多項責任，成員需要知道很多事情。他們必須知道財務結果、公司競爭位置、顧客、新產品、技術及員工能力的相關事項。他們必須注意最高階經理人的績效與能力，及更廣大的人才庫。而且董事會必須知道公司是否遵守法律、法規與道德標準。

　　羅勒（Edward Lawler）是一位研究人力資本與組織成效方面的學者，最近他更成為公司董事會方面的學者。他寫道：「董事會應把焦點放在領先指標，而挑戰就在於得知道正確的領先指標是什麼？哪些指標對組織及其經營模式而言是獨一無二的？……董事會需要檢討有關組織文化的資訊。他們需要顧客與員工正感受如何被對待的指標。」

　　因為董事們可利用的時間有限，且提供給他們

的資訊也未必恰當，董事會通常未能履行他們應負
的責任。像恩隆、世界通訊與阿德菲亞（Adelphia）
那樣的失敗公司，董事會並沒有足夠資訊了解什麼
東西正在蒸發掉。

　　約有90％的董事不是高階主管團隊的成員，他
們是兼職的外部董事。很多公司現在也考慮若董事
所任職的公司代表公司1％以上的資金提供者、原
料供應或銷售金額來源，他們傾向將這類外部董事
視爲非獨立董事。

　　因此，獨立董事現在對公司及其產業所擁有的
特定知識會少很多。儘管這樣的獨立性可能會帶給
投資人許多保護，但也限制獨立董事在取得與維持
有關公司產業及競爭定位方面知識的深度，尤其若
他們所接收到的大部分資訊，是由每季或年度財務
報表所構成時情形更是如此。

　　外部董事與獨立董事成員在他們自己的組織中
通常也擁有相當高的領導職位。他們發現到，要顯
著地增加花費在董事會事務上的時間是有困難的。
公司必須找到方法，來更有效地運用董事會成員可
利用的時間。

　　更有效的時間管理方法包括簡化董事成員在會
議前接收到並做評估的資訊，及簡化會議期間所提

交的資訊。另外也可將董事會會議的焦點，擺在對
公司最具策略重要性的議題上。

　　重要的董事會研究學者洛許（Jay Lorsch）即指
出：「若董事能定期取得平衡計分卡，他們更有可
能持續獲得有關公司的資訊。計分卡對策略（連結
到日常與長期性的所有活動）的強調，能協助董事
保持聚焦。」

　　建立於平衡計分卡之上的治理系統，可協助董
事會應付有限時間及有限資訊這兩項關鍵性的董事
會挑戰。

將平衡計分卡運用於董事會治理

　　儘管我們感覺到會隨時間而增加，但將平衡計
分卡運用於董事會仍是一項新興的新應用。愈來愈
多公司正將平衡計分卡放入董事會資料中，並在董
事會會議召開時保留時間討論平衡計分卡。

　　位於賓州中部與西部的銀行控股公司第一聯邦
金融（First Commonwealth Financial Corporation），
就讓平衡計分卡成為董事會檢討與審議的核心文
件，在這方面它一直是個潮流先驅。在以下幾節
中，我們將大量引用第一聯邦公司的經驗做說明。

企業計分卡

　　董事會的平衡計分卡計畫，是從核准組織中相連結之策略目標的策略地圖，及核准與績效衡量指標、目標值及計畫相關聯的企業平衡計分卡開始著手。當然建立這份企業計分卡的目的，主要是扮演傳統角色，協助CEO在整個組織做溝通與實施公司策略。

　　首先參考圖7-3中第一聯邦金融公司的策略地圖。該公司採用平衡計分卡，並落實將焦點放在維持「終生顧客關係」的一項新策略。策略地圖上清楚地描繪該公司營收成長與生產力提升的高階財務目標；終生關係與卓越服務提供的顧客目標；利用客戶資訊及銷售依個別顧客需求量身打造的組合式財務產品的關鍵內部流程；以及在新策略與新銷售方式方面激勵與訓練員工的學習與成長目標。此策略地圖並有一份伴隨的衡量指標、目標值與計畫的平衡計分卡。

　　CEO可利用這份企業計分卡，與董事會就有關策略方向與策略執行績效方面做互動式的討論。只

要以這種方式使用，並藉由提供給董事會必要的財務與非財務資訊，以支持他們在監督績效方面的責任，這樣平衡計分卡就可在公司治理上扮演核心的角色。

　　例如，擁有超過九千五百家全系統餐館的溫蒂國際公司（Wendy's International），是全世界最大的餐館營運與授權經銷公司之一，該公司即是用 BSC 與董事會做溝通。董事會對財務結果、流程重設計利益、新餐館成長、市占率、顧客滿意度與關鍵競爭者在「口味與物符所值」（value-for-money）方面的比較，以及員工滿意度與流動率，做密集的年度檢視。董事會每季會收到與特定領先指標有關的更新，尤其關心消費者屬性回饋及市占率變動的指標。

　　一開始，高階主管團隊將企業策略地圖與平衡計分卡帶到董事會中進行檢討與核准。觀念上，檢討應在這些文件最後定案前完成，使董事會成員能對有關策略方向與定位的討論做出貢獻。策略地圖與平衡計分卡，是組織策略唯一最簡潔最清楚的表示。它們使董事會能對策略有所了解，並做為董事會評估的基礎，讓他們裁決公司策略是否能在可接受的商業、財務與技術風險程度之下，創造出長期

圖 7-3 第一聯邦財務公司的企業策略地圖

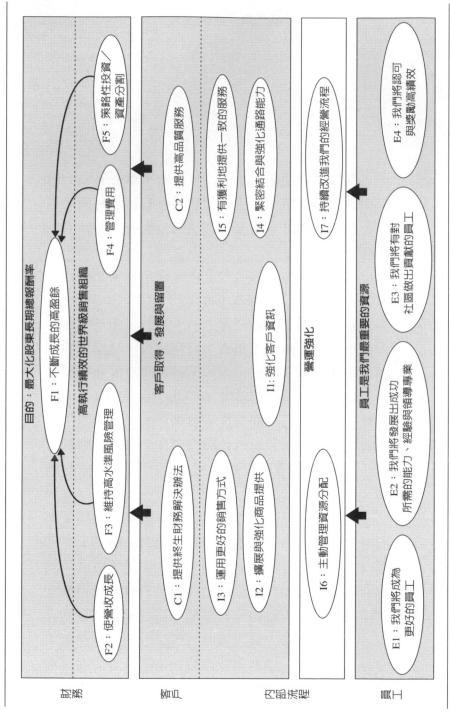

的股東價值。

　　一旦經董事會核准後，企業的策略地圖與平衡計分卡，連同主要事業與支援單位計分卡這些輔助文件，都變成會議前分發給董事會成員的主要文件。例如在第一聯邦金融公司的「董事會文件包」（board package）第一頁，就是一份有顏色標示的策略地圖，標出執行上屬於領先計畫、按計畫進行及顯著落後計畫的那些策略目標。

　　當CEO忙於與董事就有關公司實施策略最近的經驗相互討論時，這些結果就成為董事會會議的議程。而透過多次重新預測的流程，董事會成員持續被告知管理階層在關鍵性財務衡量指標上的未來績效，以及管理團隊對公司關鍵性價值驅動因素的期望。企業內稽核委員會的成員，亦會因此對公司營運與策略背後的風險因素變得更熟悉，協助引導他們在財務報告與揭露事項方面的決策。

高階主管計分卡

　　董事會平衡計分卡計畫的第二個要件，是由高階主管計分卡所組成。整個董事會及報酬委員會，都可用此計分卡來挑選、評估及獎賞資深主管。高

階主管報酬一直被認爲是董事會績效最差的領域。
很多董事會流程的觀察者現在相信，董事會報酬委
員會（board compensation committee）未能將高階
主管的報酬，設定在對他們的責任與績效而言是適
當的水準。這些觀察者認爲，董事會報酬委員會一
直是 CEO 及 CEO 所雇用的報酬顧問的俘虜，這些
顧問「協助」董事會設定高階主管的報酬水準。

　　顯然，要讓董事會履行對高階主管監督與評估
的責任，他們需要一項工具，以提供他們能對高階
主管績效做有效客觀的評判。董事會應設計並核准
一套報酬與獎勵系統，以便在高階主管創造短期與
長期價值時獎賞他們。當高階主管績效低於產業平
均時，報酬計畫應產生低於平均的報酬。

　　高階主管計分卡能描述關鍵高階主管在策略上
的貢獻。它們協助 CEO 與董事會，將個別主管的績
效期望與整個企業的績效期望分開來看。發展出高
階主管計分卡的過程，是從企業計分卡開始發展。
CEO 會與高階主管團隊達成一項協議，此協議與構
成管理團隊每個成員主要責任的那些企業目標有
關。

　　例如，資訊長在學習與成長構面方面，可能會
對與資訊技術能力有關的目標，及對成功與否是由

優秀的資料庫與資訊系統所驅動的內部流程與顧客目標，負有責任與擔當。人力資源主管則將對以下三項事務負有主要責任與擔當：保證員工具有執行策略必備的技能與經驗、保證一個有效的溝通過程，以使所有員工都知道企業與事業單位的策略，以及保證每位員工都有依據對事業單位與企業的策略目標所做的貢獻，而訂出個人目標、個人發展計畫及獎勵計畫。

在第一聯邦的案例中，圖7-4顯示了銀行CEO的策略地圖目標，而圖7-5顯示與銀行CEO主要衡量指標與目標值有關聯的高階主管計分卡。值得注意的是，銀行CEO對新行銷與銷售策略負有主要責任，但其他高階主管——如營運長與技術長則對日常作業的成本、品質與回應速度負有主要責任。銀行CEO也被期待要在第一聯邦所營運的每個社區中建立能見度（visibility）與做出貢獻這類事務上，扮演領導者角色。

替資深領導團隊每位成員發展出高階主管計分卡後，CEO就能讓高階主管團隊在策略上維持一致，同時理出一個明確的機制，讓他們要對自己的績效與貢獻負起責任。然後CEO可根據在客觀的績效衡量指標來獎賞他們。高階主管計分卡提供董事

圖 7-4　高階主管計分卡可識別出銀行 CEO 的策略貢獻

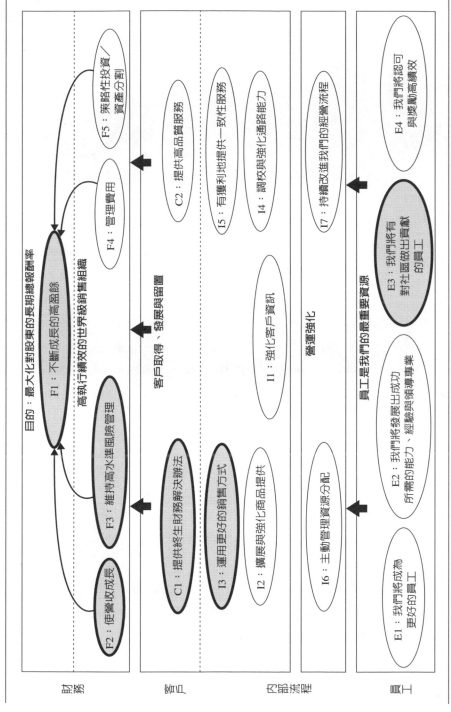

圖 7-5 高階主管計分卡釐清並衡量策略貢獻

策略角色：銀行 CEO 將會促使營收成長、將組織轉型成銷售導向文化，並保證成長單位（Growth Unit）有對的管理團隊，以執行公司的策略。

高階主管計分卡架構：銀行 CEO

策略目標（取自企業策略地圖）	個別目標	衡量指標（每個企業 BSC）	目標值	評比
財務 F2: 使營收成長	營收成長的關鍵來源： (1) 富裕階層的投資商品提供 (2) 商業市場的貸款商品提供。	・營收成長	・2003 10%	
利害關係人 C1: 提供終生財務解決方案	監督企業識別計畫與新品牌形象活動的執行。	・按區隔來看看得、發展與留置的情況	・待決定	
內部 I3: 運用更好的銷售方式 I2: 擴展與強化商品提供	確認鎖定目標的富裕階層與商業關係。保證客戶基本資料已建立。	・對有資料（profiled）客戶的銷售比率	・2003 40%	
學習與成長 E3: 我們將有對社區做出貢獻的員工	在高知名度的公民組織中擔任活躍的領導角色。	・公民活動的個人參與	・待決定	

會報酬委員會資訊，以便評判CEO在評估與獎賞個別高階主管的績效時做得有多好。

　　CEO計分法可用同樣方式衍生出來，並突顯那些他負有主要實施責任的企業計分卡觀點。CEO計分卡可能還包括其他高階主管計分卡，除了成功實施策略與增加股東價值以外，可用與CEO或其他資深高階主管的角色有關的關鍵績效指標加以增補。例如，CEO可能對以下三件事負有特定責任：制定有效的治理流程、保證環境與社區的成效，並與像投資人、策略性顧客與供應商、監管當局及政治領導人那樣的關鍵外部對象維持關係。圖7-6顯示更廣泛的一組指標，董事會可在建立CEO與高階主管計分卡時加以利用。

　　在設計CEO的報酬契約時，董事會報酬委員會應使用CEO的高階主管計分卡，藉此建立一個客觀且可據理辯護的基礎。CEO計分卡衡量指標的績效目標值，可依據明確的成長目標值，及相較於產業平均的績效表現來做標準。公司的治理委員會也能利用高階主管計分卡做為策略性職務描述，以提供高階主管繼任計畫及確認繼任候選人的基礎。

　　柯恩與古拉那（Cohn and Khurana）對有關董事會挑選CEO所使用的典型流程曾這樣表示過：

圖7-6　另一類 CEO 平衡計分卡的結構與衡量指標

CEO 計分卡		
策略目標		典型衡量指標
財務	· 保持股東價值的成長	· 經濟附加價值或股東價值的增加 · 本益比（與同業相較） · 股東權益報酬率（與同業相較） · 投資組合 ROI（Return on Investment，投資報酬率）
財務	· 策略性投資	· 盈餘成長率 · 新收入來源之營收
財務	· 管理生產力	· 每員工營收 · 現金流量
利害關係人	· 建立有效的董事會／CEO 關係	· 董事會對關係的評估
利害關係人	· 維持股東關係	· 股東會議次數 · 股東滿意度調查
利害關係人	· 滿足法規要求	· 違規次數 · 外部利害關係人調查
利害關係人	· 使顧客價值成長	· 市占率（關鍵市場） · 顧客滿意度（關鍵市場）
治理流程	· 發展與溝通策略	· 了解策略的員工比例（員工調查）
治理流程	· 監督財務績效	· 盈餘評比的品質 · 投資專案目標達成百分比
治理流程	· 實施績效管理流程	· 有將目標連結到策略之職員的百分比（BSC） · 有將獎勵性報酬連結到策略之職員的百分比（BSC）
治理流程	· 實施風險管理流程	· 流程品質（外部稽核） · 已結案的風險議題 (%)
治理流程	· 管理策略執行	· 策略性倡議（與計畫相較）
學習與成長	· 保證技術	· R&D 投資／銷售（與同業相較） · 專利數、專利引用數 · 新產品開發循環
學習與成長	· 保證人力資本就緒	· 人力資本就緒程度（策略性工作） · 有領導人繼任計劃的關鍵職位（%） · 關鍵性企業流動率
學習與成長	· 發展企業文化	· 員工流動率調查 · 行為準則—認知

「通常董事會對評估一個人在獨特環境下領導一家獨特的公司，他所需要的真正技能、經驗與能力條件感到困惑。」

　　當高階主管團隊這個層級出現職位空缺時，企業計分卡與高階主管計分卡能協助董事會，搜尋組織內具有執行高階策略所需經驗與能力的明日之星。計分卡也提供董事會指引，以便推薦特定訓練與職位給績效好的員工，使他們能在未來擔任高階領導職位時有更好的準備。

　　而當高階職位無法透過內部晉升填補時，董事會的搜尋委員會可使用策略地圖與平衡計分卡的衡量指標，以產生指引外部搜尋的職位簡介。高階主管獵人頭公司通常會協助做這樣的人才搜尋。柯恩與古拉那極力主張董事會要用策略地圖上的量化目標，做為繼任者規劃與執行覓才的指導方針：「搜尋委員會將會把焦點持續放在鑑別與招募符合特定執行挑戰的人才，而不會屈服於缺乏相關技能的領導人魅力之下。」

董事會計分卡

　　我們相信，大多數董事會將會發現，在定期會

議中使用企業平衡計分卡，及用平衡計分卡監督高
階主管的績效，等於是董事會直接運用策略性監督
這項責任。事實上，一家加拿大主要的會計組織，
已倡導將這項實務變成所有公司的標準。

　　有一項嶄新的應用是發展出董事會本身的策略
地圖與平衡計分卡。美國〈沙氏法案〉要求，董事
會應對他們自己的績效做一次年度評估。有什麼績
效評估工具，會比董事會詳盡陳述自己的策略目標
還要好？董事會平衡計分卡能提供下列好處：

● 定義董事會的策略性貢獻
● 提供一項工具，以管理董事會及其委員會的組成
　與績效
● 釐清董事會所需要的策略性資訊

　　請參考圖7-7所顯示的一般性董事會策略地
圖，及圖7-8取自相關的董事會平衡計分卡片段。
因為最終對股東而言，董事會的成功，是以董事會
帶領管理團隊邁向更卓越財務績效的能力來衡量，
董事會策略地圖所使用的財務目標，通常等於明確
記載於企業策略地圖中的財務目標。

　　然而，董事會計分卡不使用傳統的顧客觀點，

圖 7-7　董事會策略地圖釐清董事會如何做出貢獻

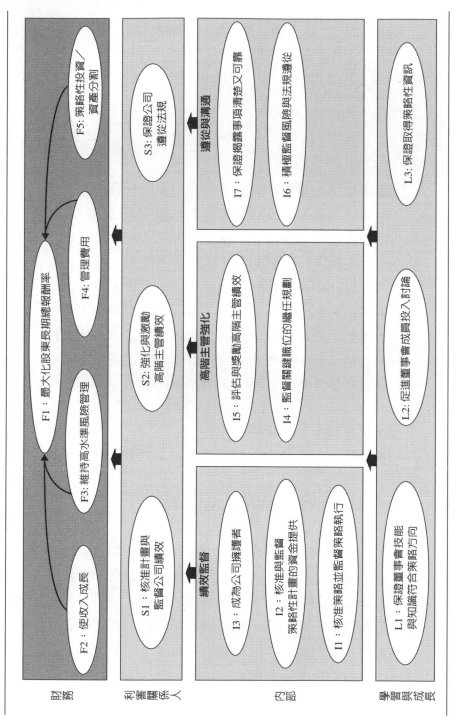

圖 7-8 董事會委員會計分卡樣本

董事會計分卡架構

	目標	衡量指標	目標值	擁有人
財務 高階主管強化的主題 （最大化股東長期總報酬率／維持高水準風險管理／使收入成長）	・最大化股東長期總報酬率	・相較於同業的 ROE	・2003 年百分位數第 75 位	・高階管理人員
利害關係人 強化與激勵高階主管績效	・強化與激勵高階主管績效	・高階主管與子公司 CEO 是否按照發展計畫進行？	・是	・報酬委員會
內部 評估與激勵高階主管績效／監督關鍵職位的繼任規劃	・監督關鍵職位的繼任規劃	・目前有繼任計畫的高階主管比例	・第一年 75% ・第二年 100%	・治理委員會
學習與成長 保證取得策略性資訊	・保證取得策略性資訊	・董事會成員對公司提交資訊適切性的調查報告	・第一年高於平均值 ・第二年達到優秀境界	・整個董事會

而是引進股東觀點，來反映出董事會對投資人、監
管當局與社會的責任。如同本章前面所討論的，董
事會對這些股東的責任包括：

- 核准、規劃與監督企業績效
- 強化與評估高階主管績效
- 保證企業遵從規章、法律與社會標準，並使用適
  當的內部控制系統

　　這些是董事會要履行的關鍵責任，目的是要減
輕經理人按自身利益做事，而按股東利益做事的道
德風險問題。至於董事會對財務報告與揭露事項的
確認，也提供投資人有關投資機會與風險方面的可
靠資訊，以藉此降低隱藏資訊所帶來的衝擊。

　　董事會是整個資本市場治理系統唯一最重要的
構成要素。它必須保證，經理人正提供給股東與監
管當局有效的財務與非財務資訊，且經理人正運用
股東的資本提升股東長期利益。這些董事會責任是
讓資本市場有效運作的核心。除非投資人能得到保
證，董事會正客觀且獨立地履行這些責任，否則他
們將不願意把資本委託給企業經理人。

　　董事會計分卡的內部流程構面，含有董事會流

程的目標。這些流程使董事會能符合股東與利害關係人的目標。圖7-7顯示董事會流程的三個策略主題：績效監督、高階主管強化及遵從與溝通。這些主題提供定義董事會特定內部流程目標的架構。

這三個策略主題也連結到董事會最重要的委員會。治理委員會對績效監督負有主要責任；報酬委員會對評估與激勵高階主管團隊負有主要監督責任；稽核委員對企業外部人士的承諾與溝通負有主要責任。

董事會計分卡的學習與成長構面，包括了董事會技能、知識與能力的目標；董事會對有關企業策略與經營成果方面資訊的取得，以及董事會的文化──尤其是在成果豐碩的董事會會議動態上，它的特色在於董事會成員與高階主管領導團隊之間的討論與互動。董事會學習與成長構面的衡量指標，可從每次會議結束後的董事會成員調查報告產生，此報告對會議本身、董事會召開過程及事前與會議期間所提供的資訊做出評價。

第一聯邦的副董事長德爾曼（David Dahlmann）對董事會平衡計分卡學習與成長目標的重要性下了一番評論：「董事會調查報告協助我們決定，是否我們有正確的技能，以便在公司策略方向、於正確

時間提供正確策略資訊，及鼓勵討論與異議的正確
氣氛等議題協助公司。」

　　總而言之，如圖7-9所示，由企業計分卡、高
階主管計分卡及董事會計分卡這三個構成要素的平
衡計分卡計畫，提供了資訊與架構協助董事會變得
更有成效，並對他們在有成效的資本市場治理系統
中負起最重要的責任。而附上事業單位及關鍵性支
援單位計分卡的企業計分卡，以簡潔又效果宏大的
方式，告知董事會企業正實施的策略情況如何。

　　因此，董事會監督、提供建議、核准與決定策
略方向，得以用對企業策略來龍去脈有更深層了解
的基礎運作，且董事會成員也不會因數量過多的詳
細資訊造成過重的負擔。高階主管計分卡提供一項
明確的基礎，以監督管理團隊的績效、依據達成策
略標的方面的績效高低給予高階主管報酬，及評估
高階主管繼任計畫的適當性。董事會計分卡告知所
有董事會成員他們的責任，也便於運用容易了解的
標準董事會績效定期評估。

讓投資人與分析師密切合作

　　一旦董事會核准並積極運用有財務與非財務衡

量指標的企業平衡計分卡後，將這項關鍵資訊的一部分與公司擁有人做溝通，就成為自然而然的發展。事實上有幾個監督委員會，已在倡導利用平衡計分卡這類資訊，就公司策略與執行方面與投資人做溝通。十五年前，一個「美國會計師協會」（American Institute of Certified Public Accountants）的高階委員會（一般又稱作「簡金斯委員會」）調查了投資人與債權人的資訊需求。後來在它的建議事項之中提到，除財務報表與衡量指標以外，公司應提供有關公司營業活動，及公司關鍵性營業流程的績效衡量方法這兩方面的高階營運資料。這類衡量指標包括公司產品或服務的品質、公司活動的相關成本及執行如新產品開發那類關鍵性活動所需的時間。

　　簡金斯委員會的研究指出，分析師與公司擁有人對公司營業活動、營業流程與影響公司事件的興趣，與對財務衡量指標的興趣一樣高。這份委員會報告強調，高階營運資料可協助分析師與擁有人了解公司業務，尤其是事件與活動之間的關聯，以及它們對公司財務績效的影響。該委員會承認，為回應業務上的變動，公司會更動用來管理業務的資訊系統與資訊類型，例如「全面品質管理」的關鍵流

圖 7-9　三部分 BSC 計畫是公司治理系統的基石

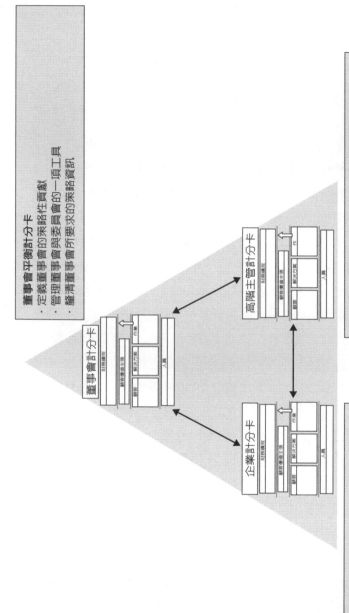

董事會平衡計分卡
・定義董事會的策略性貢獻
・管理董事會與委員會的一項工具
・釐清董事會所要求的策略資訊

企業平衡計分卡
・描述企業策略、衡量指標與目標值
・管理企業績效的一項工具
・給董事會的一項關鍵性資訊輸入

高階主管平衡計分卡
・定義每位高階主管的策略性貢獻
・評估與獎勵高階主管績效的一項工具
・給董事會的一項關鍵性資訊輸入

程及有關顧客滿意度衡量指標的績效等。該委員會
總結說：「若更能取得管理階層用來管理業務的高
階績效衡量指標，使用者就能受益。」

致遠會計師事務所（Ernst & Young）研究財務
分析師使用的資訊後，得到的結論是：預測股價
時，「盈餘」變得愈來愈不重要，且「35％的公司
估價要歸因於非財務資訊」。擁有最佳準確預測歷史
的分析師，現在也宣稱要用最非財務性的衡量指標
研究公司。還有一項針對電腦硬體、食品、原油與
天然氣及製藥這四個產業別的更詳細調查指出，投
資人最重視的非財務評量方法，在於公司執行策略
的能力。一份一九九九年哈佛商學院的研究報告結
論也是：主要的賣方分析師（sell-side analyst）想要
從公司的外部報告中得到更多非財務資料，這包括
有關事業單位競爭策略及公司策略的資訊等。艾伯
斯坦（Marc Epstein）則在一份兩人共同執筆的研究
報告中，提供幾家公司在年報中含有非財務評量方
法的範例。

但儘管所有研究報告都證明，分析師想要見到
與公司策略及策略執行有關的資訊，公司依舊以特
別又斷斷續續的方式，提供非財務績效衡量指標的
報告。縱使用平衡計分卡來管理公司內部的策略已

被廣泛接受，但幾乎沒有公司選擇用平衡計分卡架
構來提供外部報告與做揭露。

　　一九九〇年代中期，在美孚石油、康健產物保
險（Cigna Property & Casualty）與漢華銀行
（Chemical Retail Bank）幾家平衡計分卡早期接受者
成功之後，我們向資深部門主管說，是否他們使用
平衡計分卡指標，來與分析師與投資人溝通。其中
幾位有與分析師談到有關他們部門最近的成功事
蹟。實際上沒有人將部門的平衡計分卡用來向分析
師團體做簡報，但所有主管都用 BSC 架構，來建構
他們對分析師所做的簡報。他們報告說，分析師對
這類簡報內容展現高度熱情，因為這些主管不僅只
討論每股盈餘成長率與預測而已，實際上還描述造
成最近在財務績效上帶來重大改善的基本策略。

　　例如在一次簡報中，公司主管解釋一項新資訊
技術方面的主要投資，已帶來面對顧客這個流程的
顯著改善，因此獲得更高的顧客留置率與顧客數量
成長，這也是該公司最近在營收與獲利率成長的主
要貢獻因素。分析師因此可見到，目前的結果並不
單只靠運氣而已，是因為公司主管已在他的部門成
功實施一項特定的價值創造策略，且該策略可能會
繼續持續下去。

　　第三章討論IR公司在二〇〇二的年報中揭露該公司的高階公司策略地圖（請參考圖7-10）。此策略地圖顯示了該公司所有業務的高階策略目標，但報告中並未提供與目標有關的衡量指標或資料。這項揭露是IR策略的一部分，其目的是要將公司塑造成它能透過整合過的公司策略，從看來似乎是多角化的事業之中實現「範疇經濟」（economies of scope）。

　　在IR二〇〇三年年報的「CEO公開信」描述了公司在平衡計分卡主題方面的成就：透過創新與顧客解決方案、卓越營運及雙重公民角色與帶來戲劇性的營收成長。同樣地，IR的四個主要事業群都用這些公司主題來描述其成就。二〇〇四年時，IR的CEO亨科繼續在他對分析師所做的季簡報中使用這個架構，並提供創新驅動型成長、跨事業群顧客解決方案、卓越營運與公司擔任雙重公民角色方面的特定範例。

　　儘管簡報中並沒有清楚地提到，IR報告的評量方法，是來自公司平衡計分卡的四個構面，但像溫蒂這家重要的快速服務餐館，也在對分析師所做的簡報中使用計分卡架構。當然像溫蒂那樣將同樣的評量方法應用於每個事業單位的公司，比起營運單

圖7-10 IR公司在2001年年報中的策略地圖

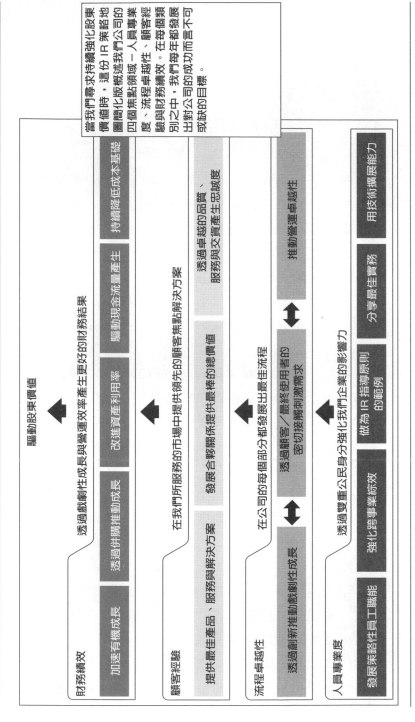

當我們尋求持續強化股東價值時，這份IR策略地圖簡化概述我們公司的四個焦點領域－人員專業度、流程卓越性、顧客經驗與財務績效。在每個類別之中，我們每年都發展出對公司的成功而言不可或缺的目標。

驅動股東價值

財務績效 透過戲劇性成長與營運效率產生更好的財務結果

| 加速有機成長 | 透過併購推動成長 | 改進資產利用率 | 驅動現金產量產生 | 持續降低成本基礎 |

顧客經驗 在我們所服務的市場中提供領先的顧客焦點解決方案

| 提供最佳產品、服務與解決方案 | 發展合夥關係提供最棒的總價值 | 透過卓越的品質、服務與交貨產生忠誠度 |

流程卓越性 在公司的每個部分都發展出最佳流程

| 透過創新推動戲劇性成長 | 透過顧客/最終使用者的密切接觸刺激需求 | 推動營運卓越性 |

人員專業度 透過雙重公民身分強化我們企業的影響力

| 發展策略性員工職能 | 強化跨事業綜效 | 做為IR指導原則的範例 | 分享最佳實務 | 用技術擴展能力 |

資料來源：IR 2001年年報第九頁

位更多角化，且可能只有少數共同的評量方法的公司，相較之下具有更標準化的評量方法可做報告。溫蒂每季提供給分析師的報告中，包括下列的衡量指標：

● 財務構面：每家店的銷售成長。
● 顧客構面：顧客滿意度、與競爭者在口味上的比較，以及與競爭者比較提供給顧客的價值。
● 內部流程構面：服務卓越程度（如「免下車取餐」服務的平均時間）、訂單正確性與免下車服務，還有店面乾淨程度。
● 學習與成長：訓練出親切又有禮貌的員工、員工流動率。

　　溫蒂公司相信，它已從始終如一地揭露與策略有關的關鍵非財務評量方法中獲益。溫蒂公司已在二○○五年一月，由「機構投資人研究團體」（Institutional Investor Research Group）提名爲在投資人關係方面付出最多心力的美國公司之一。該公司投資關係與財務訊息副總貝克（John Barker）陳述獲提名的理由：「部分是由於更多的揭露，從溫蒂開始揭露該公司的平衡計分卡以來，股價已上揚

75％。」貝克的評論暗示，藉由給分析師信心，知道公司最近的盈餘改善是由於有效的策略執行，且能持續至未來，強化資訊揭露可能會增加公司的價值評定。

總之，平衡計分卡揭露於外部報告這件事尚在起步階段。儘管尚未明確地將資料報告結合到季報或年報中，幾家公司已使用平衡計分卡的結構，做為對分析師做簡報的架構。

美國企業的外部報告，是在有大量法令規章與高訴訟風險的環境中完成。因此，儘管投資人與分析師，對公司策略及其執行有關的更多資訊明顯有高度興趣，公司高階主管似乎不願意在揭露的實務方面，展現出創業或創新精神。可能當公司變得更自在地使用平衡計分卡，在內部與事業單位、員工及董事會溝通策略性績效時，他們可能在某個時點會變得更主動地將平衡計分卡資料放入給投資人與分析師的報告中。

總結

儘管這項議題尚在早期發展階段，平衡計分卡正開始用於公司治理與報告流程。董事的責任逐漸

增加，但可用來執行他們應有功能的時間則沒法相
對增多。董事必須能將他們的職責更聰明地做得更
好，而非延長工時與更辛勤地工作。

　　這種以BSC為主體的三部分治理系統，提供董
事更有效率的策略性資訊。如此一來，在有關公司
未來方向，及其報告與揭露政策的決策方面，董事
會成員就會擁有相關資訊。董事會的準備工作與會
議，則更可把焦點放在公司策略、資金籌措及價值
與風險等最重要的驅動因素上。高階主管計分卡告
知董事會在高階主管挑選、評估、報酬給付及繼任
方面的流程。而且董事會本身也有計分卡，來指導
有關董事會組成、董事會流程與商議及董事會評估
方面的決策。

　　各項研究都顯示，分析師與投資人已對公司報
告可協助他們了解與監督公司策略的補充性非財務
衡量方法感到高度興趣。幾家公司已開始使用平衡
計分卡架構，來結構化他們的外部溝通。但這項運
動尚在啓蒙階段，且在大多數高階主管對提供資料
來溝通與評估他們的策略感到自在之前，先進行更
多實驗是有必要的。

第 8 章

與外部夥伴整合

一份策略地圖、一張有衡量指標與目標值的平衡計分卡，及雙方議定如何供給資金的計畫，可以提供給結盟企業 CEO 一份清楚的「發展里程圖」及一個絕佳的基礎，用以治理由兩個母體組織所共同成立的事業。

　　企業的策略整合計畫最後一部分是與像關鍵供應商、顧客與盟友那樣的外部策略夥伴一起建立平衡計分卡。當企業與外部策略夥伴建立平衡計分卡後，雙方資深經理人就能在建立夥伴關係的目標方面達成共識。這個過程會產生跨越組織界限的了解與信任、降低交易成本並使雙方看法分歧的可能性降至最低。

供應商計分卡

　　供應鏈管理既「跨領域」（interfunctional）又跨組織。之所以跨領域，是因有效生產與貨物供應都需要行銷、營運、採購、銷售與物流之間的密切協調；之所以跨組織，是因所有供應鏈參與者的系統與流程──原物料、供應商、製造商、批發商與零售商──都必須整合協調，使整條供應鏈能達成最佳效能。平衡計分卡這種理想的結盟機制應能帶給供應鏈管理極大的好處。

　　很多公司在一九八〇年代採用全面品質管理與及時（just-in-time）實務。這些日式管理工具所帶來的自然影響是讓製造公司與供應商建立起更牢固的關係，使零缺點組件與產品能確實送達，並將及

時交貨結合到工廠生產流程中。先前以價格爲依據的供應商挑選，現在就必須一併考量潛在供應商準時交付零缺點產品的能力。

Metalcraft公司的供應商計分卡

Metalcraft公司（這是一間公司的假名）是全世界最大的主要汽車供應商之一。該公司採用一套龐大的供應商系統，並用一套大規模的供應商計分卡系統評估他們的績效。Metalcraft供應商計分卡將績效分成三類：品質、時效（timing）與交貨。每個供應商工廠都會收到它所送貨之每個Metalcraft工廠的月評分。Metalcraft會匯整供應商所有工廠的分數，以計算該供應商的總體評分。

■ 品質

供應商計分卡使用三種品質衡量指標：以供應商工廠特定的ISO及品質標準實施狀態爲依據的整體衡量指標、初期品質不良退件數（launch quality reject；QR）及每百萬件產品（parts-per-million；PPM）缺陷率。

Metalcraft強調快速提升新產品產量的能力，因

此強調供應商在新產品發表階段快速達成高品質生產的能力。QR 分數可衡量新組件在開始生產階段所報告的問題數量。QR 從建造好第一個原型這一天開始追蹤，直到完全量產開始之後第十五天爲止。

一旦進行大量生產後，Metalcraft 便會衡量 PPM 缺陷率，此數值是將供應商所提供的瑕疵零件數（退回、殘缺或重做），除以收到的零件總數，再乘以一百萬而得到。

■ 時效

計分卡的時效部分，則會追蹤供應商在保證新組件可供生產用方面，對其所承諾日期的兌現能力。Metalcraft 使用一個詳細的認證過程，去驗證使用最後定案的生產流程所製造的組件都符合工程規範。如同 QR 評量方法，這項衡量指標評估供應商快速可靠地將新組件導入大量生產的能力。

■ 交貨

Metalcraft 以及時生產流程運作。供應商交貨的任何延遲，都會招致重排程成本、超時生產及快速交貨成本。因此 Metalcraft 運用幾個面向來對交貨績

效評分，包括較原定時程快與慢送貨、通信與紀錄
維護，及問題解決與預防等面向。Metalcraft 的供應
商計分卡將工廠的品質、時效與交貨績效匯總成合
計的綠色、黃色或紅色分數。綠色工廠有資格不受
購料（sourcing）限制；黃色工廠只有當資深供應商
開發工程師核可「無偏好購料簽核請求」時，才能
持續列入購料對象；若考慮要將紅色工廠持續當成
「無偏好」供應商，則甚至需有更高層人員核可才
行。若工廠連續三個月依舊維持紅色，就可向另一
家工廠購買它所供應的貨品。

其他供應商計分卡

　　另一家汽車 OEM 製造商 Dana 公司運作了一套供
應商平衡計分卡系統（Supplier Balanced Scorecard；
SBS），此系統以四個面向來追蹤供應商績效：

（1）品質（25％）：PPM 數字占八成，退件發生
　　　次數占兩成
（2）準時交貨（25％）
（3）支援（25％）：供應商對支援 Dana 少量購料
　　　（minority sourcing）與「QS-9000」、「ISO-

14000」實作（Dana每年會依據該公司的優先事務順序重新建立這兩個準則）這兩個目標所做的承諾。

（4） 商業考量（25％）：供應商對符合Dana生產力目標（降低成本）所做的承諾

　　如同Metalcraft公司一樣，Dana公司也讓每個供應商能進入公司網路入口，獲知他們的SBS分數，並藉此激勵它的供應商進行持續改善。

　　勞斯萊斯（Rolls Royce）公司的供應商計分卡，也運用了傳統的品質與交貨評量標準。該公司於二〇〇三年十一月加入「非品質成本」這項成本評量標準，以衡量與供應商產品相關聯的預防、評核與失敗成本。

　　Federal Mogul公司的供應商計分卡則在交貨與品質評量標準以外，還多列一項「供應商成本節省建議」的評量標準。若一家供應商提供的建議能省下Federal Mogul公司5％年度預估費用，則給它滿分（100分）；若提供的建議總計節省年度費用少於0.9％，則給零分。

　　這些範例指出很多製造公司正使用供應商計分卡，但這並非是真正的平衡計分卡。供應商計分卡

實際上是「KPI計分卡」，俾使公司能運用非財務衡量指標激勵供應商能更快（備貨時間短與及時）交付更好（零瑕疵）與更便宜的產品。最多我們僅能將這些供應商計分卡解釋成公司有遵循低總成本策略而已。因為這些計分卡並未強調供應商的創新程度（協助公司開發全新產品平台），也沒有衡量供應商如何協助提供給客戶更完整的解決方案。

　　縱使有低總成本策略，一個更完整的供應商平衡計分卡應該包括供應商在可強化彼此關係之人力資本與資訊資本方面的發展目標，也包括評量供應商在創新及與公司建立夥伴關係方面做得有多好的指標，以創造超越現有或已設計好之零瑕疵及準時交貨產品的價值。不過，像Metalcraft、Dana或勞斯萊斯那樣的公司，對數千個供應商都個別發展出這類客製化的供應商平衡計分卡是不切實際的。這樣的心力應只針對策略性供應商，也就是公司想維持長期關係，及看起來在收入成長與成本改善方面能持續提供新概念與新流程的那些供應商。

協同規劃：預測與補貨計分卡

消費性商品供應與零售產業正建立更高度發展

的供應鏈計分卡。寶鹼、雀巢與家樂氏（Kellogg）
等製造商與沃爾瑪、聖思貝瑞超市（Sainsbury）及
特易購等大型零售商正從事「從製造商到消費者」
這段供應鏈的最佳化。

　　協同規劃、預測與補貨（Collaborative
Planning, Forecasting, and Replenishment；CPFR）
計畫（讀者可參閱網站：www.cpfr.org）努力將
「品類管理」（category management）的最佳行銷及
銷售實務與供應鏈規劃執行相結合，其目的是要增
加產品的易得性，同時降低存貨、運送與物流成
本。例如，寶鹼的CPFR目標是要達成可100％在零
售貨架上取得產品，同時降低零售店、顧客物流中
心與寶鹼工廠的存貨要求。寶鹼亦可回應來自零售
端銷售點終端機的消費者需求訊號，評估生產與運
送產品。

　　CPFR計畫涉及需要深入協調供應商與零售商
的流程，設計一個計分卡以評估此計畫績效是過程
中的重心之一。例如，CPFR計畫的早期接受者希
望獲得下列好處：

- 改善預測正確性
- 改善內部溝通

- 增加銷售
- 改善與通路夥伴的關係
- 改善服務水準
- 減少缺貨狀況
- 降低存貨
- 能更善加利用資產
- 將組織資源做更好的配置

　　以上這每一項好處都可加以衡量，也可做為製造商與零售商貿易關係之綜合性 CPFR 計分卡的評量項目。

　　CPFR 計畫可能在歐洲進行得最深入，歐洲的 CPFR 計畫辦公室備有如圖 8-1 的樣版，來確認一份關鍵績效指標選單，以描述一個特殊的 CPFR 關係。寶鹼公司即在其 CPFR 試用計畫中，引進了供應鏈關係的九種要素評量標準：

（1）預測準確性與實際訂單的比較
（2）物流中心服務水準與存貨
（3）零售商備貨服務水準與存貨
（4）製造商訂單供品率與原始訂單的比較
（5）製造商訂單供品率與「預先出貨通知」

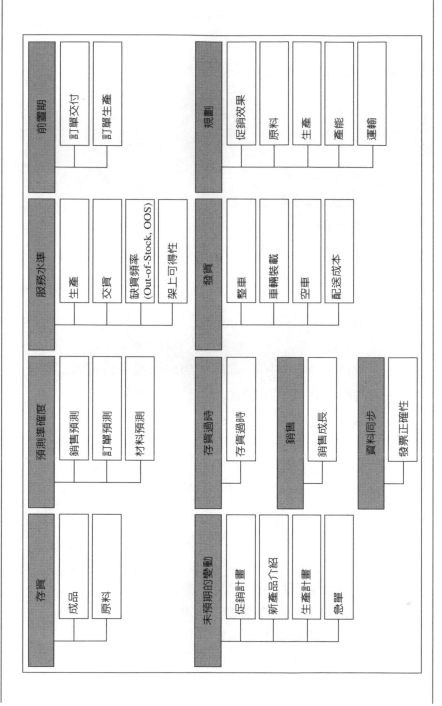

圖 8-1 CPFR 的關鍵績效指標

（advance ship notice；ASN）的比較

（6）　交貨準時性

（7）　運輸效率

（8）　可支援機動出貨的「庫存儲備量」（stock-keep-ing unit；SKU）。

（9）　獲利性或成本降低

　　聖思貝瑞這家英國零售商，一直是「全球商務策進會」（Global Commerce Initiative）中推動讓CPFR運作的主要廠商。聖思貝瑞與製造商的關係，是從初級全球計分卡開始建立，以衡量五十二個自行報告的問題，並將問題分成「準備就緒程度」、「消費者導向」與「操作面效率」三個部分的績效。

　　「準備就緒程度」這部分，是與供應商分享市場洞察力、共同做商業決策、在具協同性多部門團隊中運作及提供並接受零售商回饋這類事務的能力有關。

　　「消費者導向」這部分的問題，則與供應商支援零售商促銷、依照消費者研究資料推出新產品，及清楚明瞭供應商產品的目標消費者方面的能力有關。

　　「操作面效率」部分的問題，旨在探討製造商發展供應鏈共同策略的能力，製造商在訂單產生與接收，和電子下單與資金移轉方面的流程，以及製造商補貨與應付變動的能力。

　　這些初級計分卡問題的回應，讓廠商與供應商雙方都能看出縮短交貨期、提升預測準確度、互相降低存貨水準及更快發表新產品的機會。

　　聖思貝瑞對進階供應商則使用中級計分卡，此計分卡透過分成三個主要部分裡九十五個問題的回應，以衡量績效：

（1）　需求：
　　　　需求策略與能力
　　　　商品組合
　　　　促銷
　　　　新產品導入
　　　　消費者價值的產生
（2）　供應管理：
　　　　供應策略與能力
　　　　有效補貨
　　　　營運卓越
　　　　整合式需求導向供應

（3）驅動力：

　　　共通資料與通信標準

　　　成本、利潤與價值衡量方法

　　　產品安全與品質流程

　　以下是九十五個問題中的一些範例：

● 整個供應鏈有做詳細的成本分析嗎？

● 有主動監督新產品推出的店內施作嗎？

● 有解決交貨爭議的議定程序存在嗎？

　　製造商則會用以下的答案回應問題：

● 否／從未曾

● 有限度

● 進行中

● 是／總是如此

　　CPFR 與「高效消費者回應」（efficient consumer response；ECR）這類組織正發展中的供應鏈計分卡，比我們用來描述汽車運輸設備業的供應鏈計分卡更一般化。

　　它們記錄了供應商快速推出新產品的能力，及強化與零售商協調的能力（例如聯合促銷）。它們也涵括學習與成長部分，以識別出具特定責任與能力，並可在聯合專案團隊中工作的員工；還有在兩家公司之間下訂單、開發票與付款資訊系統的緊密結合；及最終消費者（end-use consumer）資料的共享。

　　藉著建立計分卡以強化演進中的食品與消費性商品供應鏈，是可看出它在其他產業很多供應鏈能產生何種可能性的最先行範例。

供應鏈平衡計分卡

　　布魯爾（Brewer）與斯佩（Speh）曾提議一種供應鏈計分卡的更一般性架構。他們特別強調有些設計不應一體適用。

　　像設計用來降低可預測需求之標準日用商品生產、配送與推銷成本的供應鏈，與處於變化莫測流行服飾市場中的公司之供應鏈，這兩者的目標大不相同。其中之一會強調低成本與快速存貨週轉率，另一個供應鏈則要求彈性、快速回應、預測準確度與創新。

　　建構好供應鏈平衡計分卡後，接著流程會從清楚傳達供應鏈策略開始發起。這應該是個多領域多組織的計畫，且如同任何有效的計分卡專案，此計畫也應提供機會讓不同領域與組織中的個人，都能協同合作定義共同分享的目標。

　　而一旦供應鏈團隊成員對策略達成共識，他們就能開始建立策略計分卡。

■ 財務構面

　　供應鏈計分卡的財務衡量指標既傳統又普通。功能完善的供應鏈應帶給所有供應鏈參與者較高利潤率、單位成本降低、現金流量增加、營收成長與高投資資本報酬率。計分卡能以特定的供應鏈衡量指標為特色，例如運送、訂單處理、接單、倉儲、推銷、過時與減價的成本。

　　但是，重點要擺在哪些特定財務衡量指標，須依策略而定。對成熟商品的生產與配送而言，最重要的衡量指標當屬現金流量、單位成本與資產報酬率。而對差異化策略而言，營收成長、增加利潤、及減少過時與減價這些衡量指標，將扮演更重要的角色。

■ 顧客構面

顧客構面應反映出供應鏈內的顧客及最終消費者。所有這些顧客的利益，應包括產品與服務品質的改善、更短交貨期、改善可取得性（包括降低缺貨與延遲交貨次數）、更大彈性與更高價值。

■ 內部流程構面

改進整個供應鏈流程應可帶來下列好處：

● 減少浪費：包括消除或減少重覆流程，系統與流程的協調，降低瑕疵、退件、退貨與重做，及較低的存貨水準。
● 降低所有供應鏈參與者從下單到交貨的週期時間，及較短的現金週轉期。
● 彈性回應：滿足顧客對產品多樣化、數量、包裝、運送安排與交貨之獨特要求的能力。
● 相較於顧客預期的客製化程度與彈性來降低單位成本：供應商可藉由消除重複存貨、多人處理產品、未合併的運送及無協調的促銷活動與交易，以試圖去除無附加價值的成本。
● 創新：參與者監控技術、競爭力與消費者偏好的

新發展，以便共同設計開發新產品，並持續獲取
目標顧客的忠誠度。

學習與成長構面

　　供應鏈計分卡中人力資本方面的目標，包括了
讓採購、營運、行銷、銷售、物流與財務部門的員
工，都能在組織內與跨組織地協同合作，以強化供
應鏈效能，並給予顧客與最終消費者更多價值。

　　而資訊資本的目標，是與跨組織系統的協調與
連結、資料協定的標準化、顧客與供應商資訊的分
享與分析，以及適時可取得相關正確資訊的提供有
關。組織文化的部分則應支持最佳實務分享、持續
改善問題、對所有供應鏈夥伴透明開放，及確實兌
現承諾，以消除整個系統的浪費與延遲，同時提供
最大價值給最終消費者。

　　在此舉一個特殊應用的例子：有一家大型國際
性化學品生產商，與它最重要的代理商、也是策略
夥伴之一的 ChemTrade 公司，為一項共同合作專案
發展出的供應鏈平衡計分卡。他們為此策略性夥伴
關係立定一紙長期合約，約定雙方在幾個國家地區
都具有獨家權利。兩家公司也都參加一項專案，以

改善從原物料取得到交貨給最終消費者之間的所有
流程。

　　於是，專案團隊決定建立平衡計分卡，來衡量
他們協同合作的成就、釐清供應鏈夥伴的策略目
標、提供兩個組織在關鍵績效衡量指標方面的焦
點，及看出未來改善的機會。我們呈現出此專案的
目標與衡量指標的策略地圖（圖8-2）與平衡計分卡
（請見圖8-3，提出此報告時，學習與成長構面所發
展的衡量指標尚未定案）。

　　總而言之，供應商計分卡在製造業與零售業是
常見的。

　　大多數現有的供應商計分卡，都以降低成本、
準時交貨，與一致又零缺點品質的低總成本策略評
量標準爲特色。若那是針對終端顧客的策略，則這
些評量方法是適用的。

　　但縱使策略是這樣，KPI計分卡仍會錯失機會
將供應商的流程及人力與資訊資本緊密結合，以強
化供應鏈效能。當公司審視供應商基礎以尋求產品
創新，並希望協助供應商提供更完整的解決方案給
其顧客時，其實就存在著建構更具策略性特定供應
商平衡計分卡的其他機會。

圖 8-2 化學品供應鏈的策略地圖

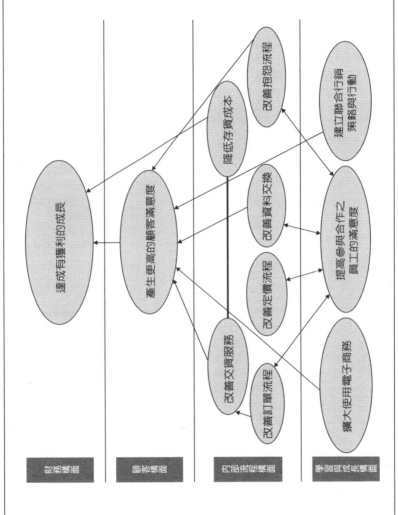

資料來源：K. Zimmerman, "Using the Balanced Scorecard for Interorganizational Performance Management of Supply Chains: A Case Study," in Cost Management in Supply Chains (Heidelberg: Physica-Verlag, 2002).

圖 8-3　某化學品供應鏈平衡計分卡

構面	策略目標	績效衡量指標
財務	·有獲利的成長	·週轉率：透過通路的商品銷售
顧客	·市占率	·顧客購買的通路市占率
	·顧客滿意度	·顧客滿意度指標（年度調查） ·抱怨次數 ·有抱怨之訂單的百分比
內部流程	·交貨可靠度	·準時交貨百分比
	·存貨管理	·兩個組織所保有的平均存貨 ·平均存貨除以月銷售額
	·改善行政流程	·銷售數量（以噸為單位）
學習與成長	·擴大電子商務	·未定案
	·提高進行策略聯盟之員工的滿意度	·未定案
	·聯合行銷策略與行動	·未定案

顧客計分卡

　　供應商計分卡與供應鏈計分卡，一般都是從公司往上游看其最重要的供應商。當公司往前與往下游看向另一個角度時，就會見到策略性顧客。布朗

魯特公司的海底工程建設事業部門洛克華德
（Rockwater）公司，提供給我們與策略性顧客建構
計分卡的一個早期範例。

　　洛克華德公司的新策略，是要與關鍵顧客培養
長期又具附加價值的關係。這項策略徹底背離工程
業幾乎總是將生意交給出價最低者的行規。洛克華
德已確認幾位最重要的顧客，這些顧客尋求與供應
商結為夥伴，以找出具創新性的方法降低建造、安
裝及營運原油與天然氣生產設施的總成本。

　　對這種長期夥伴關係表示有興趣的每位顧客，
洛克華德都會與他們討論有十六種屬性的一張表，
以描述專案中的彼此工作關係：

● 功能：
　安全性
　工程服務
● 品質：
　對已交付程序的最少化修正
　效能的品質與認知
　提供的標準設備
　參與員工的素質
　生產品質

- 價格：
  工時
  價錢
  降低成本方面的創新
- 及時性：
  符合時程要求
  程序的適時交付
- 關係：
  締約關係的透明度
  彈性
  回應速度
  團隊和諧與團隊精神

　　洛克華德公司會請每位顧客選出專案最重要的屬性，然後將一套相對加權方案應用於最重要的屬性。洛克華德與每位專案團隊成員分享這項資訊，使所有成員都知道此專案中對顧客而言最重要的因素。

　　每個月，每位關鍵顧客都會就選定的屬性對洛克華德公司的績效加以評分。這些顧客賦予的績效分數，提供為承包商與顧客召開月會時討論專案績效的基礎。洛克華德也將這些個別的專案分數，匯

總成供自己的計分卡使用的一項整體顧客滿意度指標。這項建構專屬於顧客與專案之指標的機制，使洛克華德能將所提供的服務針對個別顧客的偏好加以客製化、能緊密結合專案團隊提供給顧客專屬的價值主張，也能得到在滿足顧客期待方面做得有多好的回饋。

　　老虎紡織公司（Tiger Textiles，化名公司）是美國與歐洲零售服飾連鎖店（例如 Gap），與低成本紡織工廠之間的生產中介橋樑。老虎紡織會進行研究，以獲知顧客未來的服飾製造需求，作為顧客在流行趨勢與新產品機會方面的顧問，並與斯里蘭卡、泰國與馬來西亞等低成本開發國家的工廠訂定契約，及時生產與交付顧客想要的衣服數量、組合與品質。

　　如同洛克華德公司，老虎紡織不甘心只是一個標準商品的可靠低成本供應商而已，並且想強化其知識與能力，以提供給顧客更完整的解決方案，藉此建立差異化。老虎紡織把策略融入「與顧客一起做營運規劃」的一個重要主題（請見圖 8-4 與圖 8-5）：「為與顧客一起發展出營運計畫，老虎紡織必須對顧客長期與短期的需要與價值有清楚了解。顧客導向規劃必需將顧客納入我們的全球團隊中。」

　　老虎紡織在其計分卡顧客構面中設定一項目標，以便與顧客建立密切關係及提供高品質服務，並經顧客認可成為創意與流行概念的來源。為了實現這個目標，老虎紡織建立一個「與關鍵顧客發展關係」的內部流程目標，並以下列幾點衡量這個目標的績效：

● 顧客知道的（老虎紡織）海外夥伴數量。
● 夥伴流動率。（特別是那些老虎紡織希望合作，能和重要顧客發展長期關係的夥伴）。
● 與顧客共同發展的營運計畫裡達成了什麼目標。

　　另一個關鍵內部流程是「顧客與老虎紡織聯合規劃」，其目標是要「發展出每六個月檢討一次，並涵蓋購料與顧客經營實務」的「顧客／老虎紡織三年期策略性營運計畫」：

● 與顧客共享的目標數量
● 聯合發展出的營運計畫數量
● 目標達成百分比

　　要讓這兩個關鍵內部流程得以有效實施，老虎

圖 8-4 老虎紡織：「與顧客一起做營運規劃」主題（策略地圖）

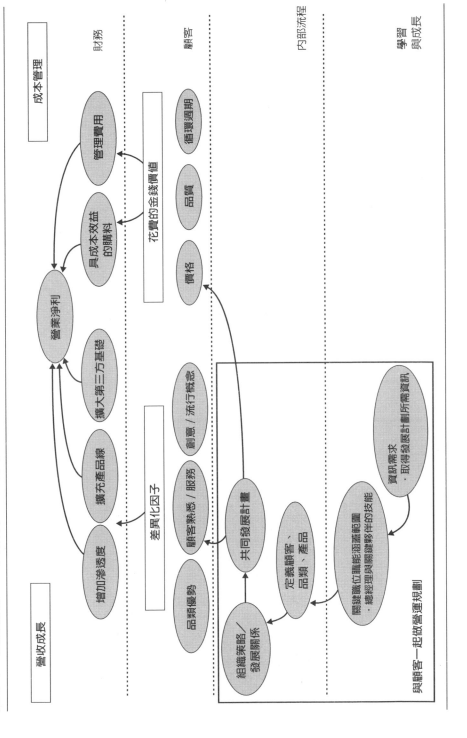

圖 8-5　老虎紡織：「與顧客一起做營運規劃」主題（平衡計分卡）

	目標陳述	應做好的事項	可能的衡量指標
內部流程	定義顧客、品類、產品 用以滿足財務目標的目標顧客、類別與商品	・顧客需求的廣泛知識 ・競爭能力的詳細知識 ・購料的全球策略了解 ・詳細的規劃指導原則 ・產品的相對報酬率	・來自新產品類與新產品的銷售成長百分比 ・顧客與類別的滲透率 ・撰寫好的營運計畫（實際與計畫的比較）
	將策略加以組織 發展關係 建立將顧客納入的全球團隊，以具體化營運規劃流程	・定義團隊的共同目的 ・確認執行工作所需技能 ・確定、招募、訓練團隊成員 ・提供領導團隊支援 ・提供做故事的工具	・顧客知道的海外夥伴數量 ・夥伴流動率 　・整體 　・海外 ・達成營運計畫的目標
	顧客與老虎紡織聯合規劃 發展顧客與老虎紡織三年期聯合策略性經營計畫（每六個月檢討一次），此計畫涵蓋購料與顧客經營實務	・說服顧客共同規劃的價值 ・了解顧客經營流程的運作（目前與未來） ・發展計畫準備技能 ・了解老虎紡織全球性潛力 ・發展團隊領導統御技能	・與顧客分享的目標數量 ・發展出的計畫數量 ・目標達成百分比
學習與成長	關鍵職位的職能 總經理與關鍵夥伴的技能 （銷售副總、地區生產經理、合資企業的夥伴） 強化發展計畫、傳達計畫、決定角色、與建立執行計畫之全球團隊的能力	・營運規劃技能的訓練與支持 ・說明與溝通的技能、工具、討論會 ・團隊建立、顧客密切關係與領導統御技能的訓練	・顧客對計畫說明的反應 ・夥伴對計畫所決定之角色的了解
	資訊的取用權 發展產生營運計畫所需之資訊的取用能力，包括： ・外部資訊與市場（策略性全球購料）資訊 ・內部（老虎紡織）經營資訊	・獲得資訊 ・分享與傳播資訊 ・分析資訊	・規劃與營運計畫所需之資訊可用性（及時目格式適當）

紡織需要強化直接面對顧客的夥伴（員工）的技能
與能力。它設定了策略性職能應包含的學習與成長
目標：總經理、銷售副總、地區生產經理與合資企
業關係經理，都必須擁有與關鍵顧客協同合作的技
能，包括發展聯合營運計畫、傳達這項計畫與建立
計畫執行全球團隊。老虎紡織並會依據以下兩點來
衡量這個目標：

● 顧客對聯合營運計畫簡報說明的反應
● 夥伴對他們在聯合營運計畫中角色的了解

　　如此一來，老虎紡織的計分卡，在顧客、內部
流程及學習與成長構面所強調的目標，是要讓該公
司能透過與關鍵顧客培養長期且具附加價值的關
係，使他們較高利潤的生意得以成長。

企業聯盟計分卡

　　現在公司逐漸開始運用結盟（alliance）方式來
填補自己能力上的落差，並在新市場與新地區中成
長。聯盟夥伴之間的協調並不容易，且很多結盟方
式成立的企業，最後都以失望與失敗收場。

　　但企業結盟夥伴間發展出一組共通的衡量指標，並不是一件自然的事。每一方都有自己的報告流程與衡量指標，對於想要對結盟做出何種貢獻（可能盡量地少），及希望從聯盟中獲得何種利益（盡可能地多），也都有自己的觀點。如同經濟學家所說的，要跨越這些資訊與動機的不對稱，需要一個開放透明的流程，使雙方清楚表達他們期望的貢獻與想要的結果，最後產生一份文件，來總結說明策略性結盟的論點。

　　結盟平衡計分卡的發展，可緩解聯盟夥伴之間的自然衝突。建立聯盟策略地圖與計分卡的過程，會讓夥伴雙方的高階決策者聚集在一起，以清楚表達結盟的目標與達成這些目標的策略。

　　例如，銷售與行銷事業的結盟可能會強調要降低獲得新顧客的成本、縮短將新產品帶入市場的前置期，及藉由獲得新顧客與強化現有顧客關係所帶來的銷售額增加。

　　研發事業的結盟可能會把焦點擺在新開發產品的數量與創新程度、從概念到產品開發這整個研發循環的前置期合作，及技術移轉對母公司的影響與衝擊。

　　製造事業結盟的特色則可能是在降低生產成

本、提升品質、縮短從顧客下訂單到交貨的時間，及增加交貨時間可靠度這幾個方面的成就。

　　透過這些聯盟所發展出的成果──一份策略地圖、一張有衡量指標與目標值的平衡計分卡，及雙方議定如何供給資金的計畫，可以提供給結盟企業CEO一份清楚的「發展里程圖」（road map）及一個絕佳的基礎，用以治理由兩個母體組織所共同成立的事業。然而根據一份麥肯錫公司（McKinsey）的報告指出，只有少於四分之一的結盟企業擁有適當的績效評量標準，且這只是從麥肯錫對「適當」所做的定義來計算而已。這個定義還遠不及與策略目標相連結的策略地圖，及其所衍生出的綜合性衡量指標平衡計分卡。

　　麥肯錫研究報告以四種構面提出一個結盟企業的平衡計分卡：財務、策略（而非顧客）、作業與關係（而非學習與成長）。圖8-6舉例說明可能包含在這類聯盟計分卡中的許多關鍵性目標。

合併公司的整合

　　當然，兩個外部團體之間最密切的一種整合，就發生在他們合併成為單一個體（entity）時。不過

圖 8-6　企業聯盟策略性目標草案

構面	目標
財務	· 增加聯盟收入 · 降低遍及聯盟成員的多餘成本 · 透過新顧客關係與相關產品銷售來增加母公司的收入 · 透過開發新產品與發展新顧客關係的聯盟，來發展出 　母公司的新成長選項
策略	· 開發新技術 · 增加目標客戶滲透力 · 增加調派給聯盟母公司員工的學習機會
營運	· 達成專案里程碑 · 降低製造、銷售或配送成本 · 改善產品開發與發表流程 · 強化聯盟與母公司之間的協調
關係	· 促進快速有效地做決策 · 聯盟內及聯盟夥伴之間的有效溝通 · 建立與維持信任 · 發展聯盟經理人與員工的角色、責任、目標與 　責任歸屬（accountability）

很多企業合併的失敗，是因合併後的新公司無法將兩個經營團隊、兩種文化、兩種策略、兩種資訊系統及兩組不同的管理流程，整合成能發揮預期綜效利益的單一營運個體。

但當經理人做出一份平衡計分卡以整合兩家公司時，我們已見過幾個成功的合併案例。

在這種情況下運用平衡計分卡有兩項重要好處。首先，新公司的策略地圖及平衡計分卡可提供

一個機制讓原先來自兩個獨立個體的經理人，有機會為共同目標而在一起工作。透過對策略、策略目標與衡量方法的密集對話與爭辯，使經理人能獲知對方的思考模式、應重視誰的意見及誰是他們可信賴的夥伴。這些新友誼及協同工作關係的機會，會從高階主管參與建立策略地圖與BSC的密集過程中有組織地培養出來。

第二項好處是完成後的策略地圖與平衡計分卡，提供一種高階主管可使用的語言，來描述如何從合併中獲取預期的綜效。許多研究顯示，大多數合併是不成功的。進行合併的公司並未從合併所花費的金額上，獲得具競爭力的報酬。儘管從設施與行政人員的統合方面，能實現一些成本上的節省，但實務上卻已證明，要從結合後的組織產生新成長機會是有困難的。

例如，麥肯錫研究報告透露出下列一九九○年代與合併有關的悲觀統計數字：

● 在一九九○到一九九七年裡的一百九十三件企業合併案（merger）中，其中只有11％在合併之後的三季盈餘可以保持成長。而在較壞的合併案例子裡，其盈餘甚至會下滑12％。

- 一九九五到九六年期間的併購案（acquisition）
  中，只有12％在併購之後三年盈餘有加速成長，
  而有42％盈餘下降。而這些併購案裡的中間項
  （median）公司成長率，比產業中間項公司群的
  成長率還低四個百分點。
- 企業合併後盈餘下降的主要原因，是顧客不滿意
  度增加，與員工在過程中的心煩意亂所致。

　　此外，典型企業合併後績效不佳的主要理由，
在於過度專注要節省成本，卻未將足夠注意力放在
營收成長上。少數合併成功的公司則把焦點放在強
化現有顧客關係以增加收入，尤其是他們會透過挽
留住關鍵、能產生收入的員工來達成此目的。

　　以上這些發現都提供合併後的公司一些基本理
由，指出為什麼該將策略地圖與平衡計分卡發展成
合併整合過程的一部分。兩家先前來自不同公司的
經理人，要制定出一套特定策略，以利用合併雙方
的強處，產生超越任何一家公司獨力經營所能達成
的新營收機會。過程中也會產生一份實現營收成長
與成本降低的發展里程圖；它可遍及投資關鍵流
程、員工與資訊技術領域的策略主題，以及融合成
為一體的企業文化。

　　這個過程有一個好例子發生於阿爾法與貝塔（Alpha, Beta，均為化名公司）兩家石油公司的合併，這兩家企業合併後成為美國最大的原油提煉與行銷公司之一。而兩邊高階管理團隊的初步整合，就發生於經理人替新個體建立平衡計分卡時。他們第一次會議甚至先發生在交易正式完成之前。兩家公司在BSC高階主管團隊中都派出了同樣人數。

　　然後，這個BSC團隊用金字塔來建造計分卡（請見圖8-7），以表示「阿爾法─貝塔」石油公司如何成為美國最佳的油品下游行銷公司。該公司的計分卡建立於六個主題之上（類似第四章所描述的杜邦工程聚合物公司的主題式計分卡）：

（1）消費者導向
（2）建立品牌
（3）值得信賴的商業夥伴
（4）價值鏈最佳化
（5）營運卓越
（6）激勵組織

　　BSC團隊再各挑選出一位阿爾法與貝塔公司高階主管，當作每個主題的共同擁有人。這對主管要

圖 8-7　阿爾法與貝塔公司的整合策略

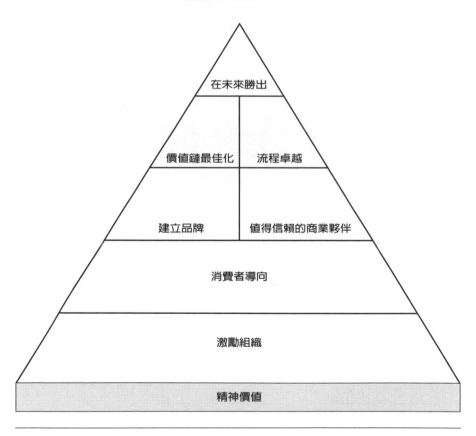

圖 8-8　阿爾法—貝塔公司「消費者導向」主題的摘要

「消費者導向」這個主題影響到我們所有的事業，其目標是要藉由提高顧客忠誠度，來強化汽油與便利店目標顧客區隔與增額購買的次數。此外，我們要讓我們的員工與通路夥伴聚焦於把焦點放在顧客身上的好處。

重點與基本理由	高階經營案例描述
· 透過研究對消費者購買經驗與期望的了解 · 在我們冠上品牌的經營地點以一貫的態度做好基本工作（get the basics right） · 與通路夥伴一致地執行 · 建立消費者導向的案例 　· 溝通 　· 教育 　· 方案、工具 · 獎賞、認可、重要性 · 用創新做實驗，以創造差異化購買經驗（在基本工作做好之後）	· 成長與獲利的關鍵驅動因素為 　· 鎖定目標的顧客導向 　· 增額購買 　· 通路夥伴與阿爾法—貝塔（即包含汽油利潤與便利店零售） · 汽油事業的潛力 · 便利店事業的潛力 · 示範說明從事便利店零售時，我們所要注重的焦點

監督手中主題的目標值、提案、溝通與實施。

對於每個主題，BSC 團隊還要挑選四到八個策略性關鍵議題以發展主題的目標、策略地圖、衡量指標與目標值。例如，圖 8-8 舉例說明主題「消費者導向」的摘要，圖 8-9 則顯示針對這個主題發展的策略地圖、計分卡衡量指標與倡議事項。

阿爾法—貝塔石油公司運用策略性主題與衡量

指標，以做爲合併正式完成後第一天做內部溝通與
外部溝通時的關鍵性要件。之後五個月期間，該公
司層層往下推展計分卡並遍及整個組織，並能在新
公司的績效管理系統中，用來設定部門與個人目
標。這個過程使阿爾法—貝塔能從合併後的第一天
開始，就成爲既連貫又有整合策略的單一企業。

總結

　　一旦組織緊密與內部事業群及外部支援群結
合，就能透過與供應商、顧客與結盟成員這些關鍵
外部夥伴，一起建立策略地圖與平衡計分卡，並拓
展策略性結盟。到目前爲止，大多數供應商、顧客
與聯盟計分卡，都有「KPI聚合」的傾向，這些指
標共用意味著企業間在成本、品質與及時性的營運
績效評量標準方面意圖改進。

　　公司要透過密切協同合作的過程，與外部夥伴
培養更深厚更有效的關係，這個機會依舊存在。此
過程的重點在產生策略地圖與平衡計分卡以描述組
織間關係的目標與策略。此過程也可建立與外部夥
伴的高度共識與驅動力，而且這種聯合發展的計分
卡，亦可作爲關係績效量度中的責任歸屬約定。

圖 8-9 阿爾法—貝塔公司「消費者導向」主題的部分策略地圖

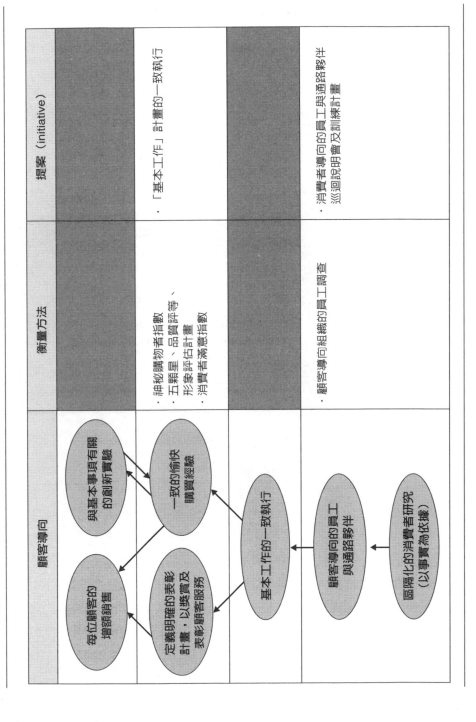

第 9 章

管理整合

管理組織策略整合最後的構成要件是責任歸屬。正如同財務長對預算執行負有責任，及人力資源副總對員工績效管理負有責任一樣，資深主管應負責整合流程的執行。除非有人承擔責任，否則整合就不會發生。

　　策略整合並非一役就能畢其功之事。專案的初步階段要先實施遍及全企業的平衡計分卡計畫，並將公司層級策略及營業與支援單位策略緊密結合。這個過程即是替創造企業最佳綜效先鋪路。

　　然而，改變總是持續不斷的──無論在產業之中、在競爭者之間、在法規與總體經濟環境中，及在技術、顧客與員工之間皆然，因此策略及策略的實施都必須持續演進。某個時間點緊密結合的組織很快將會變得不緊密。就像熱力學第二定律教導我們：熵（亂度）會持續增加，沒有極限。若要保持定向（aligned）與協調（coherent），則新能量必須不斷送入系統中。在本章中我們會描述管理與維持組織緊密結合的過程。

規劃整合與檢查整合

　　在會計年度年中的某個時候，幾乎所有企業都會舉辦一項由策略規劃部門所安排的多天期公司外（off-site）會議。在這次會議中，高階主管領導團隊依據變動中的環境，及自從最後的策略形成後所獲得的新知識，來檢討與更新公司策略。這項更新涉及很多策略規劃的傳統技巧，包括審視環境、

SWOT分析、競爭分析、五力模型與情境規劃。

隨後，事業單位與共用的服務部門進行他們自己的年度策略規劃更新。不過這些組織單位的策略通常是獨自完成、未獲得企業策略訊息，因此這些策略就未能反映出事業單位如何共同合作，以達成整合與綜效。這些支離破碎、未緊密結合的管理流程，解釋了爲何大多數企業在推行策略時會遭逢重大困難的原因。

而一個涵蓋範圍廣泛且有管理的整合過程，就可協助企業透過整合達成綜效。我們已從成功的平衡計分卡使用者的實務中，識別出八個企業策略緊密結合的檢查點（請參考圖9-1）。若組織的八個檢查點都達合策略的緊密結合，則所有計畫與行動都會朝向共同的策略優先順序：

（1）**企業價值主張**：如同第三章與第四章所描述的，企業辦公室定義策略指導原則，來塑造組織較低階部分的策略。

（2）**董事會與股東密切合作**：如第七章所述，公司董事會檢討、核准與監督企業策略。

（3）**從企業辦公室到企業支援單位**：如第五章所討論的，企業策略已轉換成由企業支援單位來管

圖 9-1 將組織緊密結合檢查點納入規劃過程

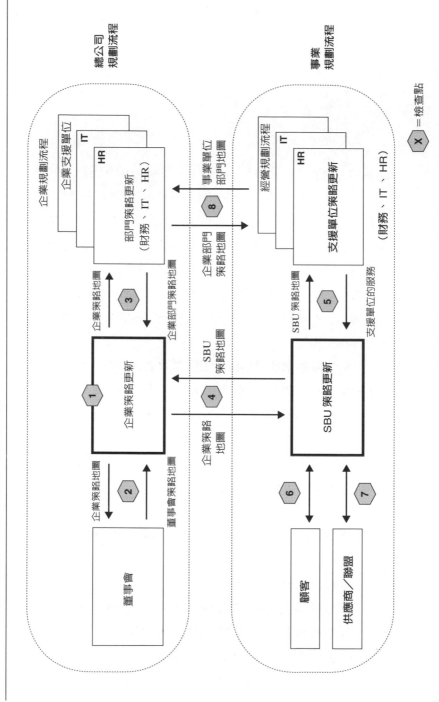

理的企業政策，例如標準化的實務、風險管理
與資源共享。

（4）**從企業辦公室到事業單位**：如第三、四、六章
所討論的，企業優先順序會層層往下開展成事
業單位策略。

（5）**從事業單位到支援單位**：如第五章所討論的，
事業單位的策略優先序會結合到功能性支援單
位的策略之中。

（6）**從事業單位到顧客**：如第八章所討論的，顧客
價值主張的優先順序，會對目標顧客做溝通，
並反映在特定的顧客回饋與衡量指標中。

（7）**從事業單位到供應商與聯盟夥伴**：如第八章所
討論的，供應商、外包商與其他外部夥伴的共
同優先順序，都反映於事業單位策略之中。

（8）**從事業支援單位到企業支援**：如第五章所討論
的，區域性事業支援單位的策略，會反映企業
支援單位的優先順序。

　　讓我們再度探討先前幾章已討論過的 IR 公司的
故事。還記得這家公司的新企業策略，是要從一家
以產品為核心的多事業單位控股公司，轉型成提供
整合品牌，且跨越傳統事業單位產品線的顧客解決

方案公司。

　　IR的新企業價值主張舉例說明了檢查點（1）的實現。它這項策略移轉，需要團隊合作與知識分享、新能力，及新領導價值的一種新文化。如同第五章所描述的，文化移轉因企業人力資源組織的努力而變得容易。我們在圖5-10已舉例說明，IR公司如何藉由將企業經營策略，轉變成以領導能力培養、跨事業單位團隊合作，及將個人目標與新策略重新緊密結合這三方面為焦點的企業人力資源策略，而實現檢查點（3）。再來，一旦達成企業層級策略整合後，IR的人資單位便會將其「實施範本」往下傳達給五個主要事業群的人資單位，以實現檢查點（8）。這個過程將各事業單位內部的人資單位，與企業總部人資單位的策略優先順序緊密結合。

　　每個IR的事業群會產生一份策略地圖，以反映所在區域達成卓越地位的雙重公民主題，同時實現總公司層級主題（請參考圖3-4），藉此達成策略緊密結合的檢查點（4）。IR公司也開始在年報中對董事會與股東溝通新企業策略（圖7-10），以達成檢查點（2）。因此，IR公司就成功地通過圖9-1上半部五個總公司規劃流程中，所有的策略整合檢查點。

　　組織策略整合的過程中，檢查點（4）是最重要的部分：讓事業單位策略與企業價值主張的連結。很多組織都採取明確的行動，來監督這項檢查點。在佳能的美國分公司裡，企業規劃單位設計了可粘性的便條紙，以顯示六個主要事業與支援單位策略地圖的每個目標。接下來它將事業與支援單位的目標張貼到企業地圖上，看看每個企業目標受到多大的支持。

　　其次，該公司將結果做分析，以看出為何有許多目標得到強烈支持，而其他目標得到較弱的支援。這樣一來，規劃單位不僅監督策略整合過程，而且也識別出策略中跨功能與跨單位的連結，使該單位能創設全公司的價值分享社群。

　　在「聖瑪莉／杜魯斯診所健康系統」（St. Mary's／Duluth Clinic Health System）的規劃過程期間，策略整合副總檢討了該組織各個部與科的策略地圖，以確保它們之間密切合作，並與企業總策略緊密結合。在第四章討論過的東京三菱銀行（圖4-1）則明確地識別出所有事業單位共用的企業策略地圖目標，這提供給總公司的企業規劃團隊一個參考點，以保證各事業單位策略與總公司層級的策略主題，如風險管理與成本降低這類目標緊密結合。

　　這些公司每一家都有一個管理詳細流程的總公司層級單位，以確保事業單位策略在垂直方向上與企業優先順序緊密結合，並在水平方向上與相關事業單位的策略緊密結合。

　　至於整合過程中，各事業單位策略的推行，則有其他三個緊密結合檢查點。在第五章我們描述了如何藉由策略性支援服務組合的導入，來實現檢查點（5）。這些服務將事業單位策略地圖的優先順序，轉變成特定支援單位的計畫與提案。在圖5-3、5-4與5-5，我們也說明了漢多曼公司的人力資源支援部門怎樣和事業單位的策略目標緊密連結。

　　我們在第四章中說明IBM的內部學習部門（圖4-8）如何發展出事業單位策略地圖，以便將訓練、學習服務與事業單位策略緊密結合。在漢多曼與IBM案例中，如同策略整合檢查點（5）所要求的，這兩家公司都導入詳細的流程，以便將關鍵支援單位的策略，與事業單位的價值緊密結合。

　　企業也能導入詳細的衡量指標與流程，來與顧客及供應商結盟（檢查點6與7）。例如，第八章討論的洛克華德公司與前十大顧客聯合發展出計分卡，以明確定義每位顧客想要的價值主張。之後每季與顧客做這些計分卡的檢討，協助強化彼結盟的

密切度，並使洛克華德公司成為產業領導者。在第一章中，運動人公司的採購部門（請參考圖1-7）則使用一個類似結構，用以建立與供應商的密切結盟，這些供應商並負責製造及將產品送至運動人零售店。

　　總之，為總公司及事業與支援單位設定目標優先順序及資源分配的規劃流程是一項新任務——它能使策略整合貫穿全企業。組織可透過將八個檢查點置入規劃過程中，以達策略緊密整合。而經過規劃達成策略整合後，組織就會面臨接下來的問題：如何持續不間斷地管理及維持策略整合？

管理與維持緊密結合

　　「你無法管理未評量過的事務」，這句話可說是我們奉行不渝的話語。我們發展出平衡計分卡，使組織能衡量並藉此更有效地管理策略性流程，例如新顧客取得、顧客留置、新商品開發與員工能力發展等指標。而若要管理新的策略結合過程，我們也應確認緊密整合的衡量指標有哪些。

　　圖9-2顯示八個緊密結合檢查點的衡量指標。藉由選出其中優先順序的特定權重，及有關綜效利

益最可能出現於何處的看法，組織就能將這些衡量指標匯整成「組織策略整合」指數。

但我們建議要用「流程衡量指標」（process measure），而不要用結果衡量指標。結果衡量指標對應出的結果應出現於企業計分卡中，例如已達成六標準差水準的事業單位百分比，或是達成關鍵顧客留置目標的事業單位百分比。而流程衡量指標適合監督策略整合流程本身的品質。並且我們的策略整合理論預期，更優秀的組織策略整合流程，會自然提高企業結果衡量指標的成效。

策略整合檢查點的評量標準，連同檢查點下子流程的衡量指標（請參考圖9-2中間欄位），提供了有關策略整合流程績效的有用回饋。就如圖9-3所示，在整合圖（alignment map）上會顯示個別的檢查點衡量指標，我們就能得到「整合的程度有多好」及「圍繞整合議題的相關發展」這兩件事的全貌。位於圖中左上象限的面板A顯示了起始點——將八個緊密整合檢查點濃縮成企業、事業單位與支援單位這三個領域的一張空白樣板。而其他三個面板描述組織在策略整合過程中通常為什麼會變得未如預期。

位於右上象限的面板B舉例說明了一個策略整

合計畫裡，它有強有力的企業領導，但在事業與支援單位執行不力。它的企業策略已定義好，也轉換成企業價值主張（檢查點1），且這些策略已經過檢討，並經董事會核准（檢查點2）。策略並已轉交至企業幕僚部門（檢查點3），這些部門已提供指導原則給事業單位的支援部門（檢查點8）。企業已盡極大努力，將企業價值主張中的策略性優先順序傳達給事業單位（檢查點4），但事業單位並未分享這份熱情，以致事業單位層級的執行力不彰（檢查點5、6與7）。這個面板顯示了很多企業計畫的潛在利益仍有待實現。

　　而位於左下象限的面板C所描述的策略整合過程，其特色是在企業與事業單位層級均有強大的執行力，但在支援單位執行成效不彰。問題首先從總公司層級的連結協調太微弱開始，由於企業未強調將優先順序傳達至企業幕僚部門（檢查點3），且企業幕僚無法與事業支援單位在企業優先順序方面做溝通（檢查點8）。因此，區域支援單位一直未對事業單位的要求有所回應，也無法支持事業單位的策略。

　　位於右下象限的第四個範例面板D，是描述BSC績效管理計畫由區域事業單位發起時所經常碰

圖 9-2 衡量組織的緊密結合

組織緊密結合：不同的單位、部門與組成團體有與企業價值主張緊密結合嗎？

	緊密結合檢查點	子流程衡量指標		流程衡量指標
1	企業價值主張	· 企業價值主張有定義 · 企業計分卡有定義	☐ ☐	100%
2	董事會／股東緊密結合	· 董事會責任透過企業計分卡 連結到策略	☐	100%
3	企業辦公室與企業支援單位	· 有相連結之計分卡的企業支援單位的百分比	☐ HR ☐ IT ☐ Finance ☐ Other	100%
4	企業辦公室與事業單位	· 有與企業連結之事業單位的百分比 HR、IT、財務、其他		100%
5	事業單位與支援單位	· 與支援單位緊密結合之事業單位的百分比 - 服務協議 - 相連結的計分卡 40% HR、50% IT、80% 財務	40% HR 50% IT 80% Finance	55%
6	事業單位與顧客	· 有 BSC 或服務協議之關鍵顧客的百分比		40%
7	事業單位與供應商／聯盟	· 有 BSC 或服務協議之關鍵供應商的百分比		30%
8	事業支援單位與企業支援單位	· 與企業支援單位相連結之 事業支援單位的百分比 100% HR、50% IT、80% 財務	100% HR 50% IT 80% Finance	80%

**組織策略
整合指數**

= ┌─────┐
　│ ？ % │
　└─────┘

（組織可依其策略
整合的優先性考量
，以加權計分的方
式調整左列的八項
指標占比）

圖 9-3 組織緊密結合圖

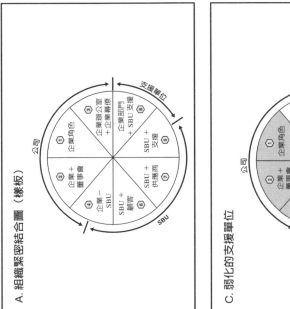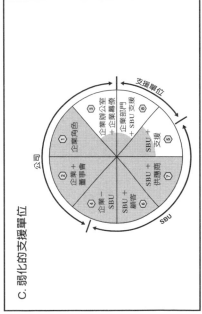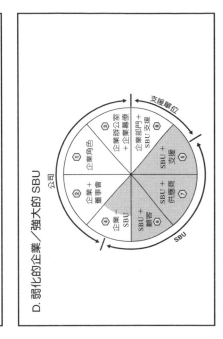

A. 組織緊密結合圖（樣板）

B. 強大的企業／弱化的 SBU

C. 弱化的支援單位

D. 弱化的企業／強大的 SBU

到的情況。各事業單位之內的策略整合成效卓著，並與顧客（檢查點6）、供應商（檢查點7）及區域支援單位（檢查點5）有緊密的連結。事業單位已試圖將它所認知的企業策略與優先順序，與它的策略整合在一起，但因沒有企業總部適當的領導與指導，該單位仍有待與其他事業單位的策略連結，並與它們共同創造綜效（檢查點4）。事業單位的支援單位也因缺乏企業支援單位的策略指導而蒙受損失（檢查點8）。

以上這些策略整合的地圖提供組織目前整合狀態的一個簡單圖像，並概要說明企業可挑選出詳細又有作用的衡量指標，以監督企業策略緊密結合流程的績效。

責任歸屬

管理組織策略整合最後的構成要件是責任歸屬。正如同財務長對預算執行負有責任，及人力資源副總對員工績效管理負有責任一樣，資深主管應負責整合流程的執行。除非有人承擔責任，否則整合就不會發生。

有幾個組織已開始建立組織策略整合方面的責

任歸屬結構。J. D. Irving 這個年營收幾十億美元的加拿大集團就設立一個稱為「整合冠軍」（alignment champion）的職位，以協助事業單位實施策略中各種不同的改變計畫。聖瑪莉／杜魯斯診所這家明尼蘇達州西北部的醫療診所，則設立一個策略整合副總（vice president of strategic alignment）職位。藉著將此職位設定在副總層級，診所的CEO傳達出訊息，保證組織整合對他而言具有高優先順序。

加拿大血液服務公司（Canadian Blood Services，即之前的加拿大紅十字會）在平衡計分卡計畫一開始就成立一個「整合委員會」，以保證企業與各個事業單位都有一致又經整合的策略。

第六章所討論到的東京三菱銀行北美總部，則引進一套透過治理流程產生策略緊密結合的複雜方案。

如圖 9-4 第一欄所顯示的，該銀行的策略奠基於六個主題之上：營收成長、管理風險、提升生產力、緊密結合人力資本，及強化財務績效與顧客滿意度。圖 9-4 的第一列則顯示，該銀行已有八個涉及組織治理某個層面的委員會。除傳統責任之外，銀行還會要求每個委員會要監督在其責任範圍之內的策略主題。例如，信用風險委員會要在月會中討

圖 9-4 東京三菱銀行美洲總部的策略整合與責任歸屬

委員會 主題	經營策略委員會 每季	每月獲利檢討 每月	營運控制委員會 每月	全銀行風險管理委員會 每月	信用風險管理委員會 每月	法規遵守委員會 每季	IT指導委員會 每月	人力資源委員會 每季
財務	■	■		■	■			
顧客	■		■					
使收入成長	■	■						
管理風險	■			■		■	■	
提升生產力	■		■				■	
人力資本								■

- 主要的委員會會議都會清楚地連結到組織的策略主題與目標
- 所有主要定期管理會議的討論，其焦點都放在計分卡的相關領域
- 每季所有領域都會在經營策略委員會做檢討

論並對財務與風險管理主題有所作爲。在營運控制委員會的月會中，成員要監督顧客、風險管理與生產力三個主題。經營策略委員會每一季要檢討所有六個策略主題。有了這項責任的正式指派，東京三菱銀行北美總部將策略緊密結合與責任歸屬放入核心管理委員會與流程之中。

藉由將責任歸屬指派給特定個人或委員會，這些範例中的組織實現部分的整合流程。儘管這已是朝著正確方向的舉動，我們相信策略整合與責任歸屬必須納入全年度所進行的所有關鍵管理流程中。

我們最近在實務上已觀察到，組織中正出現一個新角色，以範圍廣泛又整合的方式管理策略執行。例子包括克萊斯勒集團、頂尖城堡城國際公司、美國陸軍與聖瑪莉／杜魯斯診所。

我們將這個新角色稱爲策略管理辦公室（office of strategy management；OSM）。這個新辦公室通常是平衡計分卡專案團隊的繼任者。OSM代表平衡計分卡從一個專案轉變成一個持續緊密結合與治理之流程的自然演化。OSM的關鍵角色之一，是用以下的職務說明，來管理組織緊密結合的流程。

組織緊密結合

OSM 協助整個企業獲得一致的策略觀點，包括企業綜效的識別與實現。策略管理辦公室使平衡計分卡的發展及逐層下達到組織內不同的階層層級變得容易。 OSM 對策略在組織內緊密結合流程的責任包括以下幾點：

（1） 在企業計分卡上，定義出可透過較低組織層級跨事業單位整合所產生的綜效。
（2） 將事業單位的策略和計分卡，與企業策略相連結。
（3） 將支援單位的策略和計分卡，與事業單位和企業的策略目標相連結。
（4） 將外部夥伴，例如顧客、供應商、合資企業與董事會，與組織策略相連結。
（5） 整理高階主管領導團隊對事業單位、支援單位及外部夥伴產生的計分卡所做的檢討與核准。

如同其他策略執行流程，組織緊密結合的流程得跨越組織疆界。為求有效執行，緊密結合需要來自各個組織單位人員的整合與合作。這會造成一個

兩難處境，因為大多數組織都沒有替跨事業單位的
流程安排一個自然的家。依事業單位或功能性所構
成的組織，在運作上彼此都是孤立的。有成立策略
管理辦公室的那些組織，即是透過召集一小組人員
管理跨事業單位的流程來解決此問題。這些流程也
包括了那些讓「組織緊密結合」策略成功執行的關
鍵性的流程。

總結

　　任何兩個不同組織——公司、事業單位、支援
單位、顧客或供應商之間的介面，也代表能透過策
略整合以產生價值的一個可能來源。透過企業價值
主張及策略地圖與平衡計分卡流程的層層下達，是
釋放出及捕捉這個遞增價值的機制。

　　組織緊密結合需要跨組織地合作，因此其流程
必須主動地加以管理，且最好是由擔負此任務成敗
責任的個人或組織單位管理。對有效的組織緊密結
合流程而言，指派責任與責任歸屬，是新成立OSM
自然而然的一項任務。OSM能協調多個規劃流程，
並至少每年保證所有策略整合檢查點的目標都會達
成。

第**10**章

整合的策略全局

如同現在 BSC 高階使用者所充分了解的，「BSC 列於議程上」這樣
的說法已不足以說明事實——事實上 BSC 就是議程。

　　自從一九九二年平衡計分卡推出以來，它已演變成管理策略執行這個複雜系統的核心要件。這個方法的效力源自於兩種簡單的能力：

　　一是它清楚描述策略的能力（來自於策略地圖的貢獻），二是它說明了將策略與管理系統連結的能力（歸功於平衡計分卡的貢獻）。兩種能力結合的結果，即是將組織的所有單位、流程與系統緊密結合的能力。

　　圖10-1描述一個策略執行的簡單管理架構。此方法將幾個重要的特性，加到典型的「計畫、執行、查核、行動」的密閉迴圈流程中，這是戴明（Deming）在提倡品質運動時所採用的流程：

● 策略（而非品質）被明確地認定成是管理系統的焦點。
● 組織緊密結合被認定是明確的管理流程部分。執行策略需要組織單位與流程之間最高階的整合與團隊合作。
● 高階主管領導是成功策略執行的必要條件。管理策略與管理變動是同義詞。若無強力的高階主管領導，建設性的改變是不可能發生的。

在其中最重要的概念是，策略是在管理系統的核心。明確定義策略後，便可設計管理流程的所有要件，以便產生組織緊結合的成果。如圖 10-2 所顯示，緊密結合有四個要件：策略相稱、組織緊密結合、人力資本緊密結合及規劃與控制系統的緊密結合。我們依次來看每個要件。

策略相稱

策略是由眾多具重大影響的活動所組成，這些活動最終都必須透過管理系統提供資源與做協調。

策略可用詳細的一組目標與先導計畫加以描述。「策略相稱」（strategy fit）是由麥可‧波特所提出的一個觀念，它是指執行策略差異化要件的活動時，其內部應尋求的一致性。比如說，當內部績效驅動因素所構成的網路具一致性，且與對外部期望的顧客及財務結果能緊密結合時，這家公司的策略相稱就存在。

這如同我們先前撰寫的書中也大篇幅介紹了策略地圖提供一項機制，能明確地識別並衡量流程、人員和技術，與顧客價值主張及顧客和股東目標，兩者之間在內部整合的程度如何。

圖 10-1 BSC 策略執行架構

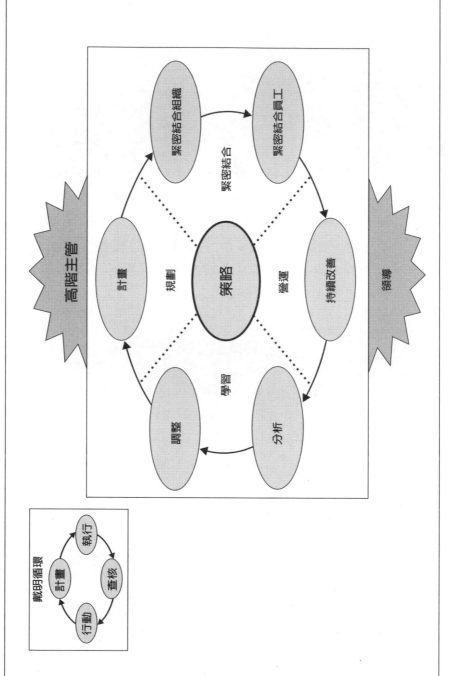

圖 10-2 達成全面性策略緊密結合

策略相稱

內部網路的績效驅動力是否與顧客及股東的價值主張連結？

策略核心組織的要義

轉化策略成為作業術語

參考著作

《策略地圖》

組織整合

不同的單位、部門及機關是否與企業價值主張連結？

策略核心組織的要義

用策略整合組織

參考著作

《策略校準》

整合規劃與控管系統

規劃、營運與控管管理系統是否與策略相連結？

策略核心組織的要義

讓策略變成持續不斷的流程

參考著作

《策略管理辦公室》
《哈佛商業評論》，2005 年 10 月號

人力資源整合

員工的目標、訓練及誘因是否與事業策略相連結？

策略核心組織的要義

讓策略變成每個人的工作

參考著作

《策略核心組織》第三部分

高階主管

領導

緊密結合組織

緊密結合員工

緊密結合

計畫

計畫

策略

營運

持續改善

調整

分析

學習

組織緊密結合

　　本書的主題——讓組織緊密結合——探討如何同步化組織的各種構成要件及其活動，以產生整合與綜效。策略地圖與平衡計分卡提供一項機制，可在每個層級對策略加以描述，並讓策略能從一個層級，往下傳達至另一個層級。這兩項工具也衡量需要跨組織共同合作的目標，在組織單位之間受重視的程度。

　　由於策略是在最高層形成，但卻必須在最底層執行——由機器操作員、客服中心人員、送貨卡車司機、銷售人員與工程師執行。若員工不了解策略，或未受到激勵要去達成策略目標，則企業策略勢必要失敗。

　　當員工的目標、訓練和獎勵，與經營策略緊密結合在一起時，人力資本的緊密結合就能達成。

　　此外，組織的規劃、作業與控制流程分配資源、驅策行動、監督績效都得依需要調整策略。縱使企業發展出好策略，且將組織單位及員工與策略緊密結合，未緊密結合的管理系統也能阻止策略有效執行。

　　我們先前的著作《策略地圖》與本書，都已深

入論及緊密結合的前兩個要件——策略相稱與組織整合。這已提供出了一個完整全貌，但我們將對其餘兩個要件——整合人力資本與管理系統，做簡短描述，以為本書的結束。

整合人力資本

除非員工做出個人承諾，來協助企業與單位達成策略目標，整合計畫就無法交出成果。人力資本緊密結合的流程，必須得到所有員工的承諾，才能成功地執行策略。

心理學家已分辨出激勵人們的兩股力量。內在動機（intrinsic motivation）發生在人們從事自發性的活動時。他們從進行活動當中得到快樂，這種活動會對他們內心的滿足做出貢獻，並產生他們所重視的結果。外在動機（extrinsic motivation）則源自於外在獎賞所帶來的胡蘿蔔（報酬），或是避免負面後果的棍棒（懲罰）。正面獎賞包括讚美、升遷與財務誘因。不過，負面後果的威脅也能有激勵效果。員工會極力避免主管的批評、未能達成公開性目標所造成的名譽損失，或是職位與工作的喪失。

內在動機一般與更具創業精神及更具創意去解

決問題的人有關。相較於只受外在獎賞或結果激勵的人，受內在激勵的員工考慮更廣泛的可能性、探索更多選擇，與同事分享更多知識並更注意他們所處環境中的複雜性、不一致性與長期結果。

外在動機則讓員工把焦點放在行動上，以獲得獎賞或避免受到懲罰。受到外在激勵的員工，傾向不去質疑來評量他們績效的衡量指標。他們假定高階經理人已修正好衡量指標，且他們的工作是讓衡量指標往想要的方向移動，並達成經理人對衡量指標所設定的目標值。

儘管一般來說心理學家都提倡內在動機的利益大於外在動機，許多公司已經發現，這兩股激勵力量是互補而非相互競爭的。事實上，績效最佳的公司同時運用兩股力量，將員工與組織的成功緊密結合在一起。

■ 溝通與教育內在動機

本書一開始時，我們有用一個隱喻，說明賽艇划船手們由分隔波士頓與劍橋的查理士河往下划時，試圖達成群體密切配合境界的例子。為達成使命，這些選手做了重大犧牲。他們在多天清晨一大早醒來做運動與練習。每天他們撥出幾個鐘頭從事

這項活動。他們的付出得到多少回報？答案是什麼
都沒有。運動員們做出犧牲並努力工作，因為他們
從準備競賽、與隊友工作在一起及透過競爭求取勝
利當中得到樂趣。想像若是公司可讓員工得到類似
的激勵時——個人與團隊都努力工作，協助企業在
全球競爭之中成為最優秀的公司，這會釋放出多少
能量。

　　領導者可訴諸於員工的渴望，讓他們願意為對
世界有正面貢獻的一家成功公司工作，進而激發出
員工的內在動機。員工會對自己服務於耗費許多生
命時光的這家組織感到自豪。員工應該了解到，他
們服務的組織若能成功，不僅讓股東受益，而且也
讓顧客、供應商與公司所在的社區受益。員工應感
受到他們的組織正有效率又有成效地運作著。沒有
人會在一家衰退中又績效不佳的企業工作而感到快
樂。他們應感到放心，組織並沒有在追求使命的過
程中揮霍資源。我們都曾看過運作不佳、決策陷入
泥淖的官僚組織、及通常因功能性壁壘（functional
silos）而產生心胸狹隘的公司勢力爭奪，而這些現
象會使公司裡的人們士氣低落。

　　願景、使命與策略的溝通，是在員工之間產生
內在動機的第一步。高階主管能利用策略地圖與平

衡計分卡，來做策略上的溝通，包括組織想要達成
什麼目標，及組織打算如何實現策略性結果。

　　平衡計分卡財務構面與顧客構面中的目標與衡
量指標，描述了組織、股東和顧客（對非營利組織
及公共部門而言，則是捐助者與選民）這些提供資
金的個體都在尋求的結果。內部流程構面及學習與
成長構面中的目標與衡量指標則描述員工、供應商
與技術如何在關鍵流程中整合，以提供顧客與股東
更好的價值主張，同時也符合社區的期望。將所有
目標與衡量指標匯集一起，就可提供組織價值產生
活動的全貌。

　　這種新的策略呈現方式，傳達給組織中的每個
人，說明組織正在從事什麼事：組織打算如何產生
長期價值，及每個人可在什麼地方對組織目標做出
貢獻。個人並不受限於範圍狹小又受限制的職務規
範工作內容，這是一世紀之前科學管理運動所遺留
下來的東西。現在他們每天來到工作場所，可因更
好的、不同的做事方式而充滿活力，也能協助提升
組織的成功並實現個人目標。

　　與組織目標緊密結合的新資訊、概念與行動，
會從組織的前線與後勤辦公室迸發出來。由於已了
解組織希望達成的目標，也知道如何做出貢獻，員

工變得真正得到授權。組織裡的單位── 事業單位、部門、支援單位與分享服務部門會了解它們在整體策略中的定位，也了解在單位內及透過與其他單位共同合作如何產生價值。這個過程中，由領導者進行的溝通就具有關鍵性。若高階主管無法帶頭，員工就會無法適從。在我們的諮詢會議中，高階主管經常報告他們無法對策略做過度溝通，有效溝通對他們實施BSC的成功具有關鍵性。

有一位CEO告訴我們，若他要撰寫一本書描述如何將一家大型保險公司成功轉型，他必定會將平衡計分卡列為一章，但他會放入五章談論溝通，因為他耗費大部分的時間與事業單位主管、前線與後勤辦公室員工，及像保險經紀人與代理商那樣的關鍵供應商做溝通。經理人也向我們指出，他們必須「溝通七次，並以七種不同方式做溝通」。他們經常使用多種溝通管道傳達訊息，包括演講、新聞信、小冊子、公布欄、互動式大會堂會議、企業內部網路、月檢討、訓練計畫與線上教育課程。

■ 以外在動機強化與獎賞

促進外在動機就應強化策略性訊息。最成功的平衡計分卡實施，就發生於當組織有技巧地將內在

動機與外在動機融合在一起時。若組織因員工的努力而成功，則它應與讓事情發生的員工分享一部分增加的價值。

　　然而當公司只仰賴外在動機時，不少平衡計分卡的實施都失敗了。它們更改薪資系統，納入非財務衡量指標──按顧客、流程及人員分別加以安排──讓它們變成跟傳統財務衡量指標一樣。但這個新薪資系統，更像是一份「衡量指標清單」，而非新策略的反映。高階主管從未就衡量指標的基本理由做溝通，他們也未將衡量指標併入就如含有橫跨平衡計分卡四個構面相連結策略目標與衡量指標的策略地圖這種一致性的策略架構中。

　　總公司應該運用兩個主要工具，來產生外在動機。首先，他們可將員工的個人目標和目的與策略緊密結合，許多公司甚至可產生個人計分卡。當然，設定個人目標並非新觀念。「目標管理」（management by objects；MBO）的觀念已存在幾十年，但無疑地，MBO有別於按平衡計分卡的指導原則所建立的員工目標。傳統MBO系統中的目標，是建立在個人隸屬於組織單位的結構中，只能強化狹隘的功能性思考。相較之下，當員工透過溝通、教育與訓練，而了解他們的單位與企業的策略

時，他們就能發展出跨功能性的長期策略性個人目標。員工每年在主管與人力資源專家的協助下確認他們的個人策略目標。有幾個組織甚至甚至鼓勵員工發展出個人平衡計分卡，讓每位員工設定標的，以改善成本或營收數字、與外部或內部顧客一起提升績效、改善一兩個創造顧客與財務價值的流程，及強化推動流程改善的個人職能。

當公司將獎勵性報酬與定好目標值之計分卡衡量指標相連結時，外在動機的第二種來源就會出現。為按照策略要求與計分卡中的定義修正行為並將行為緊密結合，組織就必須透過獎勵性報酬強化改變的意願。當平衡計分卡衡量指標與獎勵性報酬計畫相連結時，經理人就會見到員工對策略細節的感興趣程度有顯著增加。

獎勵計畫隨組織型態的不同而有很大差異，不過計畫一般都可劃分成個人部分，及事業單位與企業部分。只按事業單位與企業績效計算獎賞的計畫，固然象徵團隊合作與知識分享的重要性，但也可能鼓勵個人偷懶怠惰及產生「搭便車」的問題。而只獎賞個人績效的計畫會讓員工產生強烈誘因改善他們的個人績效衡量指標，但也會阻礙團隊合作、知識分享及提建議改善員工直接責任範圍以外

的績效。

　　因此，典型的計畫應包括兩類或三類的獎賞：一、依據每年基於每位員工個人目標所建立的目標值所達成的結果而提供的個人獎賞；二、以員工事業單位為考量的獎賞；可能再加上三、基於部門或企業績效的獎賞等級。

　　我們經常會被問到，如何對平衡計分卡中的衡量指標賦予「權值」（weight）。會問這樣的問題可能是組織並未真正了解平衡計分卡管理系統的一個徵兆。透過報酬計畫的修改，該組織正狹隘地使用BSC做為外在激勵用途，但已跳過可產生具內在動機的員工，也忽略了更為重要的BSC策略設定與溝通觀點。然而，將計分卡與報酬連結時，的確是有些權值必須產生，使多面向BSC能簡化成「現金」這個單一面向的時機（並且是唯一的時機）。

　　組織也可依據事業及短期優先順序的本質，來選擇權值。當員工和流程的改善，與後續的財務績效之間差距的時間不多時，就可對財務衡量指標加重權值。而需要較長時間透過創新、人力資本發展及顧客資料庫的部署來創造價值的組織，則應將這些內部流程及學習與成長評量標準加重權值。若公司有品質問題，則可將製程改善評量標準加重權

值；若公司有顧客忠誠度問題，則可在顧客滿意度
與留置率方面加重權值。若公司策略要求快速建置
新資訊技術，或要求一項主要的員工再訓練，則在
年度期間可對這些衡量指標加重權值，以強調在往
後十二個月期間達成績效目標值的重要性。若公司
對成本降低有立即需求，則與製程改善及生產力有
關的衡量指標將會加重權值。因此儘管年復一年衡
量指標可能維持著相當程度的一致性，年度報酬計
畫中套用於這些衡量指標的相對權值，可能會隨短
期優先順序而異。

　　不過我們已經知道，縱使顧客、流程與員工績
效卓著，但當財務績效不佳時，配發紅利可能不是
一個好主意。像經濟或產業成長趨緩那樣的外在因
素；像匯率、利率與能源價格那樣的總體經濟變數
意外的變動；或是產業的過度競爭，都可能在短期
間造成財務績效令人失望。無論原因為何，現金紅
利都必須發放，可是當公司在財務窘困期間現金正
失血時，這樣的支付可能不會是公司想要做的。

　　這項考慮替在紅利發放之前設定最低財務門檻
找到理由。譬如說，這個門檻可能會依據下列條件
之一來衡量：達成預設銷售百分比的利潤，或達成
最低資本報酬率，或在經濟附加價值計算中達到損

益平衡。一旦超過財務門檻，一部分超過的部分保
證會放入公司「紅利庫」（bonus pool）中，而實際
紅利是依據BSC評量標準的績效發放，以及大部分
的三個非財務構面下衡量指標權值來考量。

最佳實例： Unibanco

　　總資產超過兩百三十億美元的Unibanco，是巴
西第五大銀行及第三大私人銀行。它透過建立公司
計分卡，及建立保險與退休金、零售、批發和資產
（財富）管理四個主要事業單位的計分卡，
Unibanco是於二○○○年開始進行平衡計分卡專
案。

　　在二○○一年，Unibanco資深主管發起一項溝
通活動，告知所有兩萬七千位員工與新策略及管理
新策略等方法有關的事項。Unibanco拜訪因以帆船
環遊全世界而出名的巴西舒爾曼（Schurmann）家
族，要求就「我們都在同一條船上」這個主題，對
位於不同銀行位置的兩千位經理人發表演講，強調
每位船員都必須知道目的地，以便對船的成功抵達
這個目標做出貢獻。

　　另外有關銀行「管理小組」（management panel）

的廣告與文章，及相關的指示標誌，紛紛出現於企業內部網路入口網站與內部 TV 網路，和每月內部雜誌、傳送給每位經理的個人電子郵件等。這個全稱為「成功啓航」的活動讓計分卡觀念銘記於員工心中，並使所有員工知道，他們每天的活動，會對公司策略的成功產生影響。

Unibanco 藉由修改每位員工與他的經理之間的管理協議書這個現有的人事管理工具，讓它在二〇〇二年建好了外在激勵的機制。修正後的管理協議書第一頁（圖 10-3）描述了單位與銀行的策略主題。

接下來員工與他們的主管一起設計他們的個人管理協議書（圖 10-4），這份協議書現在會與單位及銀行的策略主題緊密結合。管理協議書含有員工在四個 BSC 構面的目標，每個目標都源自於一個或更多的單位與企業策略主題。

例如，行銷部門中協助設計一項活動刺激新客戶產生的員工，會有與「新獲取客戶預估終生價值」有關的財務目標連結。而某分行或單位供另一個銀行單位使用的輸出員工，會把交付給其他單位的價值視為顧客目標。針對管理協議書中的學習與成長目標，Unibanco 人力資源小組則協助員工決定他們

圖 10-3　Unibanco 的管理協議書

範例

姓名：　　　　　　　CIF：
區域：　　　　　　　期間：
功能：
評估者：

觀念：

總和（1+2）：

Unibanco 的策略主題

· 積極尋求擴大規模
· 持續效率最大化
· 建立卓越的人力資本管理
· 有效鞏固信用與收款循環

你的單位策略主題

你的部門目標

圖 10-4 Unibanco 的個人目標設定

範例

你的年度目標		工作計畫			
		%	自我評估	經理評估	最後評估
財務					
顧客					
內部流程					
人與技術					
					總計

所需要的能力——包括了知識、技能與行為，以達成他們在其他三個管理協議書構面中的目標。

當 Unibanco 將管理協議書併入每位員工的表揚與紅利計畫中時，就部署了第二種外在激勵工具。Unibanco 先前的報酬計畫，已依據單位財務績效而將一個全體報酬庫（total compensation pool）分配給每個單位。該銀行透過加入兩個變動薪俸的要素而修改原有計畫（請參考圖 10-5），並依據單位平衡計分卡上的領先（非財務）指標，而在報酬庫加上（或減掉）一個百分比。公司納入一個企業紅利要件，使員工思考銀行的整體績效，而不僅只是他們在分散化單位裡的績效而已。

Unibanco 接著在二○○四年藉由發起一項新的「2-10-20」溝通活動，重新激發內在動機。該公司設定於二○○六年銀行屆八十周年時要達成的目標：收入達二十億（「兩」個十億）里拉、股本達一百億（即「十」個十億）里拉，及 20％的股東權益報酬率。這項溝通計畫在每個地方都倡導「2-10-20」的標語，包括在安裝在電梯顯示裝置中。

公司人們受到鼓勵，去告訴別人他們的行動如何帶來成功結果的故事。每月發行的 Unibanco 內部雜誌挑選出最棒的故事，以頌揚已在 KPI 方面達成

圖 10-5 Unibanco 員工報酬系統

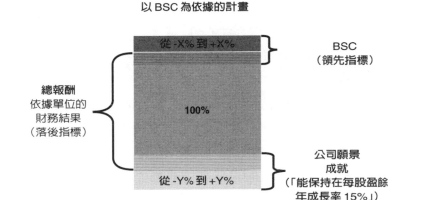

以 BSC 為依據的計畫

顯著成果的個人與團隊。每年 Unibanco 都會提供一個總裁獎，頒給在某個策略主題獲得突破性結果的先導計畫。

發展員工職能

若組織要將員工與策略緊密結合，有個最後階段是必要的：員工必須發展出技能、知識與行為這些「員工職能」，使他們能在創造顧客與股東價值的關鍵性流程方面帶來更多的改善。

　　我們已在其他著作中描述，如何識別出對策略
執行關鍵性流程具有最大影響力的策略性職務體
系。它必須投入可觀的資源，以強化員工在策略性
職務體系方面的職能。在策略性職務體系之外，員
工也有他們熱切地想要達成的個人目標。所有員工
都應有伴隨的個人發展計畫，以協助他們獲得技
能、知識與行為，使達成他們的個人目標變得可
行。事實上，整個策略執行鏈，是從培養所有員
工，使他們具備達成個人目標所必要的職能開始，
這些個人目標會連結到流程改善、忠誠且可獲利的
顧客關係，及最終有更好的財務績效。

最佳實例： KeyCorp

　　總部位於克里夫蘭的 KeyCorp，是全美最大的
銀行性質財務服務公司之一，總資產超過九百億美
元，雇有超過一萬九千名員工。該公司提供投資管
理、零售與商業銀行業務、消費金融，及投資銀行
產品與服務給全美國的個人與公司，且某些業務還
提供國際性服務。

　　KeyCorp 的平衡計分卡計畫遵從一個典型的逐
層下達流程（請參考圖 10-6）。二○○二年在新上任

CEO梅爾斯（Henry Meyers）領導之下，公司設計出含有橫跨四個構面策略主題的企業策略地圖與BSC：「藉著卓越的執行力，將KeyCorp能力的完整力量帶到所有的客戶關係（內部構面）之中，並擁有以Key公司一員為榮且願意實踐Key價值的員工（員工構面），使Key成為值得信賴的顧問（顧客構面），最終達成提高股東價值的目的（財務構面）。」

　　由該公司策略規劃執行副總瑟瑞尼（Michele Seyranian）所領導的BSC團隊將KeyCorp的高階企業主題與目標，往下細分成當時為三個主要事業群的計分卡：亦即Key消費銀行（Key Consumer Banking；KCB）事業群、Key企業金融與投資銀行（Key Corporate and Investment Banking；KCIB）事業群，及Key資本合夥人（Key Capital Partners；KCP）事業群（掌理財務經紀、投資銀行與資產管理業務）。這些第二階計分卡接下去再往下細分成第三階（十五個事業線）與第四階（五個企業支援群：人力資源、資訊技術、財務、行銷與作業）。再進一部的往下細分，將策略目標帶到第五階，亦即每個事業線的功能或營運群。整個專案從第一階的企業計分卡，往下細分至第五階的功能與營業群計

分卡於二〇〇二年年底完成。

　　最後階段是往下傳到第六階——員工，這是藉由將個人績效目標和獎賞，與Key的策略主題和目標緊密結合以達成目的。這時有一項特別的策略整合挑戰出現於KCIB，因它必須將傳統的企業金融業務，與新進併購的投資銀行業務整合在一起。企業金融銀行人員與投資銀行人員的文化極為不同，且來自兩個事業群的員工還必須學習一起工作，以便合作無間地將商品與服務銷售給企業客戶。

　　KCIB總裁邦恩（Tom Bunn）與KCIB的人資主管布羅凱特（Susan Brockett）一起合作，共同帶領一個專案團隊建立KCIB在策略方面的聚焦、整合合與責任歸屬。這項轉型的其中一個關鍵要素，是去識別出與定義在新成立的KCIB組織中，對結果具有最大影響的那些職位。該團隊一開始發展出每個關鍵性職位所需技能與職能的一份詳細清單，及要消除基本銷售、客戶管理、功能性、產品與技術技能的差距時，每個職務的學習需要。針對每個職位，該團隊辨識出讓員工用新經營模式做出立即影響所必要的技能水準，此模式需要將企業金融與投資銀行功能加以結合（請參考圖10-7）。

　　例如，行業領導者與資深銀行人員，需要在前

圖 10-6 KeyCorp 將企業與事業單位的目標往下傳達給員工

設計層級		設計方法	衡量指標的定位	關鍵性利害關係人
I				
II	事業群（企業）	整個 BSC	組織績效	高階主管
	KCB　KCIB　KCP	整個 BSC	事業群績效	高階主管
III	KCB LOBs：RB, BB, KAF, KER, KRL, KHE KCIB LOBs：IB, CRE, BCM, EF, GTM, SF KCP LOBs：MFG, VCM	整個 BSC	外部價值主張管理	LOB 領導人
IV	支援群　HR　IT　FIN　MKT　OP	整個 BSC	內部價值主張管理	支援主管
V	功能或營業群	BSC 矩陣	營運成效與效率	LOB 與支援經理
VI	團隊或個人	BSC 矩陣	個人績效與獎賞	員工

景辨認、競爭強度評估、簡報技能與制度觀點的發展方面是專家——亦即這些職位要能教導其他人。相較之下，資淺的銀行人員在這些領域中需要具有工作層級的技能，但需要在談判方面具有專家技能，以便能完成已確認且由資深銀行人員與行業領導者所銷售的交易。

專案團隊確認可將所有人向上提升至職位所需技能水準的訓練課程，並追蹤提供各種訓練課程中員工的註冊情形與訓練績效。

結果，KeyCorp 很快就看出將綜合性職能發展計畫，與關鍵性策略目標相連結的影響。不像早先的訓練計畫，KeyCorp 的訓練課程在每一段授課期間都有 100 ％的出席率。員工對課程評價所做的回應就像這段話：「剛完成的課程，可立即應用於我現在正在做的工作⋯⋯有關技能 xyz 的下一次課程何時開始？⋯⋯最後一點要說的是，我得到了正符合工作需要的訓練。」

KeyCorp 公司的員工發展資深副總伊文絲（Lesa Evans）負責領導設計綜合性職能發展計畫的相關事務。而公司內各產品線領導人在整個需求評估、課程設計，及將整個課程與個人發展計畫緊密結合方面都積極參與。由於這些努力的成果，伊文

絲獲得提名且得到董事長所頒發的傑出績效貢獻
獎。當她接受頒獎時，一百五十位 KeyCorp 最高階
主管全體起立熱烈鼓掌歡迎她。

　　自從 KCIB 於二〇〇二年成立以來，其焦點都
擺在提升銀行人員的技能組合，以便替客戶建立協
調良好的單點接觸，KCIB 的資本報酬率因而改善
了 28.8％（二〇〇五年為 16.1％，較二〇〇二年的
12.5％上揚）。

　　隨著營收增加與獲利率上揚，這種新的經營模
式正交出成果。二〇〇四年 KCIB 全年賺得四點八
六億美元，是從二〇〇三年的三點五八億美元上揚
36％。

整合規劃、作業與控制系統

　　組織整合方程式最後的要件涉及指導規劃、作
業與控制的管理系統。當經理人要釐清方向、分配
資源、引導行動、監督結果，以及隨需要調整方向
時，這些管理系統就可給與經理人協助。如圖 10-8
所示，規劃、作業與控制活動可完成組織將策略擺
在中心位置的密閉迴圈目標追求過程。對此，我們
曾對成功的組織採用的方法做研究，並歸納出幾個

圖 10-7 範例：決定 KeyCorp 員工須具備的知識水準

技能或能力－銷售	行業領導者 知識水準			資深銀行人員 知識水準			資淺銀行人員 知識水準			準行員 知識水準		
	E	W	L	E	W	L	E	W	L	E	W	L
談判（後端作業）		x			x		x					x
潛在顧客識別與預審	x			x			x					
潛在顧客識別與預審（研究）					x			x			x	
定價（流程與市場知識），包括價格設定與銷售商品		x			x			x				
發展出機構（institutional）觀點（外部）	x			x				x				x
競爭（了解還有誰在競賽中）	x			x				x				x
簡報（觀念上與實際做）	x			x				x				

等級　E　能教導其他人
　　　W　員多方面能力－能獨立作業
　　　L　能力有限－可能需要支援

最佳管理實務。

規劃流程

　　策略地圖允許組織釐清策略的邏輯。它對股東、顧客、人員與流程的策略性目標都會加以定義，並連結到一組因果關係。除了定義與策略描述以外，高階主管必須規劃執行策略所需的資源。目前我們已觀察到三個在規劃方面的最佳管理實務：先導計畫規劃、整合式人力資源與IT規劃，以及預算連結的規劃。

■ 先導計畫規劃與最佳實例

　　先導計畫是有一定生命週期的特殊計畫，它透過完成特定的改變、產生策略能力、改善流程，或其他強化組織績效的方法，使策略得以推動。先導計畫能消弭平衡計分卡衡量指標實際與預定達成的績效之間的鴻溝。這些計畫也產生一連串的策略利益，使未來的策略性投資獲得支持。

　　先導計畫規劃涉及兩個步驟。首先，「合理化」要求對先導計畫目前的組合進行檢討與評估，只讓直接支援特定策略績效需求的計畫持續下去。這個

圖 10-8 策略管理流程

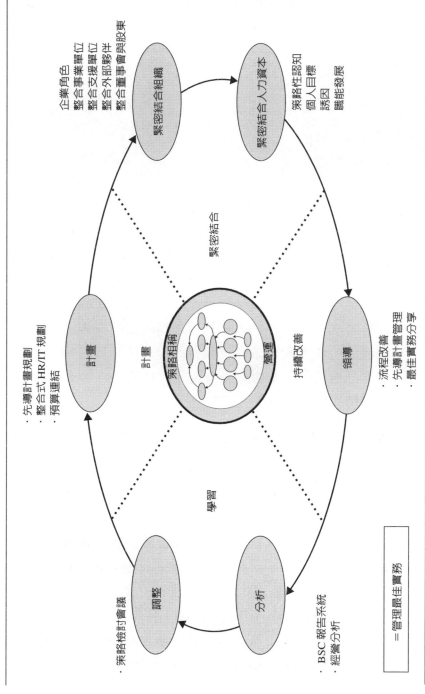

計畫
・先導計畫規劃
・整合式 HR/IT 規劃
・預算連結

調整
・策略檢討會議
・BSC 報告系統
・經營分析

緊密結合組織
企業角色
整合事業單位
整合支援單位
整合外部夥伴
整合董事會與股東

緊密結合人力資本
策略性認知
個人目標
誘因
職能發展

領導
・流程改善
・先導計畫管理
・最佳實務分享

計畫

策略相稱

管理

緊密結合

學習

分析

持續改善

＝管理最佳實務

步驟是在確定組織想要做什麼。其次，對於消弭所有確認之績效鴻溝的先導計畫組合，經理人要定期製作一份合併的資源計畫與實施計畫。這個步驟著手處理計畫的實際限制，並回答「我們能負擔得起多少個合理化考慮過的先導計畫？」這個問題。

　　澳洲布里斯班市有一套讓先導計畫合理化的嚴謹方法。它透過精確地指出與策略最緊密結合的專案，布里斯班市能以嚴謹態度分析先導計畫，並了解這些計畫與策略性結果之間的關係。

　　每年在規劃期間，該市的跨功能團隊（每個團隊都具備多種能力）會評估多達四百個先導計畫，以決定計畫是否符合該市的策略。這項分析只適用於成本超過某個門檻值的專案，此門檻值高於個別市政部門可從自己的預算提撥資金的值。跨功能團隊並使用一種分析方法，按照與市政策略上的相關程度對每個專案評分，然後用這些分數將很多已提出及現有的先導計畫設定優先順序。當然，審核後會有很多先導計畫無法獲得採納。

　　團隊在評估過程中會使用先導計畫特有的檢驗準則。例如，對一個在地區裡小溪中安置「過濾床」（filter bed）的一千萬元專案，團隊成員會看它三個關鍵準則，包括「水質提升」及「有毒植物與動物

減少」等。接著他們再按照相對重要性及在達成目標（「更健康的河流與海灣」）方面專案所展現的成果與準則做綜合評比並計算分數。成員可利用這些數字，計算出專案在達成想要的成果方面的適合程度。

市府高階主管運用 BSC 將每個已提撥資金的先導計畫製作策略地圖，並積極與組織策略緊密結合，以建立高階願景與作業性活動間的重要連結。

■ 整合式人資／IT 規劃與最佳實例

像人力資本與資訊資本那樣的無形資產，只有在策略的背景之下才具有價值。

因此，人力資源與資訊技術的規劃，應該與組織的策略計畫緊密結合。下列的三步驟流程，將人資和 IT 計畫與組織策略緊密結合：

（1） 識別出支援組織策略地圖上，「策略性內部流程」所需要的無形資產。

（2） 評估這些資產的策略就緒程度（在支持組織策略方面，資產可多快地進行部署）。

（3） 在消弭「目前就緒程度」與「需要什麼才能有效執行策略」兩者之間的鴻溝方面，建立衡量

指標與目標值來追蹤進度。

布里斯班市就試圖讓策略性資訊供其所有數千名員工利用。它設計一個客製化的軟體程式與資料倉儲，以呈現出所有計分卡、績效資訊及目標與指標的狀態。

藉由這個詳細的報告性資訊可供利用，該市使IT投資與全市的策略目標互相緊密結合成為可能。IT專案緊密地對應到策略，無法匹配的專案必須重新評估。藉由識別出與策略的視線連結，布里斯班的IT單位將它的規劃方法，從篩選方式（被動）切換成先占（preempting）方式（積極主動）。其目的是要限制IT專案的數量，及將專案限定為必須是策略性專案。一旦專案通過策略性檢閱，該市便會確認IT功能與策略之間的鴻溝，並決定如何更善加利用技術，以達成策略目標。

■ 預算連結的規劃與最佳實例

傳統式預算編製的批評者認為，預算編製已無藥可救，因此必須廢止。無可否認地，大多數組織的預算編製過程緩慢、累贅又昂貴，且會阻礙快速變動期間的有效管理。但將BSC導入組織中時，就

有機會將預算編製過程轉變成策略性資源分配的有
效方法。將這個根深柢固的預算編製流程，轉變成
對策略性結果與營運績效做出貢獻的流程這件事，
因BSC的導入而成為可能。

　　位於亞特蘭大市的富爾頓郡學校系統便採用
BSC來編製年度預算的規劃與策略訂定的流程。隨
著年度目標優先順序清楚地在BSC中明確表達，在
富爾頓郡的學校官員便能將資金分配給最具策略性
的方案。校方辦公部門依據BSC中所呈現的年度優
先順序進一步修正他們的策略計畫，然後再編出預
算。

　　在與學校最高階行政官員進行規劃與預算檢討
期間，部門領導人解釋未來一年的計畫，並證明他
請求之預算的正當性。學校校長輪流與他們的地區
督導每年見一次面，以建議他們對與策略性計畫緊
密結合的可支配資源用途。一般民眾受邀審視預算
文件，並在兩次年度公開聽證會期間對預算決策做
出評論。

　　BSC已協助富爾頓郡學校增加對納稅人應負的
責任。使用BSC去證明新專案的正當性，也協助提
升學校系統在商業社群中的可信度。若新的教育先
導計畫需要增稅，則獲得社區大眾的支持是必要

的。BSC資料清楚地顯示，哪些計畫（能提升整體
學術績效的）擁護整體的策略使命；而哪些計畫則
沒有。因此BSC協助學校董事會決定哪些計畫要保
留或刪除。

作業管理流程

發展出計畫、投入資源、告知組織且將組織與
這些計畫緊密結合後，我們的最佳實務公司通常都
仰賴各種作業流程來執行策略。

這些流程傾向於分成三類：

（1）　類似全面品質管理的持續改善計畫
（2）　管理一次性改變計畫的先導計畫
（3）　分享最佳實務的計畫

這每一類計畫都透過將計畫內容與策略緊密結
合，而替企業創造價值。

■ 流程改善與最佳實例

感謝很多成功的日本公司，儘管歷時已超過一
世紀，品質管理在過去二十五年重新恢復生機。今

天的品質運動所涵蓋的方案，包括全面品質管理、優良國家品質計畫、歐洲品質管理基金會（EFQM）及最近的六標準差等。由韓默（Michael Hammer）與錢比（James Champy）於一九九〇年代所大力提倡的「企業再造」（reengineering），是改善不連續流程的一個強有力的方法。

他們提倡的作業基礎管理由組織的成本模式開始刺激流程改善與管理階層的洞察力。顧客管理則由顧客價值管理、顧客關係管理與顧客生命週期管理加以具體化——這能使經理人與員工的注意力集中於作業改善方面，以產生更佳績效。

這些各式各樣的流程改善方法，已協助很多組織在製造與服務交付流程的品質、成本與週期方面獲得極大利益。

無可避免地，很多同樣採用BSC來實施他們的策略的組織，需要整合一個或更多這些管理原則。但許多組織對這些方案的相關角色感到困惑，也不了解如何整合它們，尤其是若有方案已經於之前開始實施時。

BSC能有效地結合一個或更多這些方法，以獲得超越任何一種方法獨自實施時的優勢。BSC賦予每個方法遍及全組織的合法性、給與每個方法一個

策略背景，並以全面性的方式將方案定位於整個管理系統的層次。計分卡的因果連結，協助突顯出每個方案所識別出，並視為對組織策略成功具有最大影響的那些流程改善與先導計畫。如一位品質專家在我們舉行的一次會議當中所談到的：「六標準差教導人們如何釣魚，而平衡計分卡教導他們去哪裡釣魚。」

　　西門子資訊與通信行動（Siemens Information and Communications Mobile；ICM）是德國西門子公司的行動通信事業單位，該單位已將BSC的由上往下策略焦點，與六標準差的由下往上方法成功結合在一起。基於兩個理由，ICM將兩種方法結合在一起：一是為了將這兩個方法貫徹到組織中的每個人，二是為了用於他們消弭績效鴻溝的工具。

　　ICM利用BSC來識別出關鍵性跨功能流程中的策略鴻溝：從概念到市場、從問題到解決辦法及從訂單到現金。然後在專案這個層級使用六標準差，來從這些流程中剔除缺失、時間浪費與無附加價值的成本。

　　ICM相信，儘管六標準差可能讓小團隊能解決具體的問題，它本身並不是一項策略性工具。自從整合這兩種方法以來，ICM已經見到經理人在態度

上的改變。現在會議變得具有高度互動性，且討論
會把焦點放在專案如何用來達成策略性績效目標
值。經理人們現在有個論壇，來替屬於他們部分的
策略做辯護。

■ 先導計畫管理與最佳實例

先導計畫管理涉及監督所有策略性先導計畫的
進展，以及在策略改變的情況下評估計畫相關性、
確保計畫及時完成等。先導計畫的有效管理由清楚
的責任歸屬開始。高階主管團隊其中一位成員通常
會被認定是先導計畫的發起人。這意思是指，任何
阻礙進步的議題，都能有效率地由被賦予權力做改
變的人加以處理，進而做改變。每個先導計畫都會
指派一位計畫經理負責執行。

這些計畫可能是簡單的獨立專案，例如訓練計
畫，或是就像六標準差這種複雜的持續性計畫。計
畫經理需要在專案管理、顧問諮詢、關係管理與變
動管理方面得具備廣泛的技能。

當漢多曼公司導入BSC方案時，高階主管見到
BSC有成為全公司很多不同單位策略協調與管理工
具的潛力。漢多曼設立一個績效管理中心（center
for performance management；CPM），以促使讓策

略執行成為一項核心能力。為獲得最佳成果，這個新的組織單位被賦予包羅萬象的一些責任，並得到最高階主管的支持。漢多曼使用先導計畫管理，來管理先導計畫的組合，以保證涵蓋到公司整體策略。

　　CPM於是設計一個與公司高階主管團隊顧問委員會共同使用的四步驟先導計畫管理流程：

（1）設定門檻：委員會成員過濾已提出的先導計畫，並決定其中值得正式複審的有那些。

（2）簡報說明：一旦建議案經核准進一步考慮，CPM會將建議案對委員會簡報，以便最決定這個案子的進行或不進行。

（3）追蹤進展：CPM遵循一套嚴謹的程序監督先導計畫的進展。

（4）追蹤利益：CPM遵循一套嚴謹的程序評估是否原案所承諾創造的利益已兌現。

　　進展與利益的追蹤，是設定優先順序與管理進行中策略性先導計畫組合的核心流程。CPM主持平衡計分卡檢討會議，以追蹤、討論及對已核准且進行中的先導計畫採取行動。一旦先導計畫執行完

成，先導計畫負責人便要主導定期的「習得經驗」
（lessons-learned）分析，以決定先導計畫是否正實
現所承諾的利益，並獲致策略性學習，以利於未來
策略的繼續推動。

■ 最佳實務分享管理與實例

　　策略治理過程應提供回饋機制，以便測試是否
策略行得通，及最後策略是否的確是達成組織使命
與願景的最佳方法。當 BSC 績效資訊遍及整個組織
做分享時，人們會對那些對績效有貢獻的因素獲得
深入理解。當組織允許績效資訊供人取用時，人們
便能容易得知，是否他們的策略正在運作，及哪些
單位、部門與團隊在達成策略性結果方面做得比較
好。

　　儘管到目前為止，企業內的「最佳實務分享」
研究這個領域已發展健全，但對如何將特定最佳實
務與策略結果相連結仍缺乏足夠了解。許多強化最
佳實務分享的傳統方法通常與策略是分開的。但很
多組織現在利用 BSC 的報告能力，並依據實現策略
性結果的能力，來識別出高績效團隊、部門或單
位。接下去組織便能將高績效如何達成的內容製成
文件，並遍及整個組織廣泛地散播這項資訊，如此

一來便可在有關如何提升績效方面給與其他人教育
訓練。

　　頂尖城堡國際公司（CCI）的知識管理系統
CCI-Link是一個綜合性資料庫，也是公司最佳實務
的圖書館。這項採用BSC基礎分析的知識管理工
具，使這家全球性且高度分散化的公司，得以集中
化地分享績效資訊與最佳實務知識。

　　CCI利用BSC來設定四十個區域辦公室的策略
性績效衡量指標的基準。設定基準可協助高階主管
找出哪些流程與實務在全公司表現最好，並協助他
們在組織的其他地區採用這些流程與實務來訓練員
工，使他們能達到其他地方已達成的更高績效水
準。這種對內部最佳實務的管理，容許CCI能將習
得經驗加以結合，並協助整合全組織的策略、計分
卡、流程改善與訓練活動。

　　CCI公司的知識管理實務已對組織緊密結合與
作業效率做出極大貢獻——尤其是裁員期間。CCI-
Link的核心架構在跨不同地理區域之間都是共同
的。每個國家都列出共同的傳統功能，例如財務、
資產與人力資本，但內容主要都是區域性的。還有
一份詳細的分析協助各地理區域之間的區分，使經
理人能了解各區績效差異的真正基礎。

學習與控制流程

控制流程可說是密閉式績效管理流程中最重要的部分，它包括察覺與目標值偏離的能力、決定這些偏離的原因及採取必要的矯正行動。當論及組織策略時，這個流程雖與控制有關，但與學習則更有關。

策略只不過是有關組織預期如何達成「想要的結果」的一套假設而已。這個假設應持續加以測試，並做為每月檢討、分析與調整流程的一部分。在我們的最佳實務圖書館中，有兩種類型的測試流程：BSC報告系統與策略檢討會議。

■ BSC報告系統與最佳實例

早期大多數的BSC報告系統，都以現成的試算表應用程式為基礎。而今天已有超過二十種的商用平衡計分卡軟體應用程式，因此BSC採用者正逐漸從一開始就考慮他們的自動化選擇項。到目前為止，已發展出試算表式報告系統的公司，也正規劃要移轉到專門化的BSC報告工具。

自動化的優點在哪裡？與人工系統相較之下，自動化系統更容易修定與匯總整個計分卡的資料，

且資料可用少很多的時間與心力整編至上層的計分卡中。因此要分析與做決策得以更直接，這對擁有幾十份BSC的組織而言特別重要。

　　挪威皇家空軍使用一個稱為Cockpit的自動化系統，來報告所有組織單位計分卡的結果。除了將資料呈現於大多數的衡量指標與先導計畫中以外，Cockpit還納入高階主管的評價（或解釋）。

　　這個報告系統是以一個底層的企業資源規劃系統為基礎，並可讓所有員工取用。儘管也有一份紙張式的摘要可取得，更新過的資訊每個月都會透過Cockpit做報告。策略會議議程，是以在Cockpit應用程式中描述與存放的特定領域為依據。另外，Cockpit也支援管理階層會議所需。

■ 策略檢討會議與最佳實例

　　正如同BSC是策略管理系統的核心一樣，策略本身也是新的策略管理會議的核心。如同現在BSC高階使用者所充分了解的，「BSC列於議程上」這樣的說法已不足以說明事實──事實上BSC就是議程。

　　這些會議應該依據策略地圖與相關的平衡計分卡，從整體策略性績效回顧開始。縱使並非每個衡

量指標資料都可取得（通常是在策略實施早期時），管理團隊仍應全面性地檢驗策略績效。每個目標的負責人都要主持他負責的目標及策略主題討論。

資深領導人創造一個具有支持性的文化，以鼓勵誠實揭露而不懲罰負面結果，這件事是重要的。這樣做可培養出團隊合作，並激勵經理人在問題惡化之前更快地揭露問題。低於目標值的結果應視為改善的機會，及挑戰策略有效性的時機，以了解實際上是否行得通及如何才能行得通。資源有可能需要導向績效不佳的領域，或者高階主管可能需要調整證明是太過激進的目標值。

其實有可能在某個組織策略會議中，一位高階的策略執行者正報告公司裡那些落在紅色區域（低於目標值）的結果。但事實上這些單位的績效優於自身未設定同等激進目標值的其他單位。類似這樣的情況更易出現於鼓勵真實呈現績效，而且強烈有意追求挑戰性目標的組織之中。

韓國電信（Korea Telecommunications；KT）自二○○○年初以來，已開始使用平衡計分卡來推動每季高階主管會議的議程。以前這種議程一度只是財務結果的報告而已，而今天KT的高階主管會議議程已變成策略的討論，與會者會提及四個計分

卡構面中的衡量方法。

　　每季KT二十四個辦公室與事業群的主管，聚集在一起討論前一季的績效，及公司的整體績效與策略。在第四季會議中，高階主管評估全年度的整體策略性績效，並規劃下一年度的策略。

　　除保證績效評估資料的及時流傳與透明度以外，BSC也深深地影響KT高階主管追蹤績效與管理策略執行的方式。BSC亦可用作討論與分析的組織架構，有一次在策略檢討會議中，某部門主管便前瞻看出一項新傳輸技術所產生的爆炸性潛在需求，這是與BSC相關的績效監督而帶來的結果。

　　拜BSC帶來的效應，KT管理階層準備快速重新調整該公司電信網路容量目標值，以便滿足新需求，並能攫取這個新興市場更大的占有率。

總結

　　進入「平衡計分卡名人堂」的公司已經顯示它們的策略能成功地執行。同時藉著容許我們將這些企業的管理實務製成文件，他們的經驗也公開證實了策略的成功執行需要策略、組織、員工與管理系統這四個要件成功地緊密結合。

　　而得以讓這件事成功執行的基礎，正是企業內
的領導舵手高階主管。這每一個讓組織緊密結合的
要件，都是整合是否成功的必要條件。然而將這些
要件湊合在一起，就能提供一個訣竅，使成功的管
理流程得以發展出來（請參考圖10-9）。

　　本書的第一至九章描述組織策略緊密結合的過
程，末章再提供了將員工和系統與策略緊密結合過
程的高階概述。

　　我們相信，本書從整體來看，並結合我們有關
策略地圖、平衡計分卡、策略核心組織與策略管理
辦公室（OSM）的相關作品，這些流程便會構成一
個新策略管理科學的基礎。

　　策略執行成功並不是一件靠運氣的事，而是靠
著意識清楚的注意力，再結合領導與管理流程去描
述與衡量策略、把內部和外部組織單位與策略緊密
結合、透過內在與外在動機及目標明確的職能發展
計畫，將員工與策略緊密結合；最後，則是使現有
的管理流程、報告和檢討會議，和策略的執行、監
督與調整緊密結合在一起。

圖 10-9 緊密結合之下的最佳管理實務

企業策略

策略相稱

原則 2

將策略轉換成作業術語

1. 發展出策略地圖
2. 建立平衡計分卡
3. 建立目標值
4. 合理化先導計畫
5. 指定責任歸屬

組織緊密結合

原則 3

將組織與策略緊密結合

1. 定義企業角色
2. 緊密結合企業與 SBU
3. 緊密結合 SBU 與支援單位
4. 讓 SBU 與外部夥伴密切合作
5. 與董事會密切合作

人力資本緊密結合

原則 4

激勵員工使策略
成為每個人的工作

1. 產生策略認知
2. 緊密結合個人目標
3. 緊密結合個人獎勵
4. 緊密結合能力發展

規劃與控制系統緊密結合

原則 5

治理公司使策略成為持續性流程

規劃流程
1. 先導計畫規劃
2. 整合式 HR/IT 規劃
3. 預算連結
作業管理
1. 流程改善
2. 先導計畫管理
3. 知識分享
學習與控制
1. BSC 報告系統
2. 策略檢討會議

高階主管領導統御

原則 1

透過高階主管領導統御動員改變

1. 最高領導階層做出承諾
2. 改變的案例清楚明確地表達
3. 領導團隊投入
4. 釐清願景與策略
5. 了解新管理方法
6. 成立策略管理辦公室

國家圖書館出版品預行編目資料

策略校準／柯普朗(Robert S. Kaplan)，諾頓(David P.
Norton)著；高子梅、何霖譯.
 -- 二版. -- 臺北市：臉譜，城邦文化出版：家庭傳媒城邦分
公司發行, 2013.08
　　面；公分. -- （企畫叢書；FP2130X）
　譯自：Alignment : using the balanced scorecard to create
　　　corporate synergies

　ISBN 978-986-235-274-8（平裝）

　　1.決策管理　2.組織管理

494.1   102013696